초등학생을 위한

과학실험 380

초등학생을 위한 과학실험 380
공부가 쉬워지는 탐구활동 교과서

1판 14쇄 펴낸 날 2022년 11월 15일

지은이 | E. 리처드 처칠, 루이스 V.뢰슈니그, 뮤리엘 맨델
옮긴이 | 강수희
감 수 | 천성훈

펴낸이 | 박윤태
펴낸곳 | 보누스
등 록 | 2001년 8월 17일 제313-2002-179호
주 소 | 서울시 마포구 동교로12안길 31 보누스 4층
전 화 | 02-333-3114
팩 스 | 02-3143-3254
이메일 | viking@bonusbook.co.kr
블로그 | http://blog.naver.com/vikingbook

ISBN 978-89-6494-191-1 63400

바이킹은 보누스출판사의 어린이책 브랜드입니다.

• 책값은 뒤표지에 있습니다.

초등학생을 위한 과학실험 380

공부가 쉬워지는 탐구활동 교과서

E. 리처드 처칠 · 루이스 V. 뢰슈니그 · 뮤리엘 맨델 지음
천성훈 감수

바이킹

이 책의 활용법

과학실험은 과학자나 대학생만 하는 것이 아니에요. 누구든지 할 수 있지요. 이 책은 여러분이 매일 할 수 있는 신기한 실험을 소개합니다. 여러분이 직접 실험을 해 보면 마술처럼 불가능을 가능으로 바꿀 수 있어요. 마술도 사실은 과학 원리에 근거하고 있거든요.

1장부터 6장까지는 빨대, 종이, 레몬, 달걀, 식용유, 끈, 비누 등 주변에서 흔히 볼 수 있는 물건으로 근사한 과학실험을 할 거예요. 레몬으로 전기의 맛을 알아보고, 빨대로 물 트롬본을 만들며, 버터 자국으로 전구의 밝기도 측정해 볼 거예요.

7장부터 13장까지는 간단하지만 눈이 휘둥그레질 만한 70가지 이상의 실험을 소개합니다. 포크 균형 잡기, 풍선 확성기, 유리컵 조율, 햇빛에서 무지개 색 찾기, 입으로 불어 유리컵 비우기 등 재미있는 실험이 가득해요. 실험을 하면서 숨은 원리도 저절로 깨우칠 수 있답니다.

14장부터 19장까지는 병, 유리병, 신문지, 자석, 배양토, 진흙, 모래 등 일상에서 흔히 볼 수 있는 재료로 지구에 영향을 끼치는 힘에 대해 배워 봅니다. 지진, 빛, 에너지, 침식 등 지구의 얼굴을 바꾸는 여러 가지 요인에 대해 알아보고, 자기력과 전기가 지구의 힘과 어떤 관계에 있는지 배웁니다. 자석을 이용해 실에 매달린 핀이 마치 피리에 춤추는 코브라처럼 움직이게 만들고, 자판기에서 가짜 동전을 걸러 내는 방법도 알아볼 거예요. 지진과 지진 해일이 왜 일어나는지도 배웁니다.

20장부터 23장에 나오는 실험은 모두 날씨와 연관이 있습니다. 신나는 실험을 하면서 기후와 날씨의 신비를 하나하나 벗겨 봅니다. 북극이 왜 적도보다 추운지, 태양이 지는 이유는 무엇인지, 천둥과 번개가 어떤 원리로 생기는지 알아보세요. 기온, 기압, 풍향과 풍속, 습도와 강수량을 관측하는 도구를 만들어 근사한 기상 관측소도 만들어 보세요.

24장부터 26장까지는 물에서 소금을 추출하고, 딸기를 이용해 천연 지시약 시험지를 만들어 산성과 염기성을 판별하는 등 수십 가지 실험과 활동을 할 거예요. 마치 마술처럼 보이는 것들도 사실 화학 변화로 생기는 현상들이랍니다. 화학에서 단골로 등장하는 기체를 이용해 라텍스 장갑을 부풀리고, 종이로 만든 벌레를 마치 살아 있는 것처럼 기어가게 해 볼 거예요.

어느 장의 어느 실험이나 먼저 해도 좋아요. 하지만 장마다 주제가 달라지므로 각 장에 나오는 실험은 한꺼번에, 순서대로 하는 것을 추천할게요. 간혹 가스레인지나 성냥, 끓는 물 등을 사용하는 위험한 실험이 있어요. 그런 실험에는 '주의' 표시를 해 두었으니 조심해서 어른과 함께 실험하세요.

실험 준비물은 대부분 쉽게 집에서 찾을 수 있어요. 혹시 집에 없다 해도 마트, 슈퍼, 약국 등에서 싼값에 쉽게 구할 수 있어요. 크기별 병과 유리병, 커피 깡통, 신발 상자, 플라스틱이나 흙으로 만든 작은 화분, 플라스틱 숟가락, 빨대, 거름종이, 스포이트, 신문지, 클립, 1리터들이 우유팩, 큰 페트병, 돋보기, 컴퍼스, 막대자석과 말굽자석, 가위, 연필, 종이, 각도기, 배양토, 자갈, 찰흙, 모래와 같은 재료는 실험에 계속 쓰이니 미리 준비하고 잘 보관해 두세요. 사용하기 전에 먼저 어른과 함께 확인하면 더 좋습니다. 보관할 때는 실험 용구들을 전용 책장이나 상자에 넣어 두세요. 안전하게 보관할 수 있고, 무엇보다 실험할 때마다 빠르게 찾아 쓸 수 있어 편리해요.

모든 실험은 최대한 간단하게 만들었고 철저히 사전 실험을 거쳤기 때문에 누구나 성공할 수 있어요. 잘되지 않으면, 책을 다시 읽고 해 보세요. 모든 조건이 제대로라면 원하는 결과를 얻을 수 있을 거예요. 단, 살아 있는 식물이나 씨앗을 사용하는 실험은 시간이 필요하므로 인내심을 가지세요.

그럼 이제 신비로운 과학의 세계로 여행을 떠나 볼까요? 모두 즐거운 시간 보내고 꼭 성공하세요. 파이팅!

차례

4 우유·버터·기름·달걀

5 끈과 함께 떠나는 모험

6 비누 거품

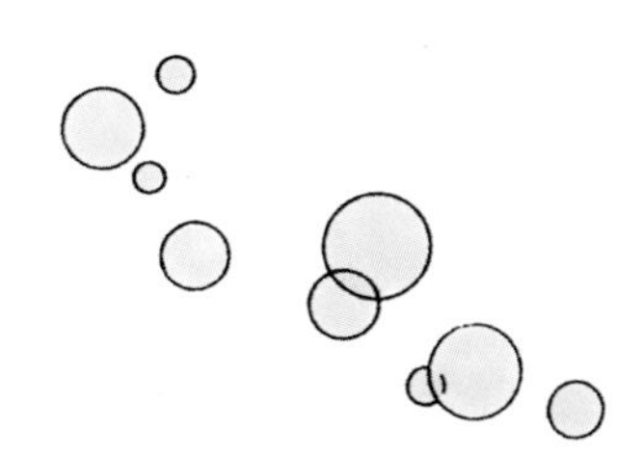

7 시작은 느리게, 끝은 빠르게

8 균형 잡기

9 운동의 비밀

10 소리의 과학

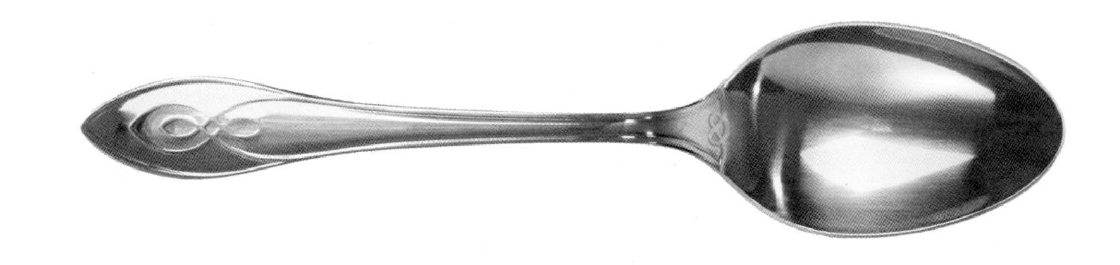

11 스트레스 받는다고요? 물 앞에서 그런 말 마세요

12 빛과 공기의 팽창

13 공기의 흐름과 압력

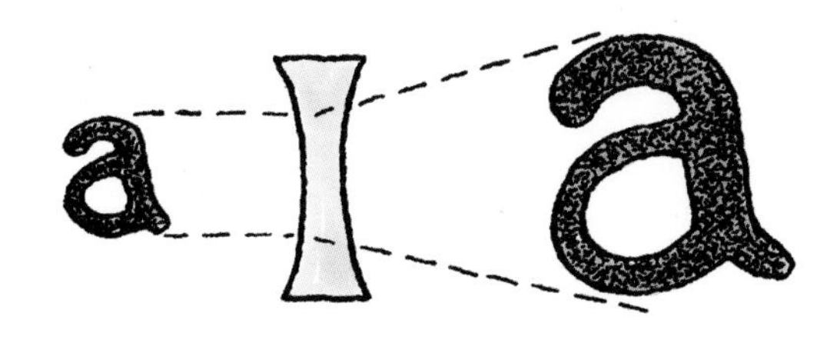

14 지구 알기

15 지구와 태양계

16 식물학

17 여러 이름을 가진 흙

18 왠지 끌리는 중력과 자기력

19 하나뿐인 천연자원

20 날씨

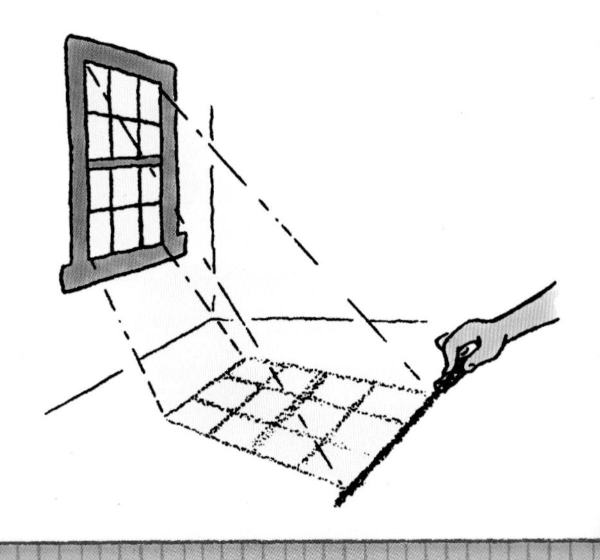

21 회오리바람과 산들바람

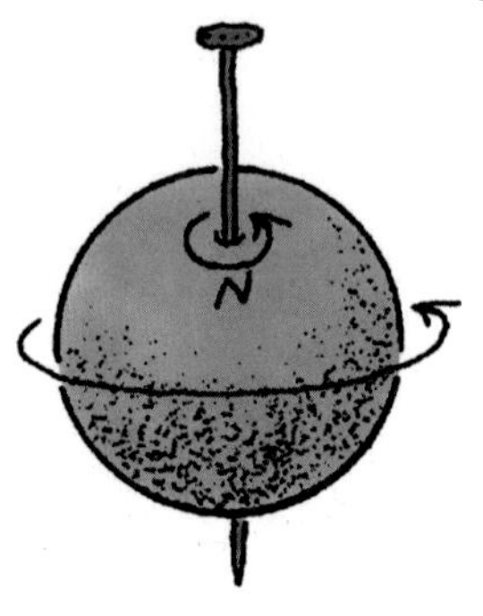

22 물은 어디에나 있어요

23 기상관측소 세우기

24 공기, 물, 그리고 물질들

25 화합물의 변신

26 소금과 설탕

1 각 실험마다 연계한 단원명은 2015 개정 교육 과정을 적용했습니다. 3~4학년은 2018년에 처음 적용되는 단원을, 5~6학년은 2019년에 처음 적용되는 단원을 연계했습니다.

2 준비물에서 종이의 크기를 나타낼 때 가로, 세로를 생략하고 표기하였습니다. 예를 들어 '종이(10cm×15cm)'는 종이를 가로 10cm, 세로 15cm로 잘라 준비하라는 뜻입니다.

빨대의 무한 변신

주변에서 흔히 볼 수 있는 빨대가 다양한 모습으로 변신합니다. 어떻게 하면 빨대가 분무기와 스포이트, 오보에와 트롬본 등으로 바뀔까요?

빨대의 역사

빨대를 모르는 사람은 없지요? 빨대는 영어로 스트로(straw), 즉 '짚'이라는 뜻인데, 사전의 풀이는 곡식의 이삭을 떨어낸 줄기와 잎이에요. 짚과 빨대, 두 가지 뜻이 있는 빨대의 기원은 밀짚으로 음료를 마시던 때로 거슬러 올라갑니다. 최초의 빨대는 1888년 미국 워싱턴에서 마빈 체스터 스톤이라는 사람이 발명해 특허를 냈습니다. 당시에는 마닐라지(목재 펄프에 마닐라삼을 섞어 만든 종이로 흰색 바탕에 표면이 매끄러워 고급 칼라 박스 제작에 많이 쓰임)를 손으로 둘둘 말아 파라핀으로 코팅해 종이 빨대를 만들었지요. 빨대는 1905년 스톤의 회사에서 빨대 생산 기계를 개발할 때까지 수작업으로 만들었어요. 오늘날에는 기계로 빨대를 생산하고 빨대의 재료로 종이나 플라스틱을 써요.

빨대로 물 옮기기

빨대는 음료를 마시는 데만 쓴다고요? 저런!

준비물

- 빨대
- 물이 든 유리컵
- 빈 유리컵

이렇게 해 보세요

1 먼저 빨대로 물을 약간 빨아올립니다.
2 손가락으로 빨대 윗부분을 막은 채 빈 컵으로 옮깁니다.
3 빈 컵에 대고 빨대를 막았던 손가락을 뗍니다.

어떻게 될까요? 손가락으로 빨대 한쪽 끝을 막으면 물이 빨대 속에 들어 있다가, 손가락을 떼면 물이 흘러내려요.

왜 그럴까요? 빨대 위쪽을 막은 손가락은 빨대 위쪽에 가해지는 기압을 줄이는 역할을 해요. 빨대 아래쪽의 기압이 더 클수록 물은 흐르지 않고 빨대 안에 머물러요.

이것도 알아 두세요 빨대로 음료를 마실 때, 여러분이 빨아들이는 건 음료뿐일까요? 정확히 말하면, 사실 음료수뿐만 아니라 공기도 빨아내는 것입니다. 그렇게 빨대 속에서 공기를 제거하면 빨대 속의 압력이 빨대 바깥의 압력보다 낮아집니다. 그 결과로 빨대 밖의 기압이 더 커지면서 컵 속의 물이 위로 밀려 올라가고, 빨대를 지나 여러분 입안으로 들어오지요. 피펫(일정량의 용액을 옮길 때 사용하는 튜브 모양의 과학실험 도구)의 원리도 마찬가지랍니다.

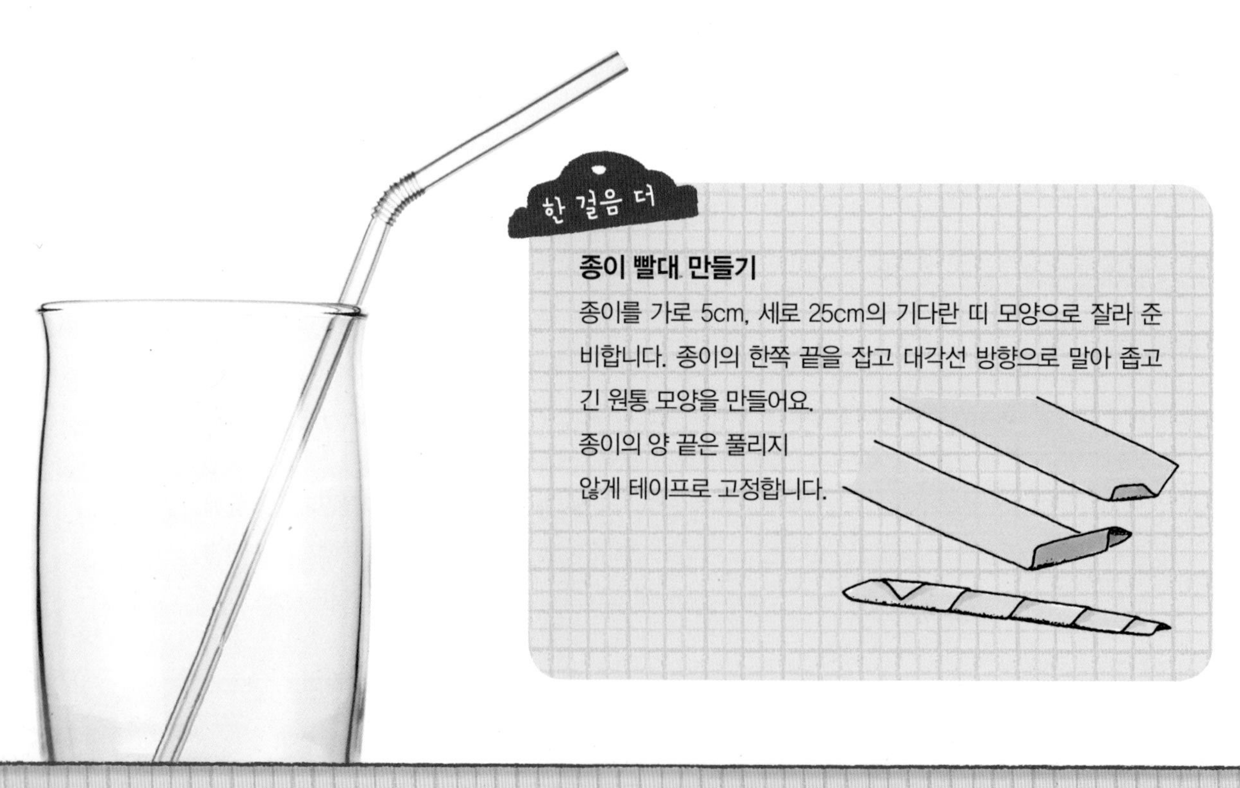

한 걸음 더

종이 빨대 만들기

종이를 가로 5cm, 세로 25cm의 기다란 띠 모양으로 잘라 준비합니다. 종이의 한쪽 끝을 잡고 대각선 방향으로 말아 좁고 긴 원통 모양을 만들어요. 종이의 양 끝은 풀리지 않게 테이프로 고정합니다.

교과서 6학년 1학기 3단원 여러 가지 기체 심화 | 핵심 용어 압력, 기압 | 실험 완료 ☐

빨대 스포이트

앞에서 배운 원리로 이번에는 빨대로 스포이트를 만들어 볼까요?

준비물

- 빨대
- 물

이렇게 해 보세요

1. 빨대로 물을 약간 빨아올립니다.
2. 물이 흘러내리지 않도록 빨대 위쪽을 손가락으로 막습니다.
3. 빨대 위쪽을 막은 손가락을 재빨리 뗐다가 다시 막습니다.

어떻게 될까요? 동작을 반복하면, 빨대 끝으로 물이 한 방울씩 떨어져요.

왜 그럴까요? 앞 실험과 같은 원리로 빨대 위쪽을 손가락으로 막으면 빨대 위쪽의 기압이 줄어 아래쪽 기압이 커지면서 물이 빨대 속에 들어 있다가, 손가락을 떼면 위쪽 기압이 커져 물이 흘러내려요.

교과서 6학년 1학기 3단원 여러 가지 기체 심화 | 핵심 용어 압력, 기압 | 실험 완료 ☐

빨대 분무기

헤어스프레이와 분무기의 원리를 알아볼까요?

준비물

- 빨대
- 물이 든 유리컵
- 가위

이렇게 해 보세요

1. 빨대의 한쪽 끝에서 $\frac{1}{3}$ 지점에 가위집을 냅니다. 이때 끝까지 자르지 않도록 주의하세요.
2. 가위집이 난 부분을 직각으로 꺾어 짧은 부분을 컵 속의 물에 담가 놓습니다. 단, 짧은 부분을 완전히 담그지 말고 꺾인 부분이 물 위로 올라오도록 하세요.
3. 빨대의 긴 쪽을 입에 대고 힘껏 불어 봅니다.

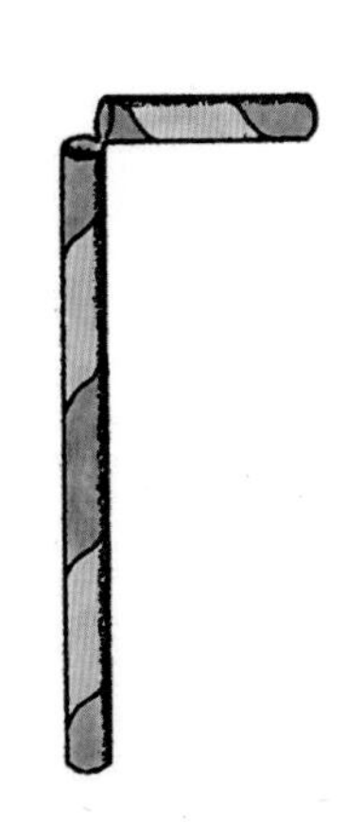

어떻게 될까요? 컵 속의 물이 빨대 안으로 들어간 다음, 잘린 틈 사이로 물이 분무기처럼 뿜어져 나와요.

왜 그럴까요? 위 그림처럼 빨대의 긴 쪽을 입으로 불면 공기가 물에 잠긴 빨대의 위쪽으로 빠르게 지나가면서 이 지점의 압력이 낮아집니다. 잘린 빨대의 아래쪽은 평소의 기압을 유지하고 있기 때문에 컵 속의 물이 압력이 더 낮은 빨대 속으로 밀려 올라오는데, 이때 빠르게 지나가는 공기의 영향을 받아서 물방울이 되어 뿜어져 나오는 것이지요.

빨대 오보에

피리처럼 불어서 소리 내는 목관 악기 오보에를 연주해 본 적 있나요? 빨대로 오보에를 만들어 연주해 보세요.

준비물

- 빨대
- 가위

이렇게 해 보세요

1. 빨대 한쪽 끝에서 1~2cm 정도 되는 지점까지 빨대를 꾹 눌러서 납작하게 만듭니다.
2. 납작하게 만든 한쪽 끝을 그림처럼 뾰족한 산 모양이 되게끔 가위로 잘라 줍니다.
3. 빨대를 따라 칼집을 2.5cm 간격으로 내고 구멍을 내어 줍니다.
4. 산 모양의 빨대 끝을 입에 깊이 물고, 입술을 오므리지 말고 힘차게 불어 줍니다. 구멍을 하나둘씩 막고 불면서 소리가 어떻게 달라지는지 들어 보세요.

어떻게 될까요? 불 때마다 소리가 달라져요. 구멍을 막았다 떼었다 하면서 간단한 음을 연주할 수 있어요.

왜 그럴까요? 구멍을 막았다 열었다 하면 공기 기둥의 길이를 조절할 수 있어 음의 높낮이가 달라져요. 공기 기둥이 짧을수록 공기 기둥의 진동이 빨라져 더 높은 소리가 납니다.

한 걸음 더

오보에의 원리

오보에는 입에 무는 두 장의 리드(입에 물고 부는 곳에 있는 얇은 조각)가 빠른 속도로 열리고 닫히면서 관으로 공기가 들어갔다가 나와요. 이렇게 공기가 진동하면서 소리가 난답니다.

교과서 3학년 2학기 5단원 소리의 성질 | 핵심 용어 진동 | 실험 완료 □

물 트롬본

페트병과 물, 빨대만 있으면 트롬본을 만들 수 있어요.

준비물

- 물
- 페트병
- 빨대

이렇게 해 보세요

1 빈 페트병에 물을 $\frac{3}{4}$ 정도 채우고 빨대를 꽂습니다.

2 그림처럼 빨대 입구 바로 위로 바람을 붑니다.
빨대를 병 속으로 더 깊이 넣거나 들어 올리면서 계속 불어 보세요.

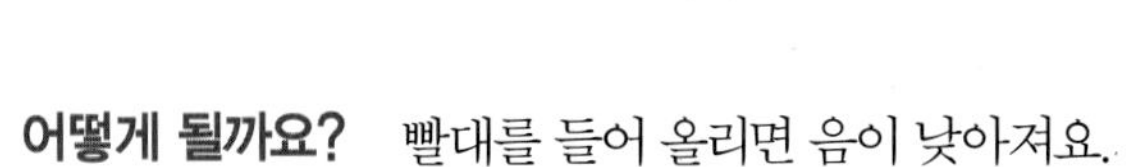

어떻게 될까요? 빨대를 들어 올리면 음이 낮아져요.

왜 그럴까요? 빨대가 병 속에서 공기 기둥을 더 길게 만들었기 때문이에요. 이것이 바로 슬라이드 트롬본의 원리랍니다.

교과서 6학년 1학기 5단원 빛과 렌즈 | 핵심 용어 빛의 굴절 | 실험 완료 □

손 안 대고 빨대 꺾기

손끝 하나 까딱하지 않고 빨대를 꺾을 수 있어요!

준비물

- 유리컵
- 빨대
- 물

이렇게 해 보세요

1 유리컵에 절반 정도 물을 채우고 빨대를 넣습니다.

2 유리컵의 방향을 위, 아래, 옆으로 바꾸어 빨대를 바라봅니다.

어떻게 될까요? 유리컵 옆에서 빨대를 보면 물과 닿는 부분이 꺾이거나 부러진 것처럼 보여요.

왜 그럴까요? 우리 눈은 사물을 어떻게 볼 수 있을까요? 사물에서 반사된 빛이 눈으로 전달되는 빛의 원리 덕분이랍니다. 그런데 빛은 공기보다 유리와 물을 통과할 때 속도가 느려집니다. 같은 빨대라도 물 밖에 나온 부분보다 물속에 담긴 부분에 반사된 빛이 더 늦게 우리 눈에 도착하기 때문에 빨대가 꺾여 보이지요.

빨대 양팔 저울

이 실험으로 만든 저울은 완성 후에 눈금을 매겨서 실제로 사용할 수 있어요.

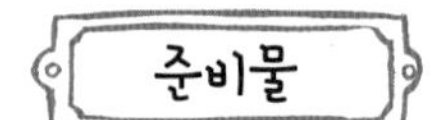

- 가위
- 작은 종이컵
- 빨대
- 큰 바늘
- 원통형 실패*
- 인덱스카드
- 연필
- 연필깍지**

이렇게 해 보세요

1. 종이컵의 마주 보는 면을 길게 파냅니다(그림 ①).
2. 빨대의 한쪽 끝을 작은 숟가락 모양으로 파냅니다(그림 ②). 한쪽 끝이 스푼처럼 생긴 빨대를 써도 좋아요.
3. 연필깍지를 빨대의 다른 끝에 끼웁니다(그림 ③).
4. 종이컵의 한쪽에 바늘을 꽂습니다. 연필깍지를 살짝 잡아 빼내어 빨대가 약간 위쪽으로 들리게 합니다. 바늘로 빨대를 관통시키고 종이컵의 반대쪽 끝까지 연결합니다(그림 ④).
5. 연필에 눈금이 표시된 인덱스카드를 테이프로 붙인 다음 실패에 꽂아 세웁니다. 빨대의 숟가락 모양 끝이 인덱스카드와 직각을 이루도록 실패를 놓습니다(그림 ⑤).
6. 저울이 완성되었습니다. 빨대 숟가락 위에 설탕 가루를 조금 올려놓거나 클립을 걸어서 무게를 측정해 보세요. 물건의 무게를 측정한 뒤 인덱스카드에 표시해도 좋아요.

어떻게 될까요? 빨대의 숟가락 쪽이 아래로 기울어져요.

왜 그럴까요? 양팔 저울은 지렛대의 원리가 적용되어 시소처럼 움직여요. 지렛대가 고정된 곳(바늘을 끼운 곳)이 받침점이에요. 빨대가 수평을 이루고 있을 때는 받침점을 중심으로 양쪽 끝의 무게가 균형을 이루고 있다는 뜻입니다. 빨대의 숟가락 쪽에 무게를 가하면 균형이 깨져 그쪽이 아래로 움직이게 됩니다.

*가운데 구멍에 연필을 꽂을 수 있는 크기로 준비하세요.
**한쪽이 막힌 뚜껑 모양의 깍지.

한 걸음 더

무게 중심 찾기

빨대가 균형을 이루는 지점을 알아볼까요? 두꺼운 자를 그림처럼 세워 놓고 그 위에 빨대를 올려 무게 중심을 찾아보세요. 빨대가 떨어지지 않을 때까지 계속 움직여 봅니다. 어느 순간에 균형을 이루는 부분을 찾을 수 있을 거예요. 그 무게 중심의 위치를 연필로 표시해 보세요. 아마 연필깍지 쪽에 매우 가까울 거예요. 연필깍지 쪽이 더 무거운 만큼 연필의 반대쪽 길이가 더 길어야 하니까요.

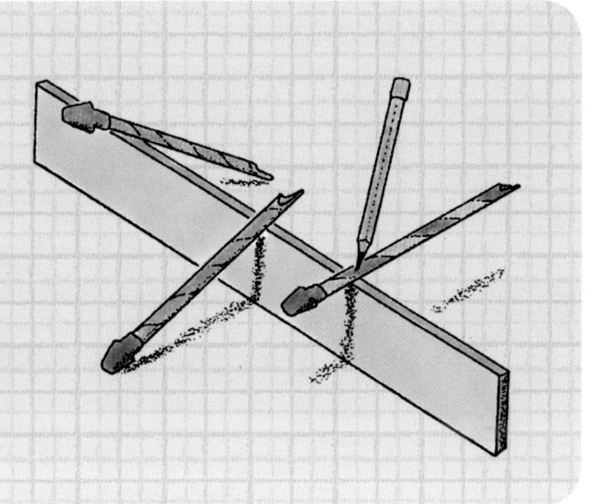

교과서 6학년 1학기 3단원 여러 가지 기체 심화 | **핵심 용어** 기압 | **실험 완료** ☐

감자 뚫기

빨대로 생감자를 뚫을 수 있을까요?

준비물

- 생감자
- 종이 빨대

이렇게 해 보세요

1 빨대를 쥐고 생감자에 힘주어 꽂습니다.

2 이번에는 빨대의 끝을 손가락으로 막고 생감자에 힘주어 꽂습니다.

어떻게 될까요? 빨대 끝을 막지 않고 감자에 꽂으면 빨대가 구부러집니다. 반면 빨대의 끝을 손가락으로 막고 꽂으면 빨대가 구부러지거나 망가지지 않고 감자를 뚫고 들어가 꽂힙니다.

왜 그럴까요? 빨대 끝을 막으면 빨대 안의 공기가 바깥으로 빠져나갈 수 없어요. 이때 감자에 꽂으면 빨대 안의 공기가 압축되면서 기압이 커져 빨대가 단단해집니다.

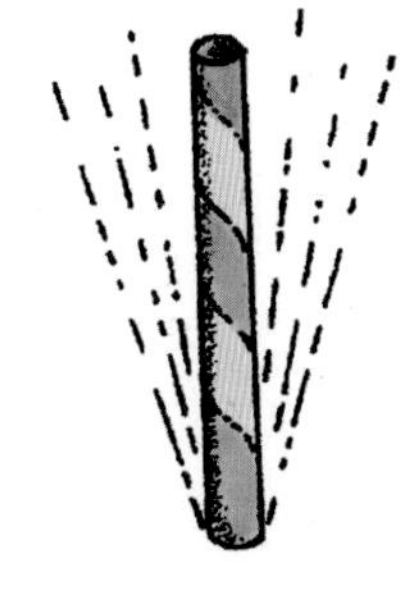

교과서 5학년 2학기 4단원 물체의 운동 심화 | 핵심 용어 마찰력 | 실험 완료 ☐

빨대 바퀴

아주 무거운 물건을 쉽게 옮기려면 어떻게 해야 할까요?

준비물

- 준비물
- 책 1권
- 빨대 4개

이렇게 해 보세요

1 책을 책상 위에 올려놓고 밀어 봅니다.

2 빨대 4개를 책상 위에 늘어놓고 그 위에 책을 올린 다음 다시 밀어 봅니다.

어떻게 될까요? 빨대 없이 책을 밀 때는 빽빽하지만 빨대와 함께 밀면 쉽게 밀려요.

왜 그럴까요? 물체가 다른 물체를 만나면 두 물체가 맞닿은 표면에서는 저항력이 생겨요. 두 물체 모두 표면이 완전히 매끄럽지 않기 때문이죠. 이처럼 완벽하게 매끄럽지 않은 두 표면(책과 책상)이 서로 밀어내는 힘을 **마찰력**이라고 해요. 마찰력의 크기는 표면의 거친 정도와 서로를 누르는 힘의 강도에 따라 달라져요. 표면이 거칠고 물체가 무거울수록 마찰력은 더 커집니다. 마찰력은 멈춰 있을 때보다 움직일 때 더 줄어들어요.

신기한 종이 마술

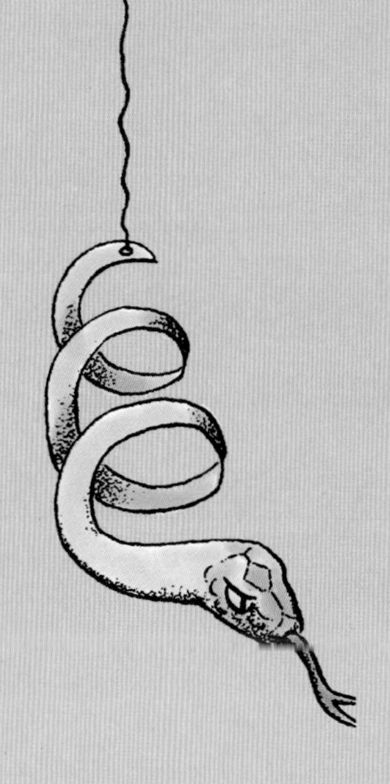

종이 뱀이 춤추고 신문지에 전기가 통합니다. 종이 속으로 사람이 지나가고 중력이 사라져요. 이걸 가능하게 하는 놀라운 실험은 무엇일까요?

종이의 역사

종이는 약 2,000년 전에 중국에서 채륜이라는 사람이 발명했어요. 최초의 종이는 넝마와 식물 섬유를 섞어 만들었답니다. 그로부터 1,200년이 지난 후, 종이 만드는 기술이 유럽으로 전해졌습니다. 1700년대에는 면과 마 섬유로 종이를 만들었지요.

1798년 프랑스의 루이 로베르가 최초로 종이 만드는 기계를 발명할 때까지 종이는 한 번에 한 장씩 일일이 수작업으로 만들었습니다. 로베르가 이 기계를 영국의 포드리니어 형제에게 팔았기 때문에 오늘날 초지기(연속으로 긴 두루마리 종이를 제조하는 기계)라고 부르는 이 기계는 영어로는 포드리니어(Fourdrinier)라고 해요.

오늘날 종이는 보통 목재 펄프를 사용해 얇고 납작한 형태로 만들어요. 종류도 편지지, 유산지, 판지, 시트지, 신문지, 벽지, 박스지, 포장지 등 다양합니다.

모양의 마술

아래 모양 중 어떤 것이 가장 튼튼할까요? 같은 종이로 만들더라도, 모양을 달리하는 것만으로 더 튼튼하게 만들 수 있답니다.

준비물

- A4 용지 4장
- 스카치테이프
- 책 6권 이상
- 깡통

이렇게 해 보세요

1 다음 지시에 따라 종이 네 장으로 각각 서로 다른 네 가지 모양을 만듭니다.

① 종이를 반으로 접어 세워 놓습니다(그림 ①).

② 종이의 면이 세 개가 되도록 접고 벌어진 끝을 테이프로 고정해 삼각기둥을 만듭니다(그림 ②).

③ 종이를 세로로 길게 반을 접어 접은 선을 따라 자른 후, 자른 두 장의 종이를 테이프로 양 끝을 붙여 하나로 길게 만듭니다. 종이 띠를 펼쳐서 정육면체 모양이 나오도록 접어 세우고 벌어진 끝을 테이프로 고정해 사각기둥을 만듭니다(그림 ③).

④ 종이를 깡통에 말아 둥그렇게 모양을 잡고 끝을 테이프로 고정한 후 깡통을 치웁니다(그림 ④).

2 이렇게 만든 4가지 모양의 종이 위에 가벼운 책을 얹어 봅니다. 책을 올리자마자 찌그러지는 모양도 있을 것입니다. 책을 계속 쌓아서 제일 마지막까지 버티는 모양이 무엇인지 알아보세요.

어떻게 될까요? ④번의 그림처럼 둥그런 기둥은 깜짝 놀랄 만큼 많은 책의 무게를 견딥니다.

왜 그럴까요? 속이 텅 빈 원통이 가장 강한 이유는 무게가 골고루 분산되기 때문이랍니다.

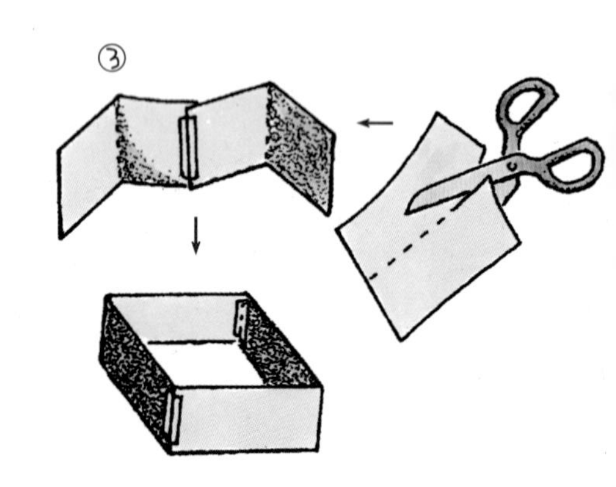

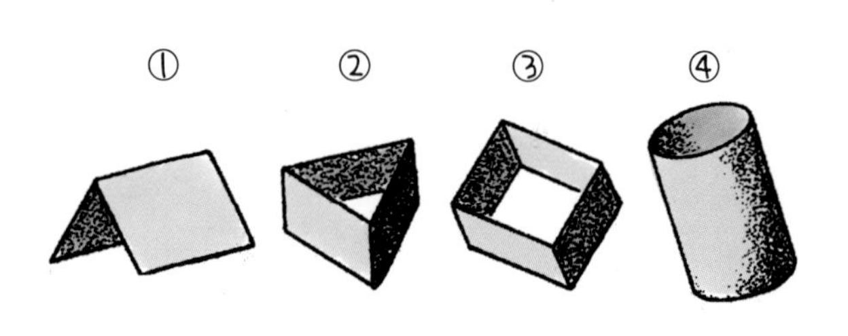

교과서 4학년 1학기 4단원 물체의 무게 심화 | 핵심 용어 무게 분산 | 실험 완료 ☐

체중을 버티는 종이

종이가 얼마나 강해질 수 있는지 알고 있나요?

준비물

- 골판지
- 가위
- 큰 깡통
- 테이프
- 작은 나무 판 (또는 도마)

이렇게 해 보세요

1 가로 10cm, 세로 30cm의 골판지를 깡통에 말아 원통 모양으로 만들어 테이프로 고정한 다음 깡통을 빼냅니다.

2 골판지로 만든 원통 위에 나무 판을 얹고 그 위에 서 보세요.

어떻게 될까요? 골판지 원통이 찌그러지지 않고 여러분의 체중을 견딥니다.

왜 그럴까요? 힘의 비밀은 바로 원통형 모양과 골판지에 있답니다. 골판지의 골이 지지대 역할을 하여 힘이 분산되기 때문에 골판지가 받는 압력이 작아지거든요.

교과서 4학년 1학기 4단원 물체의 무게 심화 | 핵심 용어 무게 분산 | 실험 완료 ☐

튼튼한 골판지

골판지는 일반 판지보다 더 튼튼하답니다. 그 이유가 뭘까요?

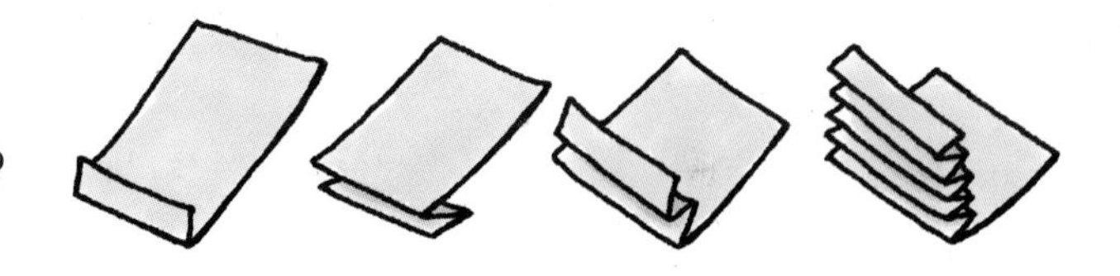

준비물

- A4 용지 3장
- 유리병

이렇게 해 보세요

1 종이 한 장의 한쪽 끝을 5mm 너비로 접습니다. 접은 선을 눌러서 주름 모양을 잡으세요.

2 처음 접은 면을 기준으로 삼아 같은 너비로 주름을 계속 잡아 나갑니다. 그림처럼 아코디언 모양이 되도록 주름 방향을 앞뒤로 번갈아가면서 전체를 접습니다.

3 나머지 종이 두 장은 각각 깡통에 말아 둥그렇게 만든 다음 끝을 테이프로 고정해 원통형으로 만들고 깡통은 치웁니다.

4 종이로 만든 원통 2개를 10cm 간격을 두고 책상 위에 세웁니다.

5 2개의 원통 위에 아코디언 모양으로 접은 종이를 얹고 그 위에 유리병을 올려 봅니다.

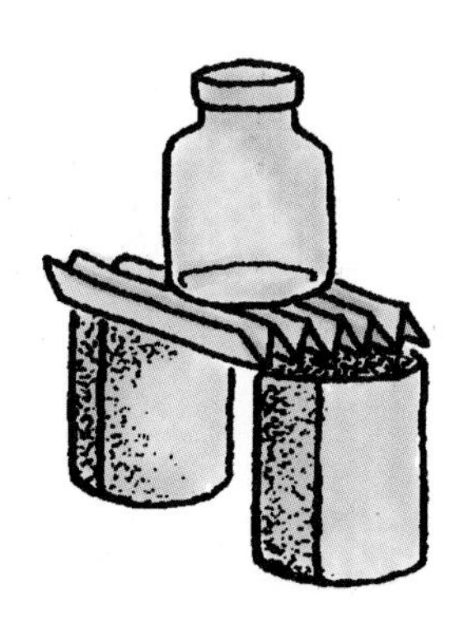

어떻게 될까요? 아코디언 모양의 종이가 유리병의 무게를 견딥니다.

왜 그럴까요? 종이를 앞뒤로 접어 주름을 잡았기 때문이에요. 골이 지지대 역할을 하여 힘이 분산되기 때문에 종이가 받는 압력이 작아지거든요. 이렇게 만든 종이가 골판지예요.

무거운 신문

아무리 세게 내리쳐도 무적의 신문은 꿈쩍하지 않는답니다!

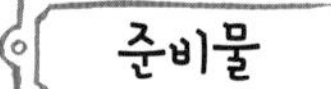

- 나무 자
- 책상
- 신문지

이렇게 해 보세요

1. 책상 위에 나무 자를 5cm 정도 책상 밖으로 나오도록 놓습니다.
2. 신문 한 장을 반으로 접어 책상에 놓인 자를 덮어 줍니다.
3. 책상 밖으로 삐져나온 자의 끝을 있는 힘껏 내리쳐 보세요.

어떻게 될까요? 신문지가 꿈쩍도 하지 않아요.

왜 그럴까요? 신문지 위에 가해지는 대기의 압력 때문에 신문지가 움직이지 않습니다. 대기의 압력은 1cm^{2}당 약 1kg이나 된답니다. 보통 크기의 신문지라면 총 저항력이 2톤이나 된다니 놀랍죠?

교과서 4학년 1학기 4단원 물체의 무게 심화 | 핵심 용어 무게 분산 | 실험 완료 ☐

젖지 않는 신문지

비를 피하려고 신문지를 머리 위에 써도 머리는 젖고 별 소용이 없습니다. 하지만 다음 실험에서는 마치 신문지를 투명한 막으로 감싼 듯 젖지 않는답니다.

준비물

- 신문지
- 빈 유리컵
- 물이 든 냄비

이렇게 해 보세요

1. 신문지를 손으로 구긴 다음, 빈 유리컵에 쑤셔 넣어 유리컵을 뒤집어도 신문지가 빠지지 않도록 합니다.
2. 유리컵을 뒤집어 든 다음, 물이 든 냄비 속에 깊이 집어넣고 그대로 둡니다.
3. 1분 후에 컵을 수직으로 꺼내어 종이를 꺼냅니다.

어떻게 될까요? 컵을 물에 넣어도 컵 안의 종이가 젖지 않아요.

왜 그럴까요? 공기는 눈에 보이지 않지만 공간을 차지하는 물질입니다. 그래서 컵 안 신문지 사이에 공기가 가득 찬 상태에서 컵을 물에 담그면, 물이 들어가지 못해요.

교과서 6학년 1학기 3단원 여러 가지 기체 심화 | 핵심 용어 기압 | 실험 완료 ☐

쏟아지지 않는 물

물이 든 컵을 거꾸로 들어도 쏟아지지 않아요.

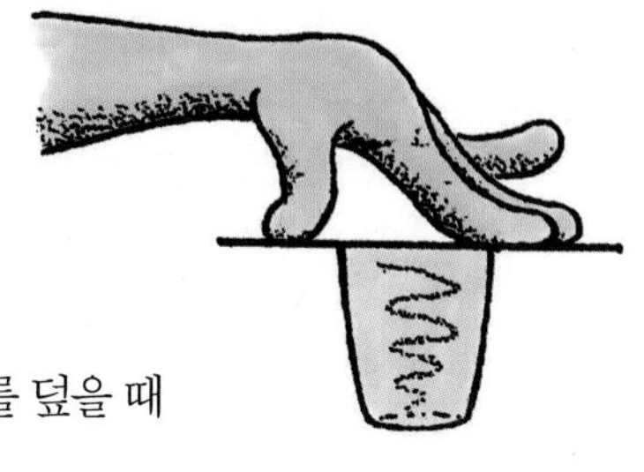

준비물

- 판지 1장
- 물이 든 유리컵

이렇게 해 보세요

1 물을 가득 채운 유리컵 위에 판지를 올려놓습니다. 판지를 덮을 때 유리컵 안에 기포가 생기지 않도록 조심하세요.

2 싱크대나 개수대 위에서 물컵을 뒤집은 다음, 판지를 잡았던 손을 뗍니다.

어떻게 될까요? 판지가 컵에 그대로 붙어 있고 물은 쏟아지지 않습니다.

왜 그럴까요? 컵 밖의 기압은 컵 안의 기압보다 크기 때문에 컵 안의 물이 쏟아지지 않는답니다.

교과서 5학년 2학기 4단원 물체의 운동 심화 | 핵심 용어 관성 | 실험 완료 ☐

종이 냅킨 마술

물이 쏟아져도 괜찮은 곳에서 먼저 연습해 보세요!

준비물

- 종이 냅킨
- 물이 든 플라스틱 컵

이렇게 해 보세요

1 종이 냅킨을 펼쳐 싱크대나 책상 한쪽 끝에 걸쳐 놓습니다.

2 종이 냅킨 위에 물이 든 플라스틱 컵을 올려놓습니다. 책상 가장자리에서 안쪽으로 2.5cm 정도의 위치에 두세요.

3 컵 아래 깔린 냅킨을 재빨리 잡아서 빼냅니다.

어떻게 될까요? 컵에서 물이 한 방울도 흐르지 않고 냅킨만 컵 아래로 쏙 빠집니다.

왜 그럴까요? 정지한 물체인 컵은 정지한 상태를 유지하려는 성질, 즉 **관성** 때문에 넘어지지 않아요. 하지만 냅킨을 당기는 힘이 약하거나 속도가 느리면 컵 안의 물이 쏟아질 거예요.

외팔보 다리

외팔보 다리는 한끝만 고정된 두 개의 보(수평 방향 지지물)가 서로 만나 상판을 이루는 형태의 다리를 말해요. 한끝만 고정되어도 쓰러지지 않고 균형을 유지하는 외팔보 다리의 원리를 알아볼까요?

준비물

- 공책 6권 (또는 얇은 책)
- 책상

이렇게 해 보세요

1. 공책 6권을 다음과 같이 모두 책상 가장자리에 쌓습니다. 첫 번째 공책은 책상 밖으로 나오지 않게 쌓으세요.
2. 두 번째 공책은 첫 번째 공책 위에 절반만 걸쳐 균형을 이루도록 책상 바깥으로 잡아 뺍니다. 균형을 이루면, 빼낸 공책을 약간 안으로 밀어 넣으세요.
3. 두 번째 공책을 쌓은 방법으로 나머지 공책도 쌓습니다. 이런 식으로 공책 6권 모두 절반씩 걸친 상태에서 균형을 이루도록 만들어 주세요.

어떻게 될까요? 맨 위의 공책은 공중에 떠 있는 것처럼 보이지만, 아래로 무너지지 않아요.

왜 그럴까요? 공책을 쌓을 때 물체의 무게가 집중되는 지점인 무게 중심을 찾았기 때문이에요. 제일 위의 공책은 마치 공중에 떠 있는 것처럼 보이지만, 쌓아 놓은 공책 무게의 절반 이상이 책상 위에 가해지고 있답니다.

교과서 6학년 2학기 1단원 전기의 이용 심화 | 핵심 용어 정전기 | 실험 완료 □

번개 만들기

준비물

- 신문지
- 랩 약간
- 깡통 뚜껑

이렇게 해 보세요

1 랩으로 신문지 위를 30초간 열심히 문지릅니다.

2 깡통 뚜껑을 신문지 한가운데에 올려놓습니다.

3 신문지의 끝을 잡고 수평으로 들어 올려 친구에게 깡통 뚜껑 근처에 손가락을 대어 보게 합니다.

어떻게 될까요? 번쩍 불꽃이 튀어요!

왜 그럴까요? 두 개의 물체 사이로 전기가 지나가면 불꽃이 튀어요. 신문지를 문지르면 정전기가 발생하는데, 친구가 손가락으로 전기를 띠지 않은 깡통 뚜껑을 건드리면 정전기가 신문지에서 깡통 뚜껑으로 옮겨 가면서 번개처럼 보입니다. 카펫 위를 걸어가다가 문고리를 잡을 때도 이렇게 불꽃이 튀는 것을 보았을 거예요. 혹은 머리를 빗을 때 지직 하는 소리를 들어 본 적 있죠? 이것들이 모두 정전기입니다. 전기가 구름에서 구름으로, 혹은 구름에서 땅으로 이동할 때 튀는 거대한 불꽃이 **번개**랍니다.

교과서 3학년 1학기 2단원 물질의 성질 | 핵심 용어 물질 | 실험 완료 □

몸으로 종이를 통과하기

이상한 나라의 앨리스가 속편에서 마술 거울을 통과한 것처럼 여러분도 흔히 보는 종이를 뚫고 지나가 보세요!

준비물

- A4 용지 1장
- 가위

이렇게 해 보세요

1 종이를 절반으로 접습니다. 왼쪽 그림처럼 접은 부분에서 2.5cm 높이의 직사각형 모양을 파내듯 오립니다.

2 그림처럼 종이가 파인 쪽에서 4개(또는 짝수로)의 줄을 긋습니다.

3 그림처럼 앞에서 그은 줄 사이사이에 줄을 긋되, 종이 반대편에서 3개(앞에서 그은 줄 개수보다 하나 적은 개수)의 줄을 긋습니다. 선을 따라 종이를 자르고 펼쳐서 잡아당기세요.

어떻게 될까요? 종이를 찢지 않고도 종이 사이를 통과할 수 있어요.

왜 그럴까요? 지그재그로 종이를 잘랐기 때문에 종이가 이쪽저쪽 번갈아가며 펼쳐져요. 한쪽이 펼쳐질 때 반대쪽이 고정하는 역할을 해 찢어지지 않는답니다.

춤추는 종이 뱀

춤추는 종이 뱀을 만들어 봐요.

준비물

- 도화지
- 가위
- 끈
- 불을 켠 전구
- 침핀
- 지우개 달린 연필
- 원통형 실패

이렇게 해 보세요

1 도화지처럼 어느 정도 무게감이 있는 종이 위에 그림처럼 똬리를 튼 뱀 모양을 그립니다. 나선형의 뱀을 오려서 꼬리 부분에 끈을 묶으세요. 이제 종이 뱀이 완성되었어요.

2 불을 켠 전구 위쪽에 뱀을 걸어 둡니다.

어떻게 될까요? 뱀이 춤을 춰요.

왜 그럴까요? 전구 불빛 때문에 따뜻해진 공기는 차가운 공기보다 밀도가 낮아서 위로 올라가요. 공기가 움직일 때 종이 뱀도 따라 움직입니다.

이것도 알아 두세요 종이 뱀을 사용하지 않을 때 걸어 둘 받침대를 만들어 볼까요? 침핀으로 뱀의 머리 부분을 연필에 달린 지우개에 고정해, 뱀의 똬리가 연필을 중심으로 아래로 늘어지도록 하세요. 연필을 실패 구멍에 꽂아 세우면 완성!

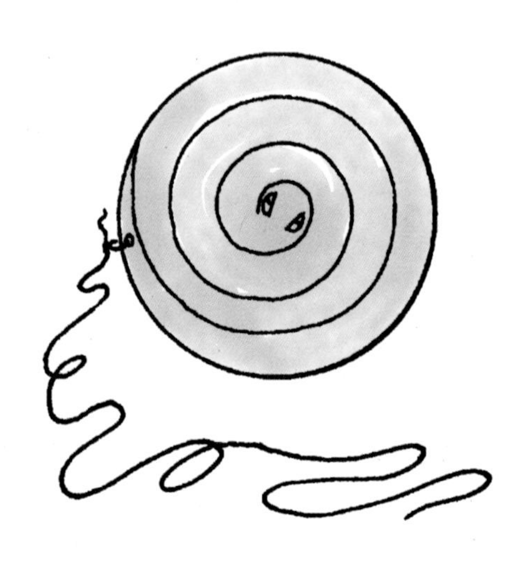

춤추는 종이 인형

종이로 춤추는 인형을 만들어 봐요!

준비물

- 빳빳한 종이
- 연필
- 가위
- 풀 또는 테이프
- 큰 판지
- 클립 2개
- 자석

이렇게 해 보세요

1. 빳빳한 종이를 같은 방향으로 세 번 접습니다.
2. 아래 그림처럼 한쪽 면에 인형의 팔과 다리가 종이가 벌어진 가장자리까지 오도록 그린 다음 오립니다.

3. 종이 인형을 펼쳐 마치 손을 잡고 둘러선 것처럼 종이 양 끝의 인형 손을 풀이나 테이프로 붙여 연결합니다.
4. 인형 하나의 발아래에 클립을 두 개 붙입니다.
5. 둘러선 인형을 판지 위에 올리고, 판지 아래에서 자석을 오른쪽과 왼쪽으로 움직입니다.

어떻게 될까요? 종이 인형이 빙글빙글 돌며 춤을 춰요.

왜 그럴까요? 클립은 철로 되어 있기 때문에, 판지 아래에서 움직이는 자석의 힘에 이끌려 인형이 움직여요.

마법의 색깔 분리

초록색은 정말 초록색일까요?

준비물

- 키친타월
- 초록색 사인펜
- 2.5cm 높이로 물을 채운 유리병

이렇게 해 보세요

1. 키친타월의 가장자리에서 약 5cm 안쪽에 사인펜으로 초록색 점을 찍습니다.
2. 키친타월의 점이 찍힌 쪽 끝이 물에 잠기되 점은 물에 잠기지 않도록 키친타월을 유리병에 고정합니다.
3. 15~20분 정도 기다렸다가 처음 찍은 초록색 점의 변화를 관찰합니다.

어떻게 될까요? 초록색 점이 파란색과 노란색으로 변했습니다.

왜 그럴까요? 대부분의 염료나 잉크는 색소를 혼합하여 만들기 때문에 물이나 알코올을 섞으면 분리할 수 있답니다. 마치 나무에서 수액이 올라오듯 물이 종이 위로 빨려 올라오면, 물이 지나가는 길을 따라 초록색 점이 분해되면서 섞이기 전의 원래 색소가 드러나요. 초록색을 만드는 파랑과 노랑은 분해되는 속도가 다르기 때문에 분리되어 나타난답니다.

교과서 4학년 1학기 5단원 혼합물의 분리 | 핵심 용어 혼합물 | 실험 완료 ☐

손대지 않고 색 섞기

색을 손쉽게 섞어 보세요!

준비물

- 작은 접시
- 판지
- 연필
- 가위
- 물감
- 종이 펀치
- 줄

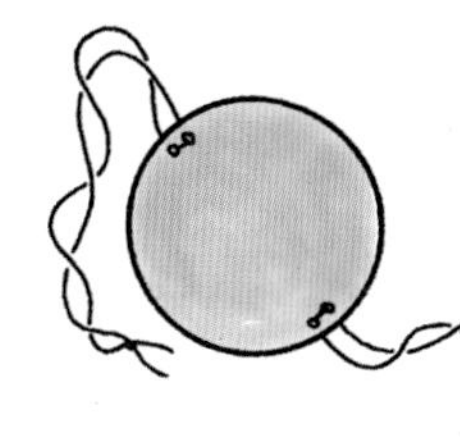

이렇게 해 보세요

1 판지에 접시를 대고 원을 그린 다음 잘라 냅니다.
2 원의 한쪽 면은 파란색, 다른 면은 빨간색으로 칠합니다.
3 왼쪽 그림처럼 자른 원의 가장자리에 펀치로 구멍을 두 개 뚫습니다. 마주 보는 쪽에도 똑같이 뚫으세요.
4 양쪽에 뚫은 구멍에 줄을 끼웁니다. 줄을 잡아당겨 원을 돌려 보세요.

어떻게 될까요? 원이 돌아가면서 보라색으로 보여요.

왜 그럴까요? 우리 눈에는 앞서 보았던 원의 한쪽 면이 사라진 후에도 그 잔상이 남아요. 그래서 눈과 뇌에서 빠르게 돌아가는 원의 색을 섞게 되는 거랍니다.

교과서 3학년 1학기 2단원 물질의 성질 심화 | 핵심 용어 뫼비우스의 띠 | 실험 완료 ☐

늘어나는 뫼비우스의 띠

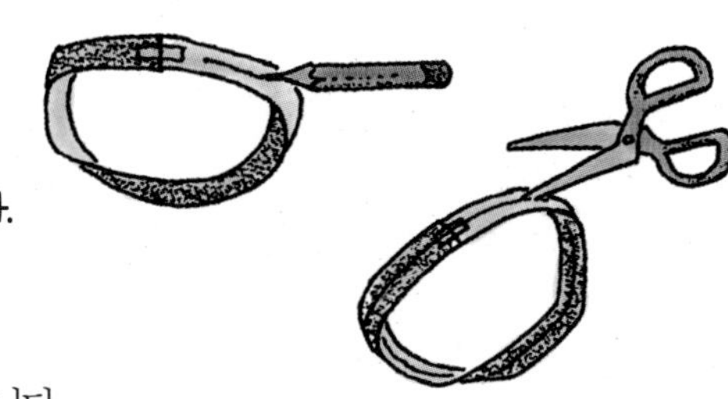

종이의 앞면과 뒷면의 구분이 없어지도록 만들어 볼까요?
이 놀라운 현상을 처음 발견한 사람은 19세기 독일의 수학자인 뫼비우스입니다.

준비물

- 종이
- 테이프
- 가위
- 연필

이렇게 해 보세요

1 가로 2.5cm, 세로 25cm크기로 종이 띠를 잘라 냅니다.
2 한쪽 끝을 한번 꼬아 준 다음 테이프나 풀로 양 끝을 서로 맞붙입니다.
3 종이 띠 가운데에 종이를 절반으로 길게 나누는 선을 그립니다. 그런 다음 그린 선을 따라 가위로 자르세요.

어떻게 될까요? 종이 고리가 두 개로 잘리는 것이 아니라 원래 고리보다 두 배 더 길어져요.

왜 그럴까요? 이 원리를 아직 아무도 설명하지 못했답니다. 하지만 실생활에서는 많이 활용되지요. 예를 들어 공장의 벨트 컨베이어는 바깥쪽보다 안쪽이 더 빨리 닳지만, 뫼비우스의 띠처럼 한 번 꼬아 걸면 양쪽 면이 균일하게 닳아서 더 오래 가요.

팽이의 변신

팽이 위에 다양한 색연필로 그림을 그려 놓고 돌리면 어떻게 보일까요?

준비물

- 도화지
- 가위
- 검은색 매직펜
- 연필(약 10cm)

이렇게 해 보세요

1. 도화지를 지름 10cm의 원 모양으로 잘라 냅니다.
2. 원의 절반을 검은색으로 칠합니다. 남은 절반을 4등분으로 나누어 4개의 부채꼴을 그립니다.
3. 부채꼴 각각의 면을 하단의 그림 중 하나처럼 매직펜으로 칠합니다.
4. 색칠한 종이 원반의 한가운데를 뚫어 연필에 꽂아 넣습니다.
5. 시계 방향이나 반대 방향으로 느리게 혹은 빠르게 원반을 돌려 봅니다.

어떻게 될까요? 검정색과 흰색이 있는 부분에 여러 가지 색깔이 나타나요. 느리게 시계 방향으로 돌리면 바깥쪽은 파란색, 안쪽은 빨간색으로 보이지요. 시계 반대 방향으로 돌리면 색이 반대로 보입니다.

왜 그럴까요? 우리의 눈에는 각각의 원호가 사라진 이후에도 잔상이 남아서, 이들이 모여 다른 모양을 만듭니다. 그러면 왜 원에는 흰색과 검은색뿐인데 빨간색과 파란색이 보이는 것일까요?

흰색의 빛, 즉 백색광에는 모든 색깔의 색이 존재하지만 사람의 눈은 파장에 따라 이를 다른 색상으로 느껴요. 원반을 돌리면 흰 면에 포함된 색상에서 빛이 반사되지만 곧이어 원반의 검은 면이 덮어 버리기 때문에 아주 짧은 시간만 그 색을 볼 수 있어요. 따라서 우리의 눈에는 여러 색깔 중 아주 일부만 보이는데, 가장 파장이 짧은 파란색과 가장 파장이 긴 빨간색이 그것입니다.

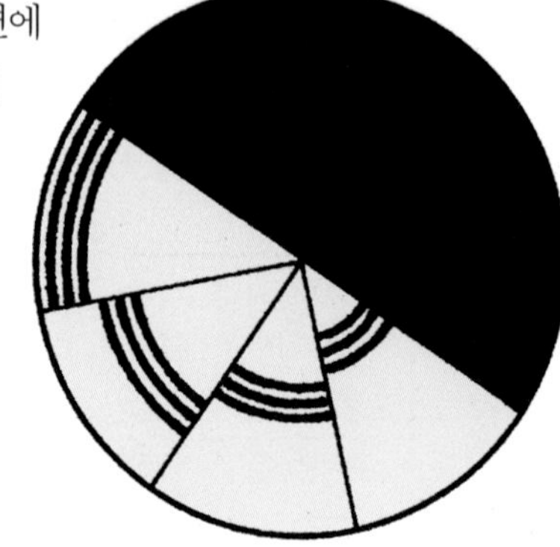

벤함의 팽이

독일 물리학자 벤함이 이러한 원리를 처음 발견했어요. 그래서 이 실험을 벤함의 팽이라고 부릅니다. 팽이의 흰 부분에 다양한 패턴을 그려서 어떤 재미있는 결과가 나오는지 실험해 보세요!

레몬의 변신은 무죄

상상력을 조금만 발휘하면 평범한 레몬으로 투명 잉크, 세제, 암석 시험장비, 로켓 발사대, 습전지를 만들 수 있답니다.

레몬의 기원

레몬은 인도에서 들어온 것으로 추정해요. 미국에서는 1849년 캘리포니아 골드러시 당시 광부들의 괴혈병 치료제로 가시가 있는 작은 나무를 심기 시작한 것이 그 기원입니다.

레몬즙은 녹, 잉크, 흰 곰팡이 자국을 없애는 역할을 해요. 레몬 껍질에서 추출한 기름은 레몬향 원액, 향수, 화장품, 가구 광택제에 널리 써요. 레몬즙은 구연산의 주요 원료로서 원단에 무늬를 찍을 때 기계에서 녹이 묻어나지 않도록 막아 주는 역할도 한답니다.

pH(산도)

덴마크의 생화학자 쇠렌센(S.P.L. Sorensen)이 개발한 pH(산도)는 용액의 산성과 염기성을 표시하는 데 사용돼요.

모든 산성 물질은 수소를 포함해요. 산성이 강할수록 수소 이온의 농도가 높고, 다른 물질과 결합할 때 수소를 덜 받아들여요. 더 이상의 수소를 받아들일 수 없을 때, pH는 0입니다. 산성이 강할수록 pH 수치는 낮아요.

염기성

pH	물질
14.0	배수관 막힘 용해제
13.0	양잿물/암모니아
12.4	석회
11.0	
10.5	제산제(수산화마그네슘)
8.5	베이킹 소다
8.3	바닷물
8.0	
7.4	혈액
7.0	증류수
6.6	우유
6.0	
5.6	깨끗한 빗물
5.0	토마토 주스
4.2	커피
3.0	사과 주스
2.2	식초
2.0	레몬 주스
1.5	
1.0	배터리 전해질(황산)
0.0	

산성

pH가 7보다 높으면 염기성
pH가 7보다 낮으면 산성

교과서 5학년 2학기 5단원 산과 염기 | 핵심 용어 산성 | 실험 완료 ☐

투명 잉크로 쓴 비밀 편지

레몬으로 비밀 편지를 써 보세요.

준비물

- 레몬 $\frac{1}{2}$개
- 접시
- 찻숟가락
- 면봉
- 흰 종이
- 전등

이렇게 해 보세요

1 레몬즙을 짜서 접시에 담습니다.
2 레몬즙에 물 몇 방울을 떨어뜨려 찻숟가락으로 잘 섞어 희석합니다.
3 면봉에 희석한 레몬즙을 묻혀 흰 종이에 글씨를 씁니다. 글씨가 마르면 투명해져서 눈에 보이지 않아요.
4 글씨를 보고 싶으면 불을 켠 전구 가까이 종이를 가져가서 보세요.

어떻게 될까요? 마술처럼 글씨가 나타납니다.

왜 그럴까요? 레몬 등의 과일즙에는 구연산이라는 성분이 들어 있어요. 이 성분은 물에 녹으면 무색에 가까워져요. 그러나 가열하면 물이 증발하고 색이 변하기 때문에 레몬즙으로 쓴 것이 갈색으로 변합니다. 레몬 대신 신맛이 나는 사과, 오렌지, 매실 등을 투명 잉크로 쓸 수도 있답니다.

교과서 5학년 2학기 5단원 산과 염기 심화 | 핵심 용어 산화 | 실험 완료 ☐

동전을 새것처럼 만들기

비누와 물로는 금속을 깨끗하게 닦기가 힘들어요. 전용 세제가 필요한데, 만약 없다면 레몬즙을 준비하세요!

준비물

- 레몬
- 작은 유리컵
- 더러운 10원짜리 동전

이렇게 해 보세요

1 유리컵에 동전이 잠길 정도의 레몬즙을 짜 둡니다.
2 동전을 레몬즙 속에 5분 동안 담가 둡니다.

어떻게 될까요? 컵에서 동전을 꺼내 보면 반짝반짝 빛나는 새 동전으로 변했어요.

왜 그럴까요? 공기 중의 산소가 구리와 만나면 산화구리가 생겨요. 레몬의 산성이 이 산화구리를 벗겨 내는 역할을 해 원래 구리의 반짝거리는 광택을 되찾아 준답니다. 식초도 마찬가지 역할을 해요.

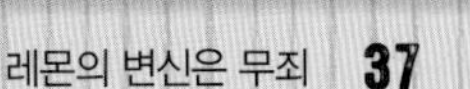

글씨를 지우는 레몬 세제

밀가루와 물로 투명 글씨를 쓴 다음 요오드로 글씨를 나타나게 해 보세요. 그런 다음 레몬으로 다시 사라지게 합니다.

준비물

- 접시
- 찻숟가락
- 밀가루 1큰술
- 물 60mL
- 면봉
- 키친타월
- 요오드
- 레몬즙

절대 맛보지 마세요! 요오드는 독성 물질입니다.

잠깐!

이렇게 해 보세요

1 접시에 밀가루와 물을 담고 찻숟가락으로 섞어 줍니다.

2 고르게 잘 섞은 밀가루 물에 면봉을 적셔 키친타월에 글씨를 씁니다. 글씨가 마르면 눈에 보이지 않아요.

3 글씨를 보고 싶으면 깨끗한 면봉으로 요오드 용액을 몇 방울 묻힙니다. 글씨가 청남색으로 나타날 거예요.

4 그 위에 레몬즙 몇 방울을 다시 문지릅니다. 글씨가 어떻게 변하는지 관찰하세요.

어떻게 될까요? 글씨가 다시 사라집니다.

왜 그럴까요? 요오드는 밀가루 속의 녹말과 반응하여 새로운 청남색 화합물을 만들어요. 레몬즙을 가하면 레몬의 비타민 C가 요오드와 결합하여 새로운 무색의 화합물이 됩니다. 그렇다면 요오드 얼룩은 레몬즙으로 지우면 되겠죠? 이런 원리 때문에 레몬즙은 종이나 천에 묻은 잉크, 흰 곰팡이, 녹 얼룩을 제거하는 데 사용된답니다.

교과서 5학년 2학기 5단원 산과 염기 심화 | 핵심 용어 산화 | 실험 완료 ☐

못의 색깔 바꾸기

깨끗한 못을 10원짜리 동전으로 코팅해 보세요.

준비물

- 레몬 2개
- 작은 유리컵
- 더러운 10원짜리 동전 10개
- 소금
- 깨끗한 못

이렇게 해 보세요

1 유리컵에 동전이 약 10개 잠길 정도로 레몬즙을 짜 둡니다.

2 10원짜리 동전을 레몬즙에 잠기게 넣고 소금을 약간 넣습니다. 컵 속에 동전을 3분 정도 담가 두세요.

3 못을 동전이 든 유리컵에 15분 동안 담가 둔 후 못을 꺼냅니다.

어떻게 될까요? 못의 색깔이 구리 색으로 변합니다.

왜 그럴까요? 동전의 구리 성분이 레몬즙의 산성과 결합하면서 새로운 화합물인 구연산 구리를 만듭니다. 못을 용액 속에 넣으면 이 구연산 구리가 못에 벗겨지지 않는 얇은 구리 막을 씌웁니다. 구리 못을 만들면 기념으로 걸어 두세요.

교과서 5학년 2학기 5단원 산과 염기 심화 | 핵심 용어 산화 | 실험 완료 ☐

잘라 놓아도 신선한 사과

레몬으로 사과를 싱싱하게 유지할 수 있어요.

준비물

- 사과
- 레몬
- 과도
- 작은 접시

이렇게 해 보세요

1 사과를 4등분으로 잘라 접시에 올려놓습니다.

2 그중 두 조각에만 레몬즙을 뿌립니다. 3시간 후 사과의 변화를 관찰하세요.

어떻게 될까요? 레몬즙을 뿌린 사과는 원래의 색을 유지하는 반면, 그냥 내버려 둔 사과는 갈색으로 변했습니다.

잠깐! 과도가 날카로우니 사과를 자를 때는 어른에게 도와 달라고 하세요!

왜 그럴까요? 사과 속의 특정 화학 성분은 공기와 접촉하면 세포를 파괴해 갈변, 즉 갈색으로 바꾸는 작용을 합니다. 하지만 레몬즙의 비타민 C(구연산)는 과일 속의 화학 성분이 산화되는 것을 늦춥니다. 그 결과 사과의 원래 색과 맛을 잃지 않아요.

교과서 5학년 2학기 5단원 산과 염기 | 핵심 용어 산성, 염기성, 지시약 시험지 | 실험 완료 ☐

적채로 만든 지시약 시험지

어른의 도움을 받아 직접 지시약 시험지를 만들어 보세요. 다음 실험에서도 쓸 거예요.

준비물

- 적채(보라색 양배추) 작은 것 1통
- 입구가 넓은 유리병
- 키친타월
- 비누
- 식초
- 물

이렇게 해 보세요

1 작은 적채를 반으로 잘라 갈아서 냄비에 담습니다. 물 한 컵과 함께 넣어 15분간 끓여 식힌 다음 체에 밭쳐 내리면 됩니다.

2 키친타월을 가로 2cm, 세로 10cm의 띠 모양으로 자릅니다. 이렇게 자른 종이 띠를 적채즙에 1분간 담근 후 꺼내어 말리세요.

3 비누를 물에 약간 녹여 비눗물을 만듭니다.

4 종이 띠의 서로 다른 위치에 식초와 비눗물을 각각 한 방울씩 떨어뜨립니다.

어떻게 될까요? 종이 띠에서 식초를 떨어뜨린 부분은 붉은색으로 변하고, 비눗물을 떨어뜨린 부분은 초록색으로 변합니다.

왜 그럴까요? 적채즙에 담근 종이 띠는 이제 지시약 시험지가 되었어요. 지시약 시험지는 산성에서는 붉은색으로, 염기성에서는 초록색으로 변합니다. 다른 과일, 꽃, 채소를 이용하거나 차를 우려낸 물로 지시약 시험지를 만들 수도 있지만 색의 변화 결과는 다를 수 있어요. 학교와 실험실에서 사용하는 지시약 시험지의 원료는 이끼류랍니다.

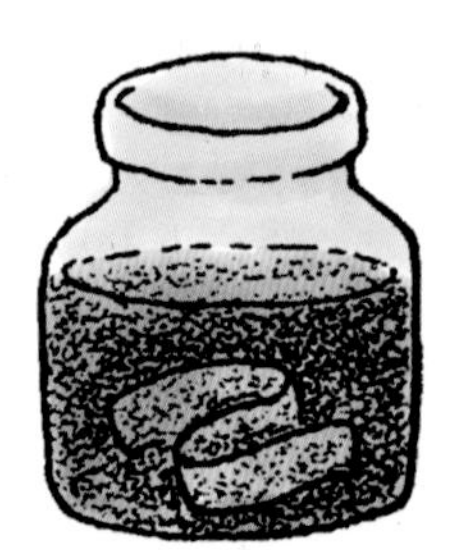

독극물 해독제

미국 독극물 관리 센터는 레몬즙이나 식초를 일부 독극물에 대한 해독제로 추천해 왔어요. 이번 실험에서는 그 이유를 알아볼 거예요. 지시약 시험지가 필요하지만 걱정하지 마세요. 앞에서 이미 만들어 두었으니까요(40쪽 참조).

준비물

- 레몬즙
- 암모니아
- 적채 지시약 시험지 2장

이렇게 해 보세요

1 적채 지시약 시험지 한 장에 레몬즙을 몇 방울 떨어뜨립니다. 시험지의 색깔 변화를 관찰하세요.

2 다른 지시약 시험지에는 암모니아 몇 방울을 떨어뜨립니다.

3 암모니아를 떨어뜨린 자리에 레몬즙 몇 방울을 떨어뜨립니다.

어떻게 될까요? 레몬즙을 떨어뜨린 지시약 시험지는 붉은색으로 변해요. 암모니아를 떨어뜨린 종이는 초록색으로 변합니다. 초록색으로 변한 지시약 시험지에 레몬즙을 떨어뜨리면 그 부분만 원래의 보라색으로 되돌아와요.

왜 그럴까요? 레몬은 산성을 약하게 띠기 때문에 붉은색으로 변해요. 암모니아는 염기성이기 때문에 초록색으로 변합니다. 그런데 지시약 시험지가 원래 색으로 되돌아오는 이유는 염기성인 암모니아가 산성인 레몬을 만나 중화되었기 때문입니다.

그렇다면 이것이 독극물과 무슨 상관이 있을까요? 암모니아는 마시면 위험한 독극물입니다. 이 때문에 예전에는 레몬이 암모니아의 성질을 중화하는 원리를 이용해 암모니아를 삼켰을 때 해독법으로 레몬 섭취를 권장했답니다. 오늘날에는 사고로 암모니아와 같은 독극물을 마셨을 경우, 많은 양의 물이나 우유를 마셔 위장 속에서 액체를 희석하도록 하지요.

이것도 알아두세요 **중화**는 산과 염기가 반응하여 서로의 성질을 잃는 반응을 뜻해요.

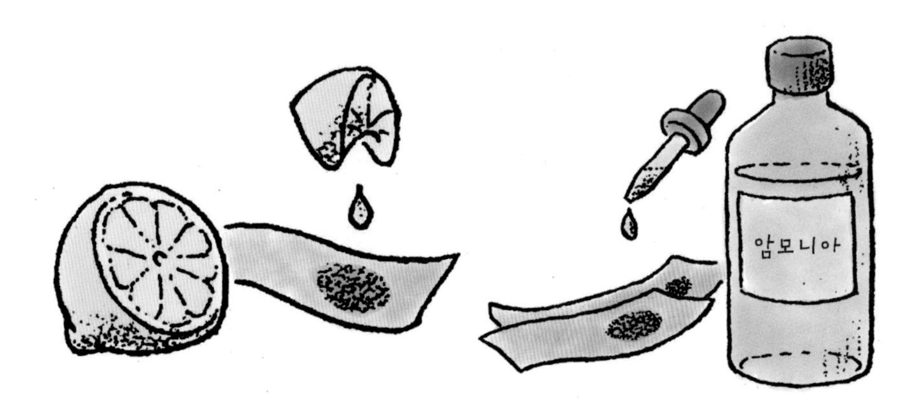

교과서 5학년 2학기 5단원 산과 염기 | 핵심 용어 산성, 염기성 | 실험 완료 ☐

음식의 산성·염기성 테스트

적채 지시약으로 어떤 음식이 산성이고 어떤 음식이 염기성인지 알아보세요.

준비물

- 적채즙 10큰술
- 작은 유리컵 10개 (또는 종이컵)
- 각종 과일 주스, 식초, 우유 및 각종 생필품

이렇게 해 보세요

1 컵 10개에 적채즙을 각각 1큰술씩 담습니다.

2 적채즙을 담은 컵 5개에 각각 레몬즙, 포도 주스, 토마토나 파일애플 주스, 식초를 넣습니다. 나머지 컵에는 각각 베이킹 소다, 우유, 소독용 알코올, 기름, 비누나 기타 생활 속 물질을 넣어 봅니다.

어떻게 될까요? 레몬즙, 포도 주스, 토마토나 파인애플 주스, 식초를 넣은 컵은 적채즙이 붉은색으로 변하고, 나머지 컵은 적채즙이 초록색으로 변합니다.

왜 그럴까요? 음식의 성질이 산성이면 적채즙이 붉은색으로 변하고, 염기성(알칼리성)이면 초록색으로 변해요.

교과서 5학년 2학기 5단원 산과 염기 | 핵심 용어 산성, 염기성 | 실험 완료 ☐

입 안 대고 풍선 불기

화학을 알면 정말 편리해요! 레몬즙이 없으면 식초 60mL를 사용해서 실험해 보세요.

준비물

- 풍선
- 물 30mL
- 빈 음료수 병
- 베이킹 소다 1큰술
- 빨대
- 레몬즙

이렇게 해 보세요

1 풍선을 늘려서 잘 부풀게 해 둡니다.

2 깨끗한 빈 음료수 병에 물을 붓고 베이킹 소다를 넣은 다음 잘 녹을 때까지 빨대로 저어 줍니다.

3 병에 레몬즙을 넣고 병의 주둥이에 재빨리 늘려 둔 풍선을 끼웁니다.

어떻게 될까요? 풍선이 부풀어 오릅니다.

왜 그럴까요? 염기성의 베이킹 소다와 산성의 레몬즙을 섞으면 탄산가스가 발생하는데, 이 가스가 풍선 속에 들어가 풍선이 부풀어 오릅니다.

교과서 6학년 2학기 1단원 전기의 이용 심화 | 핵심 용어 전자 | 실험 완료 ☐

전기가 통하는 레몬

레몬으로 전기를 만들 수 있답니다.

준비물

- 빳빳한 구리선 2개
- 큰 클립
- 레몬
- 가위
- 검류계*

이렇게 해 보세요

1. 구리선의 양 끝에 절연 피복이 있다면 피복을 먼저 제거하세요. 각각의 구리선에서 한쪽 끝을 클립에 연결합니다.
2. 레몬을 충분히 주물러 과육이 부드러워지게 만든 다음, 레몬 껍질에 2.5cm 간격으로 두 개의 가위집을 냅니다.
3. 가위집을 넣어 피복을 제거한 구리선과 연결된 클립을 레몬에 꽂습니다. 두 개의 구리선은 가까이는 있되 서로 닿지 않게 하세요.
4. 각각의 구리선에서 레몬에 꽂지 않은 한쪽 끝을 검류계의 양극(+극과 -극. 또는 간이 검류계의 구리선 양 끝)에 연결합니다.

어떻게 될까요? 검류계의 바늘이 움직입니다.

왜 그럴까요? 두 가지 서로 다른 금속(철사의 구리와 클립의 철)이 산성 물질(레몬즙) 속에서 화학 반응을 일으키면서 전자가 생깁니다. 레몬 속으로 흘러나온 전자가 한쪽 구리선을 타고 검류계를 지나 다른 쪽 구리선을 타고 다시 레몬으로 들어온 것이에요.

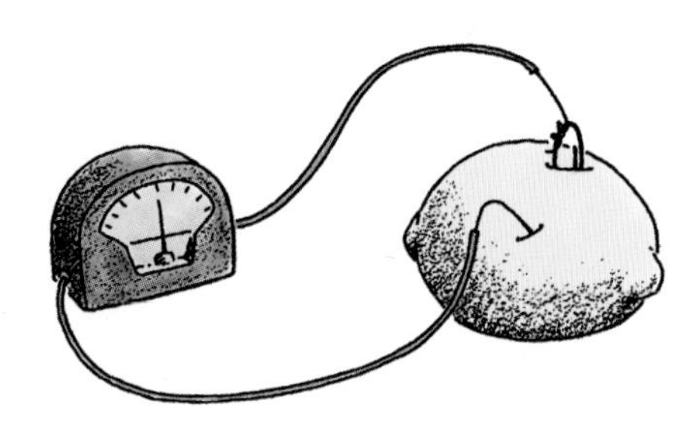

*매우 작은 전류나 전압을 검출하는 장치.

찌릿한 레몬

레몬 속에 꽂은 두 개의 구리선을 혀에 대면 금속의 맛과 약간 얼얼한 느낌이 있을 거예요. 바로 그것이 전기의 느낌과 맛이랍니다!

레몬 전지

철물점이나 전파상에서 1.5볼트보다 낮은 전구를 구해 여러 개의 레몬을 연결해 보세요. 이 실험으로 전구를 켜려면 몇 개의 레몬이 필요한지 알 수 있답니다. 그림처럼 구리선들의 양 끝은 피복을 제거하고, 한끝을 클립에 감은 뒤 여러 개의 레몬에 꽂아 연결합니다. 남은 두 구리선의 끝을 전구에 연결하면 완성!

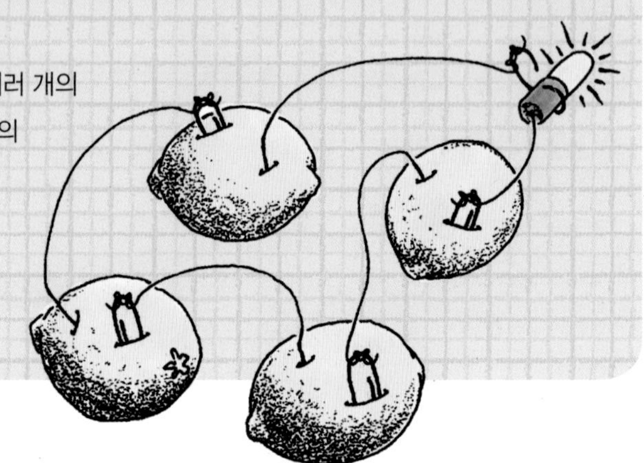

교과서 6학년 2학기 1단원 전기의 이용 | 핵심 용어 전기 | 실험 완료 ☐

검류계 만들기

검류계는 전류의 흐름을 확인할 수 있는 장치입니다. 몇 가지 간단한 재료로 검류계를 직접 만들 수 있어요.

준비물

- 나침반
- 전화선 4.5m (철물점에서 구할 수 있어요)
- 밑면이 직사각형인 작은 상자

이렇게 해 보세요

1. 상자의 중간에 나침반을 놓습니다.
2. 전화선 양 끝의 절연 피복을 약 6mm 정도 벗겨 냅니다.
3. 전화선의 양 끝을 약 15cm씩 남기고 상자에 24바퀴 정도 단단히 감습니다.
4. 이렇게 만든 검류계를 책상 위에 올려놓고 상자 위의 나침반 바늘이 감은 전화선과 평행을 이루도록 상자의 방향을 맞춥니다. 전화선의 양 끝을 레몬 전지에 연결합니다.

어떻게 될까요? 나침반 바늘이 움직이며 전류가 통하는 것을 확인할 수 있어요.

왜 그럴까요? 전화선을 상자에 감으면 감은 횟수만큼 전기의 세기가 강해져요. 전선에 전기가 흐르면 마치 자석과 같은 힘이 생겨 나침반을 움직입니다.

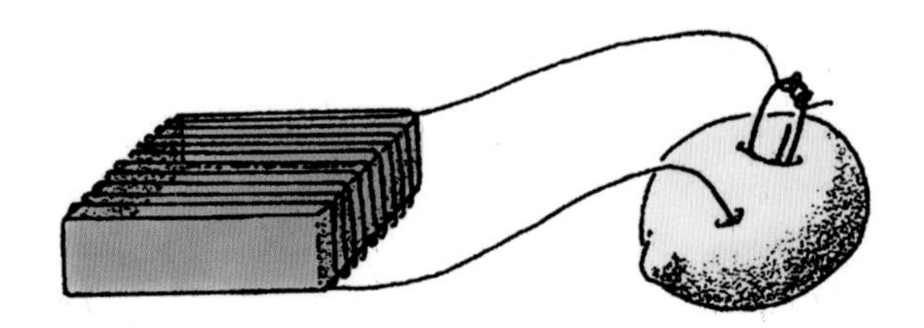

전기 놀이

친구들을 찌릿하게 만들고 싶다면? 알렉산드로 볼타(최초로 전지를 발명한 이탈리아의 물리학자, 1745년 ~ 1827년)가 200년 전에 처음 했던 이 실험은 어때요?

준비물

- 레몬
- 작은 접시
- 키친타월
- 10원짜리 동전 5개
- 100원짜리 동전 5개

이렇게 해 보세요

1 작은 접시에 레몬즙을 짜 둡니다.

2 가로 2.5cm, 세로 5cm의 띠 모양으로 잘라 낸 키친타월을 레몬즙에 담급니다.

3 구리 동전과 구리가 아닌 동전을 일렬로 번갈아 쌓되 동전 사이사이에 레몬즙을 묻힌 키친타월을 끼웁니다.

4 물을 묻힌 손가락으로 쌓은 동전 기둥의 양 끝을 잡아서 들어 올립니다.

어떻게 될까요? 손가락 끝에 찌릿한 느낌이 옵니다.

왜 그럴까요? 여러분이 만든 것은 습전지랍니다. 전지에는 전류를 흐르게 하는 물질인 전해질이 들어 있는데, 전해질이 액체이냐 액체를 굳힌 것이냐에 따라 습전지와 건전지로 나뉩니다. 즉, **습전지**란 액체 상태의 전해질이 들어 있는 전지를 말해요. 오늘날 쉽게 볼 수 있는 건전지도 처음에는 습전지였어요. 이 실험에서 레몬즙은 산성 용액으로, 두 가지 종류의 동전이 반응하여 발생한 전기를 전도하는 전해질 역할을 해서 전기가 통하게 만들지요.

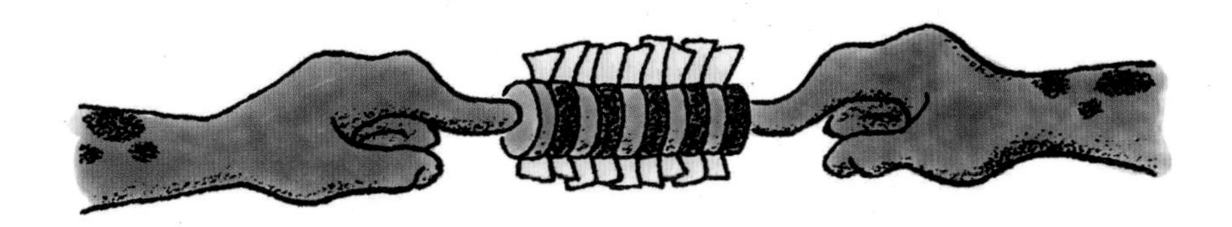

오늘날의 전지

오늘날 우리가 전지라고 부르는 것은 실제로 두 개 이상의 건전지입니다. 각각의 건전지마다 32가지의 금속(기본적으로 아연으로 된 통 속에 탄소봉이 들어 있는 형태)을 강한 산성 용액을 충분히 흡수시킨 종이가 감싸고 있답니다.

암석 시험장비

지질학자들은 암석 표본의 성분을 어떻게 확인할까요? 여기 한 가지 방법을 소개합니다. 싱크대나 개수대에서 실험하세요. 레몬즙이 없으면 식초로 대신해도 좋아요.

준비물

- 각종 작은 암석 표본(석회석이나 대리석 등)
- 레몬즙 60mL

이렇게 해 보세요

1 암석 표본 위에 레몬즙을 붓습니다.

어떻게 될까요? 어떤 표본에서는 거품이 일어나고 어떤 암석은 아무런 반응이 없습니다.

왜 그럴까요? 레몬즙이 닿았을 때 거품이 일어나는 암석은 석회석이나 대리석입니다. 물속의 진흙과 침니(모래보다 곱고 진흙보다 굵은 침전토)가 퇴적되어 생긴 석회석은 탄산칼슘이 주요 성분입니다. 따라서 산성인 레몬즙이 염기성인 석회석과 만나면 탄산가스가 생겨요. 그 결과 마치 팬케이크나 케이크 반죽에 베이킹 소다를 넣으면 부풀어 오르는 것처럼 거품이 생기는 거예요. 그런데 실제로 석회석으로 베이킹 소다를 만들 수 있답니다.

대리석과 분필 실험

대리석과 분필에 레몬즙을 떨어트리면 어떻게 될까요? 대리석은 석회석에 엄청난 열과 압력을 가해 만들어져요. 그래서 석회석과 마찬가지로 산성에 반응합니다. 석회석으로 만든 분필에 레몬즙을 떨어뜨려도 비슷한 결과가 나온답니다.

레몬 소다수

맛있고 톡 쏘는 레몬 소다수에는 어떤 과학 원리가 숨어 있을까요?

준비물

- 레몬(또는 오렌지)
- 계량컵
- 큰 유리컵
- 물
- 베이킹 소다 1작은술
- 설탕 약간

이렇게 해 보세요

1 계량컵에 레몬즙을 짜 넣습니다.
2 같은 양의 물을 부은 다음 잘 섞어 유리컵에 옮겨 담습니다.
3 베이킹 소다를 1작은술 넣고 섞습니다. 단맛은 원하는 만큼 설탕으로 조절하세요.

어떻게 될까요? 액체에서 거품이 나면서 레몬 소다수 맛이 납니다.

왜 그럴까요? 거품은 염기성 물질(베이킹 소다)에 산성 물질(레몬즙)이 섞이면서 발생한 탄산가스입니다. 실제로 슈퍼에서 파는 소다수도 강한 압력으로 이산화탄소를 물에 녹여 넣고 향과 단맛을 다양하게 첨가해 만든 것입니다.

똑똑하고 안전한 실험 규칙

안전하게 실험을 하려면 다음 규칙을 잘 따르세요.

뒷정리 : 그릇 등 실험에 사용한 도구는 깨끗하게 씻어요.

약품을 다룰 때 : 오래된 화학 약품을 집 안에 두지 마세요. 버릴 때에도 어른의 도움을 받아 조심히 버리세요.

뜨거운 것을 다룰 때 : 가스레인지나 전자레인지를 사용할 때 혹은 뜨거운 물이나 음식을 다룰 때는 조심해야 해요. 이 밖에도 전자제품을 다루거나 자신이 없는 실험을 할 때는 부모님이나 어른에게 도와 달라고 하세요.

보관 : 병, 유리병, 용기 등에 무언가를 보관할 때는 반드시 내용물을 써서 붙인 다음 다른 어린이의 손이 닿지 않는 안전한 곳에 보관하세요.

설명 미리 읽기 : 시작하기 전에 설명을 꼼꼼하게 읽고 필요한 것을 모두 준비했는지, 실험을 마칠 시간은 충분한지 확인하세요.

실험 장소 : 주변을 더럽힐 수 있는 실험은 야외나 싱크대에서 하고, 바닥에서는 오염을 방지할 신문지 등을 깔고 하세요.

교과서 6학년 1학기 3단원 여러 가지 기체 | 핵심 용어 이산화탄소, 압력 | 실험 완료 □

레몬 로켓 발사

정확히 다음 지시대로 로켓을 발사해 보세요. 로켓을 발사하기 전에 먼저 안전한 곳으로 피신하는 것을 잊지 마세요.

준비물

- 빈 음료수 병
- 코르크 마개
- 키친타월
- 레몬즙 60mL
- 물
- 베이킹 소다 1작은술

이렇게 해 보세요

1. 코르크 마개를 빈 음료수 병 입구에 맞춰 자릅니다. 크기가 입구에 비해 너무 작으면 키친타월로 모자란 공간을 채워 주세요.
2. 키친타월을 가로 2.5cm, 세로 25cm 크기의 띠 두 개로 잘라 코르크에 날개처럼 붙입니다. 이제 준비된 코르크 로켓을 잠시 옆에 둡니다.
3. 빈 음료수 병에 레몬즙을 붓습니다. 그다음 물을 부어 병의 절반까지 채웁니다.
4. 베이킹 소다를 키친타월로 감싸 작은 주사위 모양으로 만듭니다.
5. 밖으로 나가서 로켓이 날아갈 만큼 충분히 넓은 공간을 찾습니다.
6. 병 속에 베이킹 소다 주사위를 넣고 코르크 마개를 느슨하게 막아 둡니다. 땅에 병을 내려놓고 멀찍이 물러섭니다.

어떻게 될까요? 코르크 마개가 '뻥!' 소리를 내며 날아가요.

왜 그럴까요? 물과 레몬즙이 키친타월에 스며들면서 베이킹 소다가 반응하여 이산화탄소를 생성합니다. 가스가 더 많이 발생하면 병 내부의 압력이 증가하여 코르크 마개가 이를 못 이기고 튕겨 나가요.

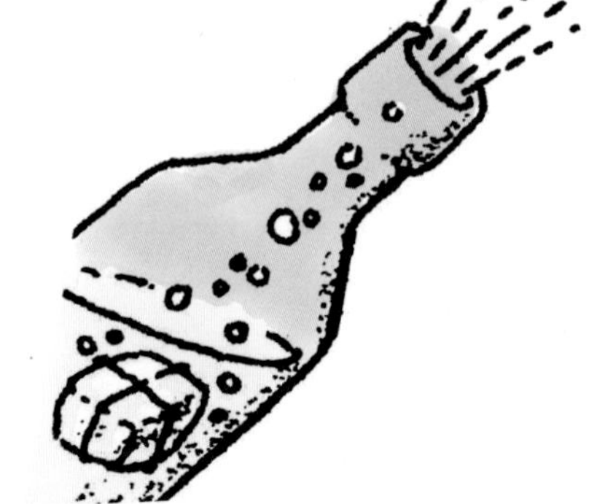

교과서 6학년 1학기 4단원 식물의 구조와 기능 | 핵심 용어 씨앗, 배아 | 실험 완료 ☐

아기 레몬

레몬 씨앗을 그냥 버리지 마세요. 씨앗을 심어 큰 나무로 키울 수도 있답니다. 우선 한번 싹이 나게 해 보세요.

준비물

- 레몬 몇 개에서 꺼낸 씨앗
- 물
- 키친타월 (또는 기름종이)
- 입구가 넓은 유리병
- 키친타월 뭉치 (또는 탈지면)

이렇게 해 보세요

1. 씨앗을 하룻밤 물에 불려 껍질을 부드럽게 만듭니다.
2. 키친타월에 물을 적셔 유리병 안쪽에 두릅니다. 유리병 속에 젖은 키친타월 뭉치를 넣어 채우세요.
3. 유리병 벽과 키친타월 사이에 레몬 씨앗을 꽂습니다.
4. 유리병 바닥에 약 2.5cm 높이로 물을 채웁니다.
5. 병을 벽장이나 캐비닛처럼 따뜻하고 어두운 곳에 둡니다. 매일 병을 확인하고 마르지 않게 물을 보충합니다. 약 10일 후 씨앗을 관찰하세요.

어떻게 될까요? 일주일이나 열흘 후 씨앗에서 싹이 나기 시작해요.

왜 그럴까요? 씨앗 속에는 '아기 풀', 즉 배아가 들어 있답니다. 이 배아에 물을 주고 따뜻하게 하면 싹이 터요. 키친타월은 싹이 트는 데 필요한 수분을 적당하게 유지해 줍니다.

교과서 5학년 1학기 5단원 다양한 생물과 우리 생활 | 핵심 용어 미생물, 곰팡이, 페니실린 | 실험 완료 □

레몬 페니실린

레몬, 물, 어둠 그리고 인내심만 있으면 미생물을 배양할 수 있어요.

준비물

- 레몬
- 깨끗한 빈 유리병
- 물
- 랩이나 알루미늄 포일
- 돋보기

이렇게 해 보세요

1 준비한 병에 레몬을 넣고 물을 몇 방울 떨어뜨린 다음 랩이나 포일로 단단히 막습니다.
2 찬장처럼 어두운 곳에 1주일 이상 놓아둡니다.
3 레몬을 꺼내어 돋보기로 찬찬히 관찰합니다.

어떻게 될까요? 부드러운 초록색 곰팡이가 레몬에 핀 것을 볼 수 있습니다. (절대 곰팡이를 손으로 만지거나 코에 대고 냄새를 맡으면 안 돼요! 알레르기 반응이 일어날 수 있습니다.)

왜 그럴까요? 레몬에 핀 초록색의 솜털 같은 곰팡이는 사실은 수백만 마리의 단세포 식물들이 뭉쳐 자란 것이에요. 음식물을 너무 오래 내버려 두면 곰팡이가 생겨서 색도 변하고 나쁜 냄새가 납니다.

치즈에도 생기는 푸른 곰팡이를 이용해 과학자들이 병균을 죽이는 항생제 페니실린을 만듭니다. 실험이 끝나면 곰팡이가 핀 레몬을 병에 다시 넣고 마개를 잘 막습니다. 이 레몬은 아래 실험의 재료로 쓰세요. 쓰레기통에 버릴 경우에는 손을 깨끗이 씻으세요.

한 걸음 더

풋과일 익히기

덜 익은 복숭아나 배가 들어 있는 종이 봉지에 곰팡이가 핀 레몬을 함께 넣어 봅니다. 하루가 지난 뒤 무슨 일이 벌어졌는지 보세요. 레몬에 핀 초록색 곰팡이는 에틸렌이라는 가스를 배출합니다. 곰팡이에서 나오는 가스의 양이 아주 많기 때문에 레몬 하나만 있어도 수백 개의 과일을 익힐 수 있답니다. 단, 이렇게 익힌 과일은 먹기 전에 반드시 깨끗이 씻고 곰팡이가 핀 레몬은 잘 버려야 해요.

우유·버터·기름·달걀

냉장고 속 식품으로 맛있는 요리도 하고, 신기한 실험도 해 보세요. 플라스틱 장난감도 만들고, 그림을 새기거나 휴대용 밝기 측정기도 만들 수 있답니다. 앞으로 다룰 식재료의 유래를 알아볼까요?

우유 사람을 포함한 포유류는 새끼에게 젖을 먹여 키웁니다. 우리가 마시는 우유는 대부분 소의 젖이지만 말, 염소, 양, 들소, 낙타, 얼룩말, 순록, 라마, 야크 등의 젖도 먹습니다.

버터 버터는 우유나 크림을 휘저어 엉기게 해 지방만 따로 응고시킨 것이에요. 기원전 2000년경 처음 알려지기 시작한 버터는 들소의 젖으로 만든 것으로 추정됩니다. 처음에는 머릿기름으로 쓰다가 화상 치료제와 등잔불을 밝히는 용도로도 사용했답니다.

기름 영어로 '기름'을 뜻하는 '오일(oil)'은 그리스어의 올리브에서 유래했지만 오늘날은 목화씨, 야자, 옥수수, 땅콩, 콩 등의 다양한 식물과 동물에서 여러 가지 기름을 추출해 쓰고 있습니다.

달걀 인도에서 고기와 알을 얻기 위해 세계 최초로 각종 야생 조류를 가축으로 길들였습니다.

교과서 4학년 1학기 5단원 혼합물의 분리 | 핵심 용어 우유 분리 | 실험 완료 □

커드 만들기

영국 전래 동요에 나오는 겁이 많은 꼬마 아가씨 머펫(Little Miss Muffet)은 커드를 먹다가 거미가 나타나자 깜짝 놀라 달아났다고 해요. 그렇다면 커드와 유청이 무엇인지 알아볼까요?

준비물

- 우유 1컵(250mL)
- 식초 $\frac{1}{3}$컵(83mL)
- 입구가 넓은 유리병

이렇게 해 보세요 우유와 식초를 유리병에 넣어 섞습니다.

어떻게 될까요? 우유가 변해요. 바닥에 쌓이는 응고된 덩어리는 커드입니다. 위에 뜨는 물 같은 액체는 유청이에요.

왜 그럴까요? 식초가 우유를 시게 만들어 우유 성분을 분리하기 때문이에요. 커드는 우유의 지방과 미네랄, 카제인이라고 불리는 단백질이 모인 거예요. 이 커드로 치즈를 만들어요. 흰 풀은 커드의 카제인으로 만드는데, 커드의 액체 성분만 씻어 내면 된답니다.

교과서 4학년 1학기 5단원 혼합물의 분리 | 핵심 용어 우유 분리 | 실험 완료 □

플라스틱 장난감 만들기

장난감 가게에서 파는 것처럼 예쁘지는 않겠지만, 플라스틱을 직접 만들어 세상에 하나뿐인 장난감을 만들어 보세요.

준비물

- 우유 $\frac{1}{2}$컵(125mL)
- 작은 냄비
- 작고 깨끗한 유리병
- 식초 1작은술

이렇게 해 보세요

1 냄비에 우유를 데웁니다. 덩어리(커드)가 생길 때까지 계속 저어 주세요. 데워진 우유는 뜨거우니 덩어리 위에 생긴 물은 어른에게 버려 달라고 부탁하세요.

2 남은 덩어리를 유리병에 넣고 식초를 넣은 후 약 한 시간 정도 둡니다.

어떻게 될까요? 고무처럼 말랑한 덩어리가 생겨요. 남은 물을 마저 따라 버린 후, 덩어리를 공이나 얼굴 등 원하는 모양으로 만드세요. 뚜껑을 연 유리병이나 키친타월에 몇 시간 두어 굳히세요. 마른 다음 아크릴 물감으로 색칠을 해도 좋아요.

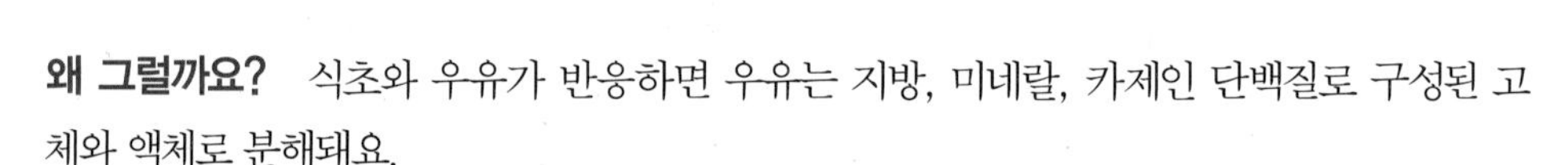

왜 그럴까요? 식초와 우유가 반응하면 우유는 지방, 미네랄, 카제인 단백질로 구성된 고체와 액체로 분해돼요.

옛날에는 플라스틱을 우유와 식물로 만들었답니다. 오늘날에는 플라스틱을 석유로 만드는데, 자연 분해되지 않기 때문에 환경 오염을 유발해요.

교과서 5학년 2학기 4단원 물체의 운동 심화 | 핵심 용어 관성 | 실험 완료 ☐

완숙 달걀 찾기

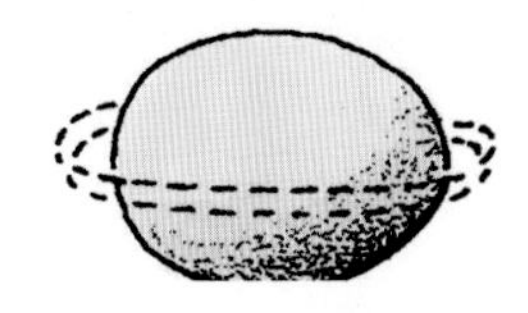

이를 어쩌죠! 삶은 달걀이 당장 필요한데 날달걀 속에서 어떻게 찾을 수 있을까요?

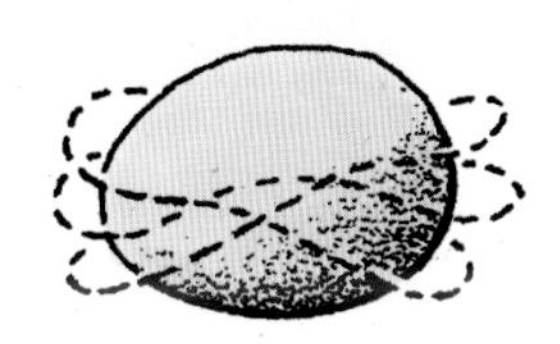

준비물

- 날달걀 1개
- 완숙 달걀 1개

이렇게 해 보세요

1 달걀을 하나하나 돌려 보면서 무슨 일이 벌어지는지 관찰하세요.
2 돌고 있는 달걀을 살짝 건드려 봅니다.

어떻게 될까요? 날달걀은 휘청대지만 완숙 달걀은 수평을 유지하며 잘 돕니다. 돌고 있는 완숙 달걀을 살짝 건드리면 곧바로 멈춰요. 그러나 날달걀은 잘 멈추지 않아요.

왜 그럴까요? 액체 상태로 있는 날달걀의 흰자와 노른자는 물체가 기존의 상태를 유지하려는 성질인 관성 때문에 천천히 회전합니다. 이 때문에 날달걀은 처음에 잘 돌아가지 않고, 일단 돌아가기 시작하면 잘 멈추지 않아요. 고체 상태인 삶은 달걀의 흰자와 노른자는 이와는 달리 더 빨리 잘 돌아가고, 손으로 건드리면 바로 멈춰요.

교과서 5학년 1학기 4단원 용해와 용액 | 핵심 용어 밀도 | 실험 완료 ☐

물에 뜨는 달걀

마술이 아니에요! 민물인 호수나 풀장보다 바다에서 몸이 더 잘 뜨는 이유를 알아볼 수 있어요.

준비물

- 달걀
- 물
- 소금
- 유리컵 2개

이렇게 해 보세요

1 컵 하나에 물을 절반쯤 채웁니다. 달걀을 물에 넣고 관찰합니다.
2 앞서 달걀을 넣은 물컵에 소금 3큰술을 넣고 잘 저어 관찰합니다.
3 다른 컵 하나에 물을 절반쯤 채우고 소금 10큰술을 물에 넣고 잘 젓습니다. 그 다음 조심스럽게 물을 더 넣어 가득 채웁니다. 이번에는 젓지 말고 속에 달걀을 살짝 넣습니다.

어떻게 될까요? 맹물에서는 달걀이 바닥에 가라앉아요. 소금을 넣으면 점점 더 달걀이 떠오릅니다. 아주 짠 소금물에 물을 더하면 달걀이 물 중간에 떠요.

왜 그럴까요? 액체의 밀도가 높을수록 부력은 더 커집니다. 소금은 물의 밀도를 높여요. 그런데 소금물에 물을 부으면 표면에 물이 생겨요. 달걀은 물 층에서는 가라앉되 그 아래 있는 높은 밀도의 소금물에서는 뜨기 때문에 중간에 떠 있게 되는 거랍니다.

교과서 6학년 1학기 3단원 여러 가지 기체 | 핵심 용어 압력, 기체의 부피 | 실험 완료 ☐

병 속에 달걀 넣기

달걀보다 입구가 작은 병 속에 달걀 모양 그대로 달걀을 넣을 수 있을까요?

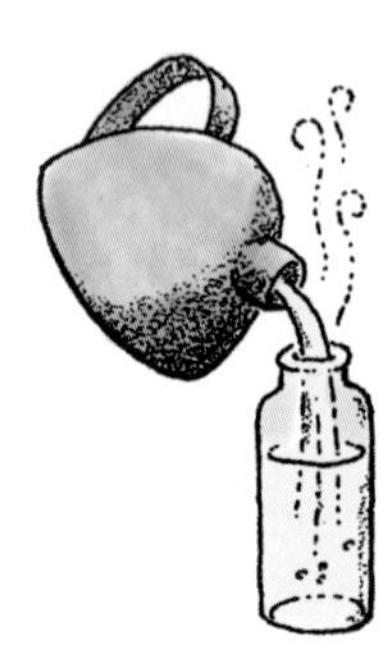

준비물

- 뜨거운 물
- 케첩 병이나 젖병처럼 입구가 좁은 병
- 주방 장갑
- 껍데기를 벗긴 완숙 달걀

이렇게 해 보세요

1 주방 장갑을 끼고 뜨거운 물을 병 속에 부은 후 병을 잘 흔듭니다.
2 병이 데워지면 물을 버리고 깐 달걀을 병 입구에 올려놓습니다.

어떻게 될까요? 병 입구보다 큰 달걀이 병 속으로 빨려 들어갑니다.

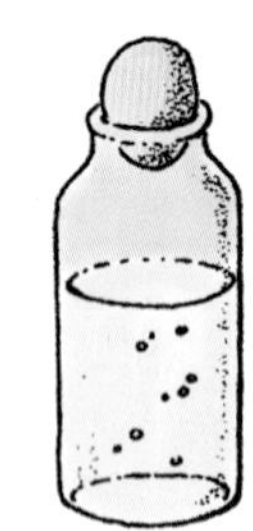

왜 그럴까요? 뜨거운 물 때문에 생긴 증기가 병 속의 공기를 밖으로 밀어내요. 병 속의 증기가 식으면 물방울로 변해 부피가 줄어듭니다. 이때 병 속의 압력이 줄어들고 대기의 압력이 더 커져서 달걀을 병 속으로 밀어 넣어요.

이것도 알아 두세요 이제 달걀을 빼 볼까요? 병을 뒤집어 입구에 입을 대고 30초 동안 공기를 불어넣어요. 병 속의 압력이 바깥보다 높아지면 달걀이 병 밖으로 쑥 나와요.

교과서 4학년 1학기 4단원 물체의 무게 심화 | 핵심 용어 무게 분산 | 실험 완료 ☐

달걀의 힘

달걀 껍데기는 약하죠? 그런데 정말 그럴까요? 아침 식사를 만들고 버린 껍데기로 알아봐요.

준비물

- 반구 모양으로 깬 달걀 껍데기 4조각
- 마스킹 테이프
- 가위
- 음료수 깡통 6개

이렇게 해 보세요

1 그림처럼 달걀 껍데기의 깨진 부분 둘레에 테이프를 잘 감고, 테이프 아래로 삐져나온 껍데기를 가위로 깨끗이 자릅니다.
2 달걀 껍데기 4개를 평평한 면이 바닥과 닿도록 놓고, 정사각형 모양으로 배열하세요.
3 정사각형 모양으로 놓인 달걀 껍데기가 깨질 때까지 그 위에 계속 깡통을 쌓아 봅니다.

어떻게 될까요? 약해 보였던 달걀 껍데기가 놀라운 무게를 견딥니다.

왜 그럴까요? 달걀 껍데기가 가진 힘의 비밀은 바로 모양에 있어요. 반구형의 달걀 껍데기는 위에 올린 물건의 무게를 고루 분산시키기 때문에, 깡통의 무게가 둥그런 달걀 껍데기의 벽을 타고 넓은 바닥까지 고루 전해진답니다.

교과서 5학년 2학기 5단원 산과 염기 | 핵심 용어 산성, 염기성, 탄산칼슘 | 실험 완료 ☐

달걀 그림

달걀 껍데기 위에 이름이나 그림을 새기고 달걀 껍데기가 깨지지 않게 그 부분만 남길 수 있을까요?

준비물

- 완숙 달걀
- 크레용
- 입구가 넓은 유리병
- 식초

이렇게 해 보세요

1 삶은 달걀 껍데기 위에 크레용으로 조심조심 그림이나 글씨를 그립니다.
2 입구가 넓은 유리병에 달걀을 넣고 푹 잠기도록 식초를 부어 둡니다.
3 두 시간 후 병 속의 식초를 따라 버리고 다시 식초를 부은 후 두 시간을 더 둡니다.
4 달걀을 꺼내 물에 씻어 크레용 자국을 지웁니다.

어떻게 될까요? 그림이나 글자 부분만 남고 나머지 달걀 껍데기는 녹아 없어집니다!

왜 그럴까요? 식초의 산성 성분이 달걀 껍데기의 탄산칼슘과 만나면서 달걀 껍데기가 녹지만, 크레용이 있는 부분은 녹지 않아요. 크레용의 왁스 성분이 껍데기를 보호해, 여러분이 쓴 그림이나 글자 부분의 껍데기만 남게 된답니다.

교과서 4학년 1학기 5단원 혼합물의 분리 심화 | 핵심 용어 분리 | 실험 완료 ☐

물과 기름

서로 섞이지 못하는 사람들을 보고 보통 '물과 기름 같다'고 말하죠? 정말 물과 기름이 그런지 한번 볼까요?

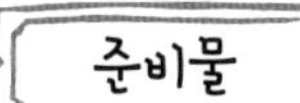

준비물

- 물
- 식용유 2큰술
- 숟가락
- 뚜껑이 있는 입구가 좁은 병

이렇게 해 보세요

1 식용유와 물을 준비한 병에 넣습니다.
2 뚜껑을 꽉 닫고 세게 흔든 다음, 병을 내려놓습니다.

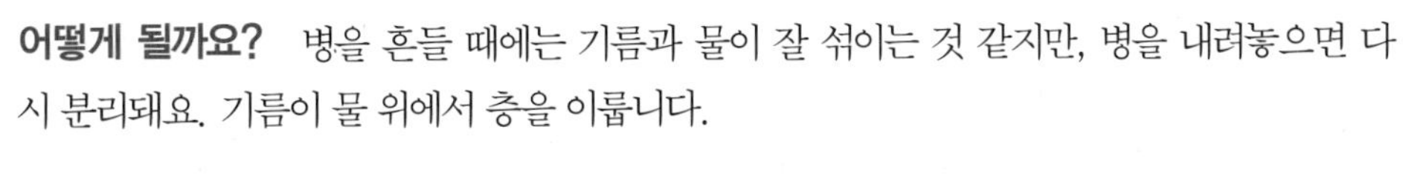

어떻게 될까요? 병을 흔들 때에는 기름과 물이 잘 섞이는 것 같지만, 병을 내려놓으면 다시 분리돼요. 기름이 물 위에서 층을 이룹니다.

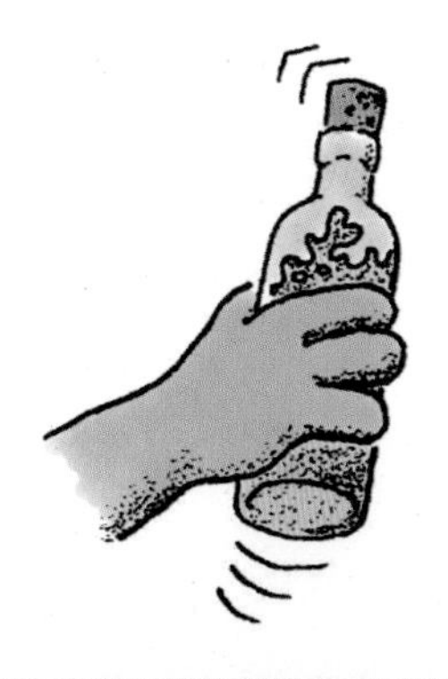

왜 그럴까요? 물에 용해되는 액체는 많지만 기름은 물에 녹지 않아요. 기름끼리 뭉치는 힘이 물과 섞이려는 힘보다 더 강해서랍니다. 기름은 물보다 가벼워서 물 위에 층을 이루며 떠요. 그래서 닭고기나 소고기 국물을 끓이고 국물을 식히면 위에 뜬 기름은 굳어서 쉽게 걷어 낼 수 있지요.

교과서 4학년 1학기 5단원 혼합물의 분리 | 핵심 용어 밀도 | 실험 완료 ☐

액체 샌드위치

세 가지 액체로 된 샌드위치를 만들어 볼까요?

준비물

- 기름 2큰술
- 물 2큰술
- 꿀 2큰술
- 뚜껑이 있는 입구가 좁은 유리병

이렇게 해 보세요

1 좁은 유리병에 기름, 물, 꿀을 붓고 마개를 닫습니다.

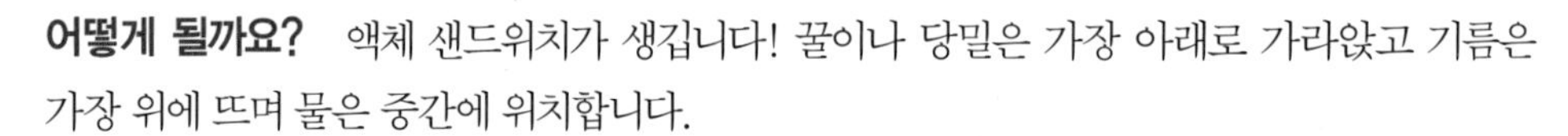

어떻게 될까요? 액체 샌드위치가 생깁니다! 꿀이나 당밀은 가장 아래로 가라앉고 기름은 가장 위에 뜨며 물은 중간에 위치합니다.

왜 그럴까요? 꿀은 물보다 밀도가 높아 같은 양의 물보다 무게가 더 나가므로 바닥으로 가라앉습니다. 반대로 기름은 물보다 밀도가 낮아서 위로 뜨는 거랍니다.

교과서 3학년 1학기 2단원 물질의 성질 심화 | 핵심 용어 지방 | 실험 완료 ☐

지방 탐지기

식품에 지방이 들어 있는지 알아보는 것은 생각보다 쉽습니다.

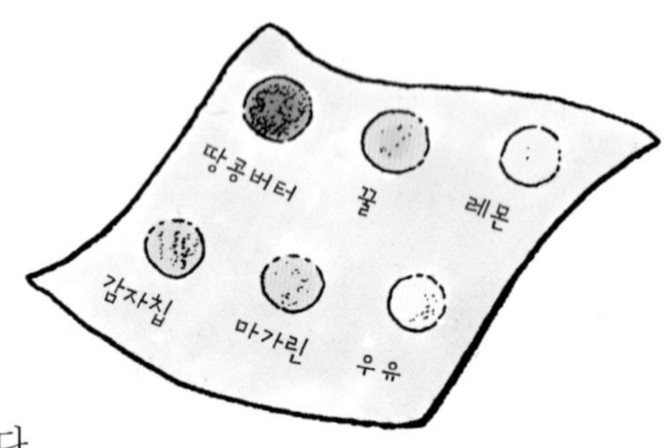

준비물

- 백지
- 연필
- 버터나 마가린
- 땅콩버터
- 생크림이나 생우유
- 레몬
- 꿀
- 감자칩

이렇게 해 보세요

1 백지 위에 여섯 개의 원을 그립니다. 각각의 원 아래에 실험하려는 식품의 이름을 적습니다.

2 각각의 원에 해당하는 식품을 조금씩 문질러 봅니다.

3 10분 후, 종이의 앞뒷면을 관찰하세요.

어떻게 될까요? 어떤 원은 아무 자국이 없고, 또 어떤 원은 기름이 번져 있을 거예요.

왜 그럴까요? 물과 기름은 종이의 섬유질 사이 공간을 채우면서 흔적을 남긴답니다. 종이에 묻은 식품의 수분은 공기 중으로 증발해 말라 없어지지만 지방 입자는 얼룩으로 남아요. 지방은 비누나 에테르로 녹여야 없어집니다.

간이 밝기 측정기

어떤 전구가 더 밝을까요? 어떤 손전등이 더 밝아 보이나요? 이제 과학으로 밝혀 보세요.

준비물

- 식용유
- 백지
- 키친타월
- 갓을 씌우지 않은 탁상 전등 2개(와트 수가 서로 다른 것)
- 자

이렇게 해 보세요

1 백지에 식용유를 몇 방울 떨어뜨립니다.
2 식용유가 흡수되고 난 다음 키친타월로 여분의 기름을 닦아 내어 백지 위에 기름얼룩만 남도록 합니다.
3 어두운 방에 갓을 씌우지 않은 탁상 전등 두 개를 서로 마주 보도록 책상 위에 놓습니다.
4 기름얼룩이 묻은 백지를 왼쪽 전등에 가까이 대었다가 천천히 오른쪽 전등으로 움직입니다. 이때 기름얼룩을 유심히 관찰합니다.

어떻게 될까요? 양쪽에서 동일한 양의 빛이 올 때 백지의 얼룩이 사라져요.

왜 그럴까요? 그런데 이것으로 어느 전등이 더 밝은지 어떻게 아냐고요? 각각의 전등에서 얼룩이 사라지는 지점까지 거리를 측정해 보았을 때 두 거리가 다르다면, 둘 중 하나가 더 밝은 것입니다.

한 걸음 더

전구 밝기 계산

정확히 한쪽이 얼마나 더 밝은지 알아볼까요? 예를 들어, 측정 결과 A 전구와 백지가 60cm 떨어져 있고, B 전구가 90cm 떨어져 있다면 B가 더 밝은 것입니다. 얼마나 더 밝은지도 알고 싶다면 먼저 A의 거리의 제곱을 구하세요(60×60). 그다음 B의 거리의 제곱을 구합니다(90×90). 더 큰 숫자를 더 작은 숫자로 나누면(8100÷3600) 2.25가 됩니다. 즉, B 전구는 A 전구보다 2배 이상 더 밝은 것을 알 수 있어요.

물 돋보기

렌즈로 보면 우리 눈에는 AB가 ab처럼 크게 보입니다.

a
A
B
b

물로 돋보기를 만든다고요? 말도 안 돼요!

준비물

- 클립
- 버터나 식용유
- 물이 든 유리컵
- 전화번호부
- 신문지
- 우표

이렇게 해 보세요

1 클립을 곧게 폅니다.

2 편 클립의 한쪽 끝을 구부려 작은 고리를 만들고 버터나 식용유를 살짝 바릅니다.

3 고리를 유리컵의 물속에 살짝 담근 다음 꺼냅니다. 이제 고리에 물이 맺혀 물 돋보기 렌즈가 되었어요.

4 이 렌즈로 전화번호부의 작은 글씨, 신문의 안내 광고, 우표의 작은 글씨를 읽어 보세요.

왜 그럴까요? 물 렌즈는 마치 유리나 플라스틱 렌즈처럼 분명한 형태를 이루고 있으므로, 빛은 물을 지나면서 꺾이게 됩니다. 먼저 빛이 들어올 때 한 번 꺾이고, 그 빛이 나갈 때 다시 한 번 꺾입니다. 물에서 빛이 꺾이는 각도는 렌즈의 형태에 따라 달라져요. 여러분이 보고 있는 물체에서 반사된 빛은 렌즈에 도달해 다시 여러분의 눈으로 꺾여 들어옵니다. 물체에서 반사된 빛이 여러분의 눈에는 직선으로 눈에 도달한 것처럼 보이기 때문에 실제보다 훨씬 크게 보이는 거랍니다.

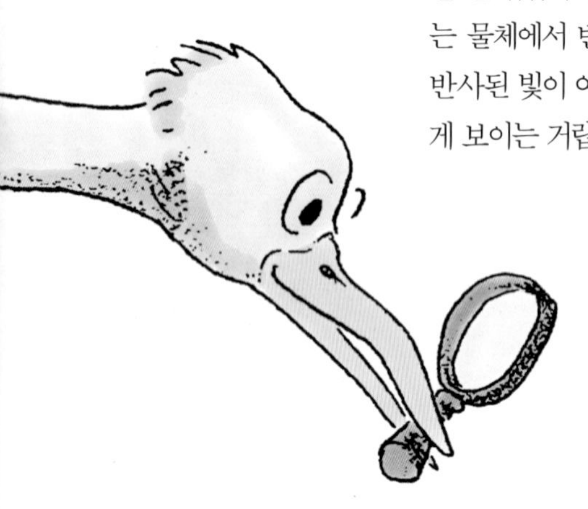

한 걸음 더

얼마나 더 큰가요?

모눈종이를 이용해 돋보기의 확대 정도를 알아 볼 수 있답니다. 모눈종이가 없다면 백지에 바둑판 모양을 그려서 사용해도 좋습니다. 돋보기를 통해 눈금을 보세요. 렌즈로 본 눈금의 수와 눈으로 직접 본 눈금의 수를 세어 비교해 보세요. 렌즈를 통해서 하나만 보이던 것이 눈으로 직접 볼 때는 4개가 보인다면, 렌즈는 4배 확대가 되는 것입니다.

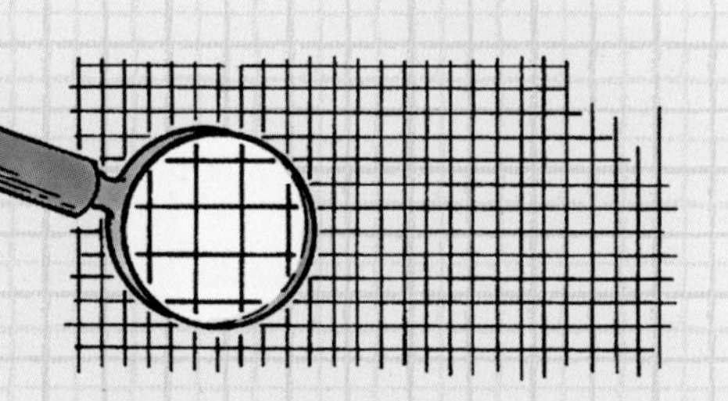

끈과 함께 떠나는 모험

끈 하나만 들고 과학 여행을 떠나 볼까요? 물이 외줄타기를 하고, 병 속에 든 끈을 손대지 않고 끊고, 단추 하나로 무거운 물건을 들어 올립니다. 할아버지에게 선물할 시계도 만들고, 여러분의 놀라운 힘도 자랑해 보세요.

끈은 무엇으로 만들까요?

몇 세기 동안 사람들은 대마, 아마, 황마, 사이잘삼과 같은 식물의 섬유질을 꼬거나 땋아서 줄이나 끈을 만들었어요. 오늘날은 나일론과 폴리에스테르 같은 합성 섬유나 재료로 만들기도 합니다.

교과서 6학년 1학기 5단원 빛과 렌즈 심화 | 핵심 용어 열에너지 | 실험 완료 □

손 안 대고 줄 끊기

뚜껑 닫힌 유리병 속에 든 줄을 손대지 않고 끊는 방법을 알아 보세요. 단, 햇빛이 쨍쨍한 날이라야 해요!

준비물

- 줄(약 30cm)
- 뚜껑이 있는 유리병
- 테이프
- 돋보기

이렇게 해 보세요

1 줄의 한끝을 테이프로 유리병 뚜껑의 안쪽에 고정합니다.
2 뚜껑을 닫아 줄이 공중에 매달리게 만듭니다.
3 돋보기로 햇빛을 모아 줄에 몇 분간 비춥니다.

어떻게 될까요? 줄이 둘로 끊어집니다.

왜 그럴까요? 돋보기로 빛을 모아 줄에 집중시켜 줄이 탔기 때문입니다. 빛 에너지가 열에너지로 바뀌어서 열이 충분히 높아지면 줄을 끊을 수 있답니다.

교과서 4학년 2학기 2단원 물의 상태 변화 심화 | 핵심 용어 표면장력 | 실험 완료 □

물의 외줄타기

물방울이 줄을 타고 이동한다고요? 믿을 수 없다면 직접 해 보세요!

준비물

- 작은 못
- 플라스틱 컵
- 끈(약 30cm)
- 물
- 양동이

이렇게 해 보세요

1 못을 이용해 플라스틱 컵의 위쪽에 작은 구멍을 뚫습니다.
2 끈을 구멍 사이로 통과시켜 컵 안쪽에서 끈의 한끝을 매듭을 짓습니다.
3 매듭이 컵의 안쪽에서 걸려 밖으로 빠지지 않게 하고 다른 한끝을 컵 밖으로 빼냅니다.
4 컵에 끈의 매듭이 잠길 정도로 거의 가득 물을 채웁니다.
5 컵 밖에 빼놓은 끈의 한끝을 한 손의 검지에 묶고, 다른 한 손으로 컵을 잡습니다.
6 검지에 묶은 끈을 양동이 위쪽으로 팽팽하게 당겨 살짝 기울입니다.
7 컵을 기울여 컵 속에 든 물이 끈 위로 서서히 흐르도록 합니다.

어떻게 될까요? 컵 속의 물이 끈을 타고 왼손 검지를 지나 양동이 속으로 떨어져요.

왜 그럴까요? 컵에 담긴 물 표면에 가까이 있는 물 분자들은 서로 끌어당기면서 둥근 막 모양이 됩니다. 그 결과 구슬 모양으로 물이 응집되어 끈을 타고 이동할 수 있어요. 표면에 있는 물끼리 뭉치려는 힘을 **표면장력**이라고 부르지요.

8자 매듭 만들기

앞 실험에서 컵 안에 넣은 끈이 밖으로 빠지지 않도록 묶는 방법은 여러 가지가 있어요. 오른쪽 그림은 8자 매듭으로 묶는 방법이에요. 한번 따라 해 보세요.

교과서 4학년 1학기 5단원 혼합물의 분리 | 핵심 용어 결정 | 실험 완료 □

작은 염전에서 소금 얻기

소금은 바닷물을 가두어 만든 염전에서 채취해요. 여러분도 소금물로 소금을 만들어 보세요.

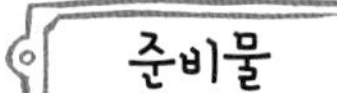

- 작은 유리병
- 뜨거운 물
- 숟가락
- 소금
- 못
- 끈(약 30cm)
- 연필

이렇게 해 보세요

1 유리병에 뜨거운 물을 넣고 소금을 녹여 소금물을 만듭니다.
2 끈의 한끝을 못에 연결합니다. 끈의 다른 끝을 연필에 감으세요.
3 연필이 유리병 속에 빠지지 않도록 유리병의 입구에 걸쳐 놓습니다.
4 연필에 연결된 못이 소금물 속으로 늘어지도록 하되, 바닥에는 닿지 않게 합니다.
5 유리병을 따뜻한 곳에 둡니다.

어떻게 될까요? 며칠 뒤 물은 말라 없어지고 끈에 하얀 결정이 매달린 것이 보여요. 맛을 보면 소금 맛이 납니다.

왜 그럴까요? 물이 증발하면서 물이 서서히 공기 중으로 날아갑니다. 소금물에서 물이 증발하면서 소금 입자는 서로 더 강하게 결합하여 정육면체 모양의 결정을 만든답니다. 물이 다 말라 없어지면 소금 결정만 남아요.

막대 사탕 만들기

소금 결정을 만든 것처럼 설탕 결정을 만들어 막대 사탕을 만들 수도 있어요. 좀 더 큰 유리병과 더 긴 끈이 필요합니다. 뜨거운 물 $\frac{1}{4}$컵(62.5mL)에 설탕 2컵을 넣고 며칠 동안 내버려 두기만 하면 달달한 막대 사탕 완성!

얼음 구출하기

모임 분위기가 서먹하다고요? 얼른 냉장고에서 얼음 하나를 꺼내 오세요. 유리잔 속에 얼음을 넣은 뒤 손님들에게 손에 물이 닿지 않게 끈으로 얼음을 꺼내 보라고 합니다. 이런저런 방법으로 다들 실패하고 나면, 이제 여러분이 나설 차례입니다.

준비물

- 얼음
- 차가운 물이 든 유리컵
- 끈(약 15cm)
- 소금

이렇게 해 보세요

1 물이 든 유리컵에 얼음을 띄웁니다.
2 끈의 한끝을 유리컵의 가장자리 위에 걸치고, 다른 한끝은 얼음에 올려놓습니다.
3 얼음에 소금을 약간 뿌리고 10분간 둡니다.

어떻게 될까요? 끈이 얼음에 얼어붙습니다. 끈을 잡아당겨 얼음을 컵 밖으로 꺼내세요.

왜 그럴까요? 소금이 얼음을 만나면 물의 어는점을 0℃ 이하로 낮추어 얼음의 표면이 약간 녹게 됩니다. 녹았던 얼음이 다시 얼면 끈이 얼음 속에 갇히는 거랍니다.

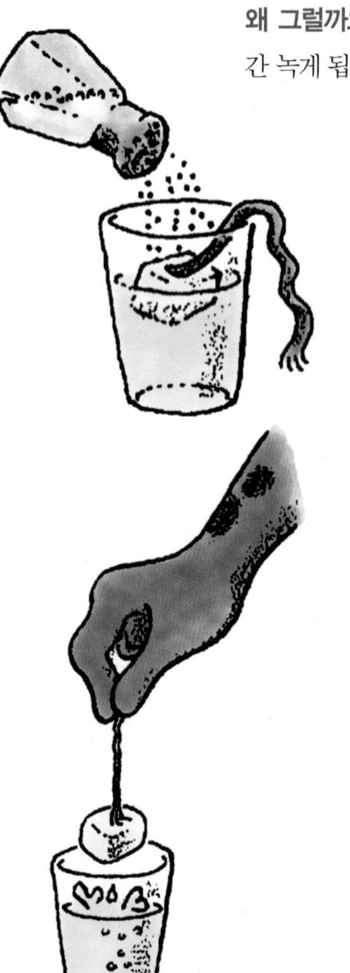

균형 잡는 바다 괴물

움직이는 바다 괴물을 만들어 보세요.

준비물

- 판지
- 연필
- 가위
- 압핀
- 못을 매단 긴 끈

이렇게 해 보세요

1 판지에 아래 그림처럼 바다 괴물을 그린 다음 오려냅니다.
2 바다 괴물에 세 개의 구멍을 냅니다.
3 괴물의 머리 쪽 구멍에 압핀을 꽂아 벽에 겁니다.
4 압핀에 못을 매단 끈을 걸어 늘어뜨립니다.
5 끈이 만드는 직선을 따라 괴물 위에 선을 그립니다.
6 나머지 두 개의 구멍도 마찬가지 방식으로 반복합니다.
7 이렇게 그린 세 개의 선이 만나는 지점에 압핀을 꽂아 괴물을 벽에 걸어 돌려 보세요.

어떻게 될까요? 판지 괴물이 균형을 이루며 빙빙 돌아가다가 매번 다른 곳에서 멈춥니다.

왜 그럴까요? 세 개의 선이 만나는 지점이 바로 무게 중심이기 때문에 괴물이 돌 때 균형을 이루고, 멈추는 지점이 다릅니다. 하지만 만약 무게 중심 이외의 지점에 압핀을 꽂아 괴물을 돌리면 균형을 이루지 못해 비틀대다가 매번 같은 장소, 즉 무게 중심이 가장 낮은 곳에서 멈출 거예요.

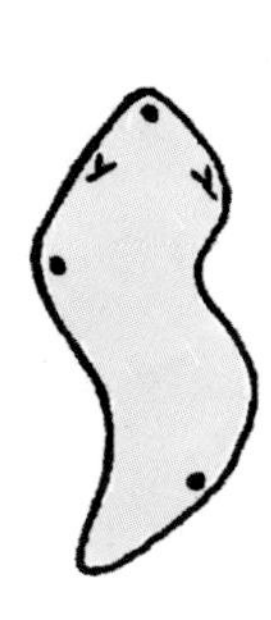
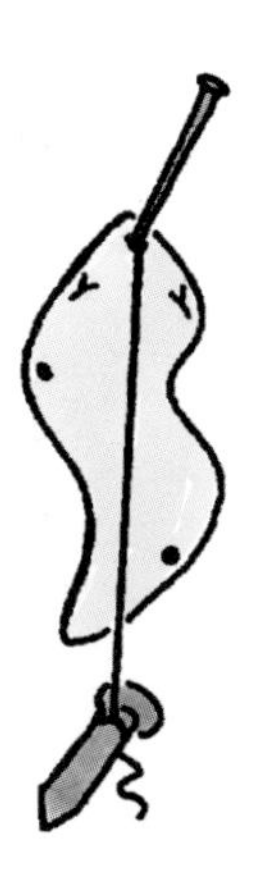

막대의 관성

이 실험을 하면 막대를 지탱하는 가느다란 실이 끊어질 것처럼 보입니다. 정말 실이 끊어질까요?

준비물

- 기다란 실 2가닥
- 나무젓가락
- 나무 옷걸이
- 쇠 자

이렇게 해 보세요

1 실 두 가닥을 각각 나무 옷걸이의 양 끝에 연결합니다.

2 막대에 연결되지 않은 두 실의 다른 한끝을 각각 나무젓가락의 양 끝에 묶어 막대가 공중에 매달리도록 합니다. 실을 묶을 때 클로브 히치 매듭(까베스땅 매듭)을 사용해도 됩니다(아래 설명 참조).

3 쇠 자로 막대를 칩니다.

어떻게 될까요? 실이 끊어지지 않습니다! 아주 세게 내리쳐도 실은 끊어지지 않고 막대가 부러져요.

왜 그럴까요? 실이 아닌 막대에 힘을 가하기 때문입니다. 정지 상태의 물체는 그 상태를 유지하려는 성질인 관성 때문에 막대는 움직이지 않으려 하고 결국 부러진답니다.

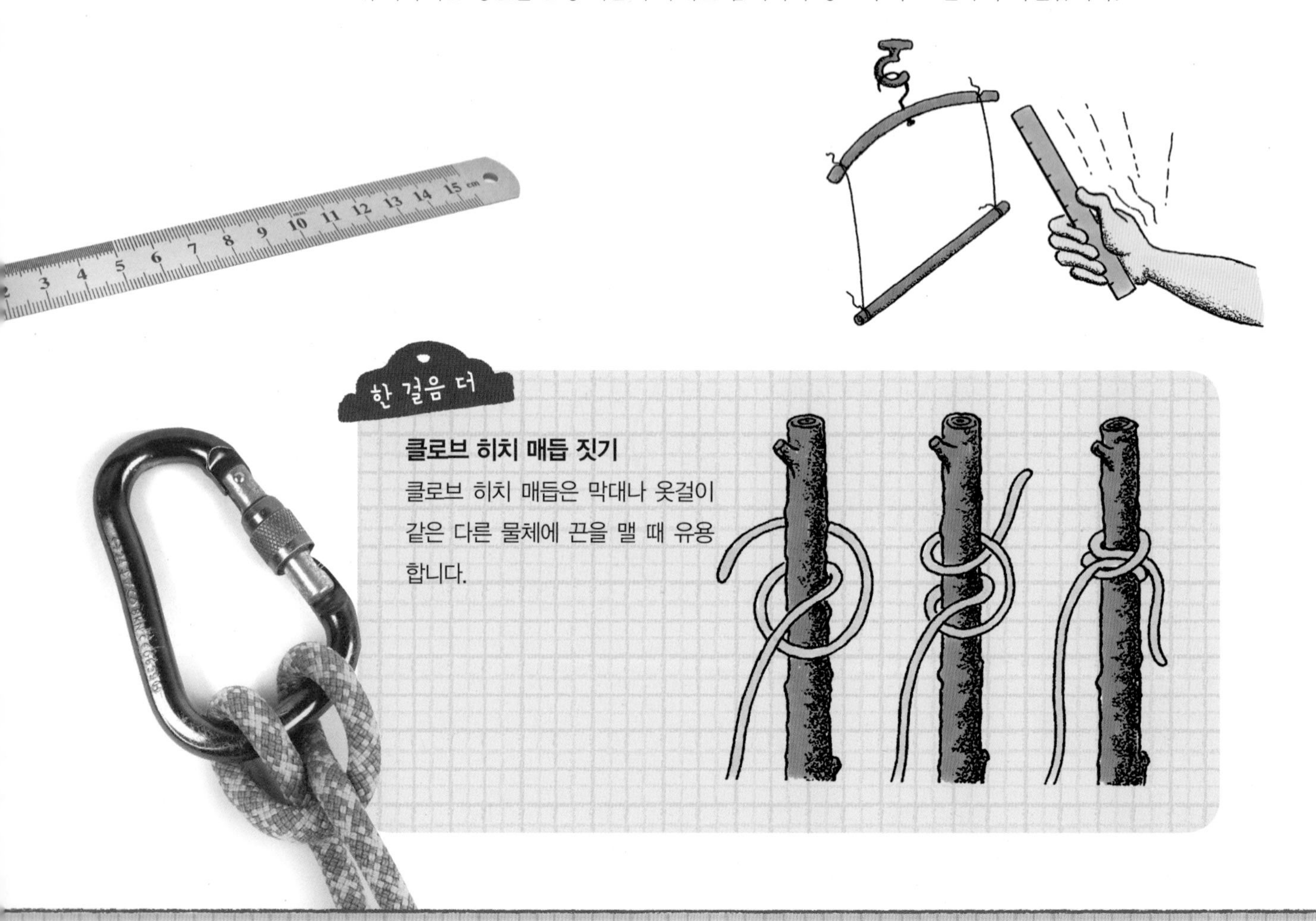

한 걸음 더

클로브 히치 매듭 짓기

클로브 히치 매듭은 막대나 옷걸이 같은 다른 물체에 끈을 맬 때 유용합니다.

교과서 4학년 1학기 4단원 물체의 무게 | 핵심 용어 수평 잡기 | 실험 완료 ☐

끈의 수평 잡기

끈을 수평으로 잡을 수 있을까요?

준비물

- 가는 실 (약 60~90cm)
- 무거운 책

이렇게 해 보세요

1 책상이나 바닥에 끈을 길게 늘어놓습니다.
2 책을 끈의 가운데에 놓습니다. 매듭은 짓지 않고 끈으로 책의 위아래를 그림처럼 십자로 두릅니다.
3 끈의 양 끝을 잡고 책을 들어 올립니다. 양손에 끈의 끝을 각각 잡고 잡아당겨 두 끈이 수평을 이루도록 만듭니다.

어떻게 될까요? 아무리 힘껏 당겨도 끈이 수평으로 되지는 않아요.

왜 그럴까요? 끈을 양쪽으로 당길수록 책이 점점 더 무거워지는 것을 느낄 거예요. 끈의 벌어진 각도가 커질수록 책을 드는 힘은 더 커야 해요. 수평선은 이 각도가 180도가 된다는 뜻인데, 그 각도에서 책을 들려면 끈에 엄청난 힘이 가해져요. 이때 끈은 그 힘을 이기지 못하고 끊어질 거예요.

교과서 4학년 1학기 4단원 물체의 무게 심화 | 핵심 용어 중력, 원심력 | 실험 완료 ☐

공중제비를 넘는 공

360도 회전하는 놀이기구를 탈 때 왜 떨어지지 않을까요?

준비물

- 밧줄(약 60cm)
- 양동이
- 고무공

이렇게 해 보세요

1 밧줄을 양동이 손잡이에 단단히 묶습니다.
2 공을 양동이 안에 넣습니다.
3 밧줄을 잡고 양동이를 공중에서 최대한 빨리 돌려 봅니다.

잠깐!
공이 떨어져도 괜찮은 장소에서 실험하세요.

어떻게 될까요? 360도 회전해도 양동이 속의 공이 떨어지지 않습니다.

왜 그럴까요? 회전하는 물체에 발생하는 힘인 원심력은 중력의 크기와 같아요. 그래서 양동이 속의 공이 그 자리에 머물러 있을 수 있습니다. 원심력은 양동이의 옆면으로 작용하기 때문에 공이 양동이 밖으로 튕겨 나가지 않아요.

시끄러운 실

실이 시끄럽다면 믿을 수 있나요?

준비물

- 튼튼하고 가느다란 실(약 45~60cm)
- 구멍이 2개인 큰 단추

이렇게 해 보세요

1 그림처럼 실을 단춧구멍에 끼워 양 끝을 묶습니다. 보울라인 매듭(아래 설명 참조)으로 묶어 보세요.
2 단추를 실 가운데에 두고 실의 양 끝에 각각 양손의 검지를 끼웁니다.
3 단추를 한 방향으로 몇 바퀴 감습니다.
4 줄을 다 감으면 줄을 잡은 양손을 바깥쪽으로 힘주어 잡아당깁니다.
5 손을 다시 모아 줄을 느슨하게 합니다.
6 줄이 풀릴 때까지 잡아당겼다 풀기를 반복합니다.

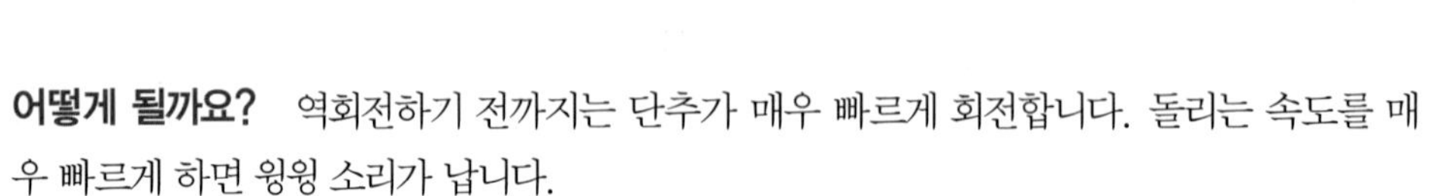

어떻게 될까요? 역회전하기 전까지는 단추가 매우 빠르게 회전합니다. 돌리는 속도를 매우 빠르게 하면 윙윙 소리가 납니다.

왜 그럴까요? 움직이는 물체는 관성의 법칙에 따라 운동을 계속하려 하기 때문입니다. 물체가 움직이면서 공기가 진동하면 소리가 납니다.

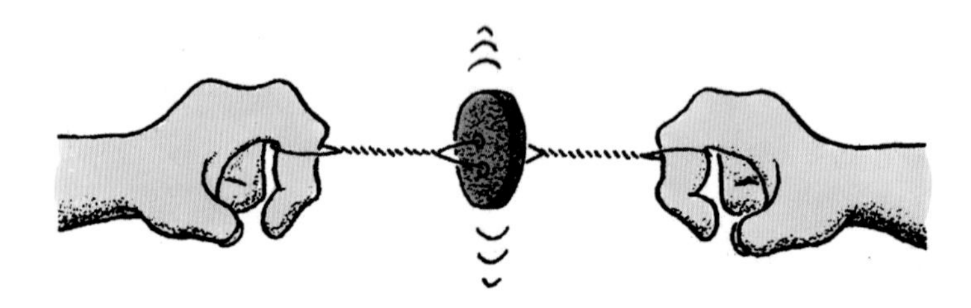

한 걸음 더

보울라인 매듭 짓기

오른쪽 그림처럼 보울라인 매듭으로 끈을 묶을 수 있어요.

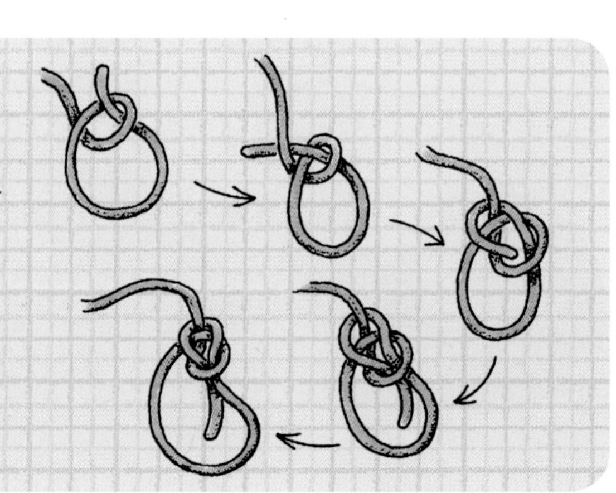

교과서 4학년 1학기 4단원 물체의 무게 심화 | 핵심 용어 중력, 원심력 | 실험 완료 □

돌멩이를 들어 올리는 단추

단추로 돌멩이를 들어 올릴 수 있을까요?

준비물

- 긴 실(약 60~75cm)
- 단추
- 돌멩이
- 원통형 실패

이렇게 해 보세요

1 실의 $\frac{1}{2}$만 남기고 실패 구멍에 끼웁니다.
2 실의 양 끝에 각각 단추와 돌멩이를 매답니다.
3 단추가 위로, 돌멩이가 아래로 가도록 한 손으로 실패를 잡고 다른 한 손으로 돌멩이와 실패 사이의 실을 잡습니다. 단, 단추와 실패 사이의 실이 전체 실 길이의 $\frac{2}{3}$가 되도록 합니다.
4 잡은 모양 그대로, 실패를 어깨 위로 들어 올립니다.
5 실을 잡았던 손을 떼고 실패를 빙빙 돌려 돌멩이와 단추가 최대한 빨리 돌아가게 합니다.
6 서서히 실이 실패 아래로 내려오도록 하여 실험을 마칩니다.

어떻게 될까요? 가벼운 단추가 마치 무거운 돌멩이를 들어 올리는 것처럼 보입니다.

왜 그럴까요? 물론 돌멩이를 들어 올린 것은 단추가 아니에요! 사실은 실패를 아주 빠르게 돌릴 때 회전하는 물체에서 발생하는 원심력이 중력보다 크게 발생했기 때문이에요. 그래서 돌이 중력의 작용을 받지 않고 위로 솟구쳐 올라간 거랍니다.

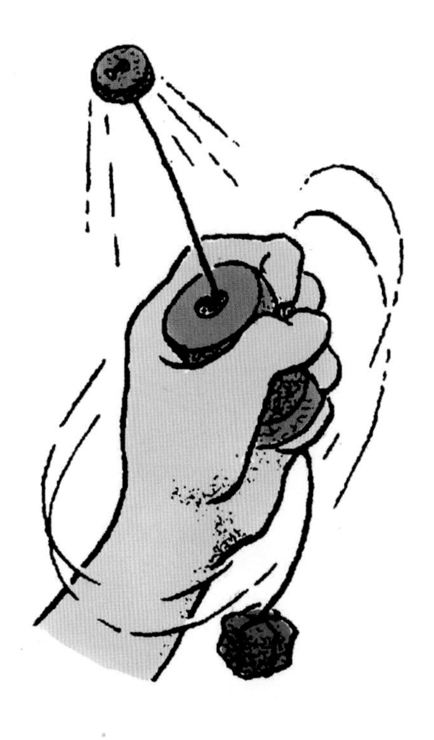

이중 도르래의 힘

여러분이 친구 두 명보다 더 힘이 세다는 걸 보여 주세요.

준비물

- 줄넘기나 빨랫줄
- 빗자루나 긴 막대 2개
- 친구 2명

이렇게 해 보세요

1 두 친구에게 각각 빗자루를 하나씩 주고 약간 떨어져 서 있도록 합니다.
2 줄의 한끝을 빗자루대의 끝에 묶은 다음 그림처럼 두 개의 빗자루 사이로 지그재그로 엮어 줍니다.
3 여러분이 줄의 끝을 잡아당기고, 두 친구들에게 빗자루를 각자 최대한 세게 잡아당겨 보라고 하세요.

어떻게 될까요? 친구들이 양쪽에서 아무리 세게 빗자루를 잡아당겨도 두 빗자루 사이는 절대로 벌어지지 않습니다.

왜 그럴까요? 빗자루를 따라 줄을 감을 때마다 잡아당겨야 하는 줄의 길이가 길어집니다. 여러분이 줄의 끝을 당길 때 드는 힘은 작지만 힘이 가해지는 전체 길이는 매우 길어졌어요. 따라서 친구들이 빗자루 두 개 사이의 짧은 거리에 가하는 힘보다 여러분이 긴 거리에 가하는 힘이 훨씬 큽니다.

이것도 알아 두세요 이 실험은 이중 도르래의 원리를 보여 줍니다. 이 원리를 이용해 구명보트, 피아노, 금고처럼 무거운 물건을 들어 올리거나 내릴 수 있어요.

교과서 5학년 2학기 4단원 물체의 운동 심화 | 핵심 용어 운동 에너지 | 실험 완료 □

입김으로 책 흔들기

책을 입으로 불어 흔들 수 있을까요? 직접 해 보면 알 수 있을 거예요.

준비물

- 긴 끈 2줄
- 책
- 나무 옷걸이

이렇게 해 보세요

1. 두 개의 끈으로 각각 책의 위아래를 감고 단단히 매듭을 짓습니다.
2. 매듭을 짓고 남은 두 끈의 한끝을 각각 나무 옷걸이의 가로대에 묶어서 그림처럼 책을 매답니다.
3. 이제 책을 입으로 불어 줍니다. 책이 여러분 앞쪽으로 올 때마다 계속 불어 주세요.

어떻게 될까요? 가볍게 불어도 책이 심하게 흔들려요.

왜 그럴까요? 힘뿐만 아니라 타이밍을 잘 맞추어야 한답니다. 그다지 세게 불지 않아도 적절한 순간에 불어 주기만 하면 책은 잘 흔들려요. 책이 한번 움직이기 시작하면 운동 에너지가 생겨서 그다음부터는 세게 불지 않아도 되거든요.

한 걸음 더

접친매듭 묶는 법

끈이나 밧줄의 길이가 부족할 때, 두 줄의 끈을 이어주는 접친매듭을 활용해 보세요. 끈 두 줄을 왼쪽 그림처럼 놓고, 먼저 줄 A를 두 번째 그림처럼 끼워 당깁니다. 그다음으로 B, C, D를 순서대로 당기세요.

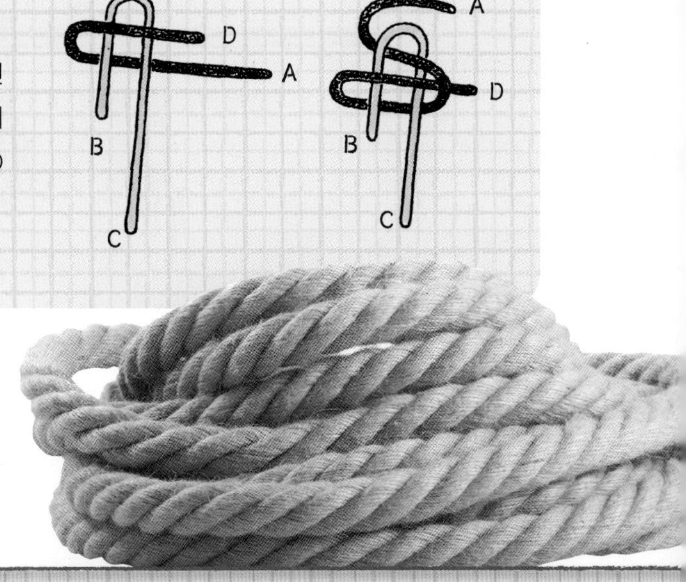

줄의 널뛰기

이 실험을 최초로 한 사람은 갈릴레이예요. 이 실험을 한 연도가 1583년이라고 하니 참 오래되었지요?

준비물

- 끈(약 1m)
- 찻숟가락
- 클립 5개
- 빨랫줄 또는 옷걸이

이렇게 해 보세요

1 끈을 6개로 자릅니다. 단, 2개는 서로 길이가 같게 자르고, 4개는 각각 서로 다른 길이로 자르세요.
2 모든 끈을 빨랫줄에 매답니다.
3 찻숟가락을 길이가 같은 끈 2개 중 하나에 매답니다.
4 나머지 끈 5개에는 각각 클립을 매답니다.
5 찻숟가락을 흔들어 봅니다.

어떻게 될까요? 클립을 매단 끈들이 모두 흔들리기 시작합니다. 그중 찻숟가락과 같은 길이의 끈에 매단 클립은 다른 클립보다 더 큰 힘을 받아 심하게 흔들립니다. 그러면 찻숟가락을 매단 끈은 서서히 멈춥니다. 그러다가 찻숟가락의 끈이 다시 세게 흔들리면서 같은 길이의 끈에 매달린 클립이 서서히 멈춰요.

왜 그럴까요? 찻숟가락이 흔들리면 빨랫줄도 흔들려요. 그래서 찻숟가락이 힘을 받으면 진동이 전달되어 다른 끈에 매단 클립까지 함께 움직입니다. 그런데 길이가 다른 나머지 끈은 서로 시차를 두고 앞뒤로 흔들리는 반면, 찻숟가락과 같은 길이의 끈에 매단 클립은 가만히 있다가 어느 시점에 가야만 비로소 흔들립니다. 이때 다른 끈에 매달린 클립보다 더 세게 흔들리다가 이 힘을 다시 나머지 끈의 클립에게 빼앗겨요. 서로 같은 길이의 끈 2개에 매달린 찻숟가락과 클립은 마치 널뛰기를 하듯 나머지 끈들과 교대로 흔들리는 강도를 높였다 낮췄다 합니다.

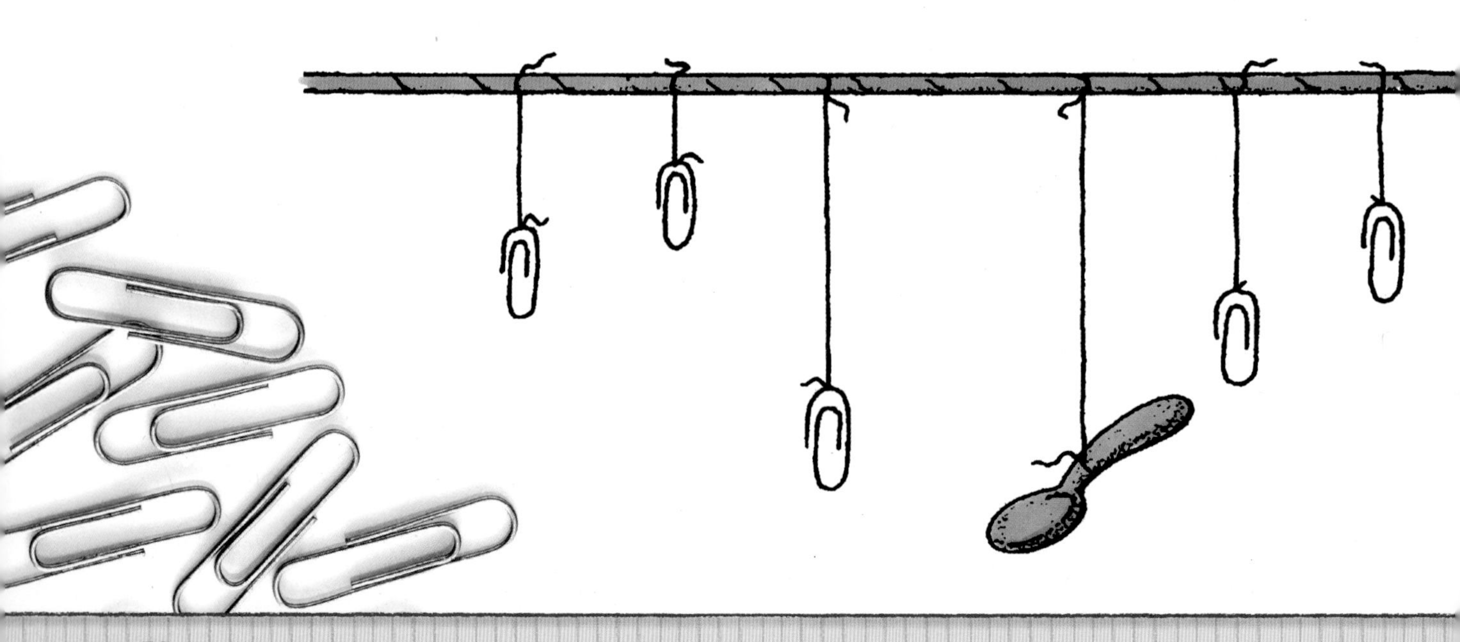

줄 저울

간단한 준비물로 저울을 만들어 작은 물체의 무게를 재어 볼 수 있습니다.

준비물

- 테이프
- 길이가 다른 줄 3개 (각각 약 10cm, 15cm, 20cm)
- 30cm 자
- 철사 옷걸이
- 클립 12개

이렇게 해 보세요

1. 15cm 줄을 자의 중앙에 묶은 후 줄이 좌우로 움직이지 않게 테이프로 잘 고정합니다. 줄의 반대쪽 끝은 옷걸이의 가로대에 그림처럼 묶습니다.
2. 나머지 10cm와 20cm 줄을 각각 자의 양 끝 가장자리, 중앙에서 같은 거리에 묶습니다.
3. 클립 1개를 편 다음, 자에 꼭 맞도록 구부려 걸칩니다.
4. 자에 걸친 클립의 위치를 조정해 자의 수평을 맞춥니다.
5. 클립 2개를 20cm 줄에 매답니다.
6. 자가 다시 균형을 찾을 때까지 10cm 줄에 클립을 매답니다.

어떻게 될까요? 10cm 줄에 클립 4개를 매달아야 2개의 클립을 매단 20cm 줄과 균형이 맞습니다.

왜 그럴까요? 양팔 저울에서 한쪽의 무게(클립 2개) × 길이(20cm)는 다른 쪽의 무게(클립 4개) × 길이(10cm)와 같아야 균형을 이루기 때문이에요.

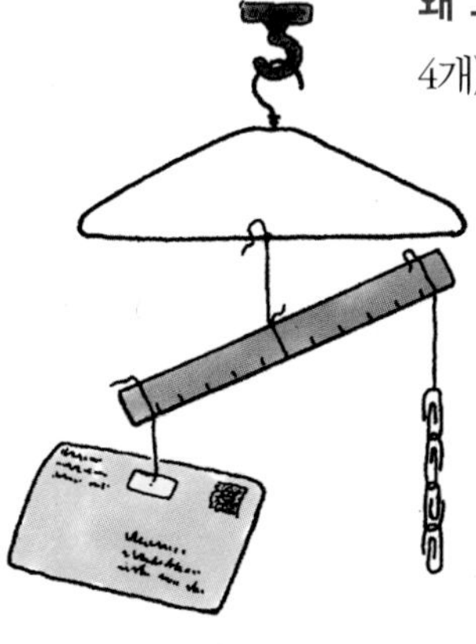

저울 이용하기

줄 저울로 다양한 물체의 무게를 잴 수 있어요. 편지의 무게를 재기에도 좋지요.
만약 28g짜리 편지를 10cm 줄에 매단다면 20cm 줄에는 클립을 몇 개 매달아야 할까요?

정답 : 14개

줄 괘종시계

이 실험에서는 줄로 시간을 재는 법을 알아보세요.

준비물

- 길이가 다른 줄 4개 (각각 약 25cm, 50cm, 97.5cm, 120cm)*
- 쇠고리나 동전처럼 작은 추가 될 만한 물건
- 옷걸이
- 초침이 있는 시계
- 연필
- 종이

이렇게 해 보세요

1. 추를 120cm 줄에 연결해 옷걸이에 매답니다.
2. 줄을 한쪽으로 살짝 잡아당겼다 놓아서 추가 흔들리게 만듭니다. 60초 동안 몇 번 흔들리는지 세어 보세요. 결과를 종이에 기록합니다.
3. 이번에는 줄을 더 멀리 잡아당겼다가 놓아서 60초 동안 몇 번 흔들리는지 세어 봅니다. 결과를 종이에 기록합니다.
4. 앞에서 한 것처럼 25cm, 50cm, 97.5cm 줄로 각각 이 실험을 반복합니다. 각 실험마다 60초 동안 추가 몇 번 흔들리는지 세어서 기록합니다.

어떻게 될까요? 97.5cm 줄은 60초 동안 60회를 왔다 갔다 합니다. 여러분이 기록한 다른 줄의 진동 횟수와 비교해 보세요.

왜 그럴까요? 추가 왔다 갔다 흔들리며 움직이기 시작한 지점으로 한 번 돌아오는 데 걸리는 시간을 **진동 주기**라고 해요. 추는 아무리 멀리 잡아당겨도, 또 아무리 무게가 무거워도 진동 주기는 늘 동일해요. 그러나 추를 매단 줄의 길이가 길어질수록 진동 주기가 길어지고, 반대로 짧아지면 진동 주기도 빨라집니다. 97.5cm 줄은 60초 동안 60회를 왔다 갔다 하므로 이 추가 1회 진동하는 데에는 늘 1초가 걸린다는 것을 알 수 있습니다. 그렇다면 이 길이의 줄을 이용해 시간을 정확히 측정할 수 있겠죠? 1673년 크리스티안 호이겐스가 이 원리를 이용해 괘종시계를 발명했답니다.

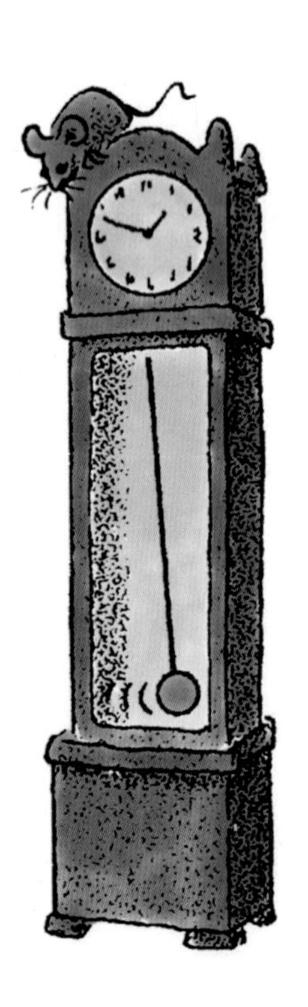

*만약 120cm 줄이 없다면 69쪽에서 배운 접친매듭으로 여러 줄을 이어 만드세요.

비누 거품

비누 거품으로 '피'를 만들고, 종이배를 가라앉게 하거나 움직여 보세요. 이쑤시개와 비눗방울이 저절로 움직여요.

비누의 유래

고대인들은 나무를 태운 잿물로 먼지를 씻어 낸 다음, 동식물에서 추출한 기름으로 자극 받은 피부를 진정시켰답니다. 그러다가 약 2,000년 전 고대 유럽에 살았던 갈리아인이 나뭇재와 동물 기름을 혼합해 최초의 비누를 만들었습니다. 머리 색을 더 밝게 하는 데 사용했지요. 서기 1세기에 파괴된 도시인 폼페이 유적지에서는 비누 공장과 향을 첨가한 비누가 발견되었어요.

오늘날 비누 제조업체에서는 기름에 양잿물과 소금을 혼합하여 비누를 만듭니다. 여기에 향료, 색소, 연수제와 방부제를 첨가한 다음 비누 형태를 잡지요. '세제'라는 단어는 물에 풀어서 고체의 표면에 붙은 이물질을 씻어 내는 데 쓰는 물질을 뜻합니다. 1950년대에 최초로 상업용 세제가 개발되었지요.

교과서 5학년 2학기 5단원 산과 염기 | 핵심 용어 산성, 염기성 | 실험 완료 ☐

피가 나오는 드라큘라 비누

신기한 비누로 친구를 깜짝 놀라게 해 보세요!

준비물

- 소독용 알코올 1큰술
- 변비약 2알
- 비누

이렇게 해 보세요

1 소독용 알코올을 작은 접시에 붓고 변비약을 넣어 녹여 걸쭉하게 개어 줍니다.

2 녹인 변비약을 손에 문지른 다음 말립니다. 그런 다음 비누로 손을 씻습니다.

어떻게 될까요? 비누와 닿으면서 물이 붉은색으로 변합니다.

왜 그럴까요? 변비약에는 페놀프탈레인이라는 성분이 들어 있어요. 이 성분은 염기 성분을 만나면 선홍색으로 바뀐답니다. 비누는 지방에 강한 염기 성분을 넣고 가열해 만들어요. 여기에 물을 더하면 염기 성분의 일부가 분리됩니다. 이렇게 분리된 염기 성분이 여러분의 손에 묻은 페놀프탈레인과 결합해 마치 피가 묻은 것처럼 붉게 변하는 거예요.

교과서 4학년 2학기 2단원 물의 상태 변화 심화 | 핵심 용어 표면장력 | 실험 완료 ☐

비누로 침핀을 물속에 가라앉히기

비누와 물이 만나면 왜 깨끗하게 씻기는 걸까요?

준비물

- 물 1컵
- 액체 세제 1작은술 (주방용 세제나 세탁용 세제)
- 침핀
- 스포이트
- 족집게

이렇게 해 보세요

1 족집게를 이용해 침핀을 물컵 안에 띄웁니다.

2 스포이트로 액체 세제를 한 방울씩 떨어뜨립니다.

어떻게 될까요? 세제를 떨어뜨릴 때마다 핀이 가라앉습니다.

왜 그럴까요? 처음에 침핀은 실제로 떠오른 것이 아닙니다. 물의 보이지 않는 막 위에 살짝 얹힌 것입니다. 물 분자는 특히 물의 표면에서 서로를 강하게 끌어당겨요. 그 힘이 매우 강하기 때문에 가라앉을 것 같은 물체가 가라앉지 않아요. 이 힘을 **표면장력**이라고 부르지요. 물 분자의 표면장력은 물이 피부나 옷 위에 묻은 흙, 검댕, 먼지 등과 물이 섞이는 것도 막습니다.

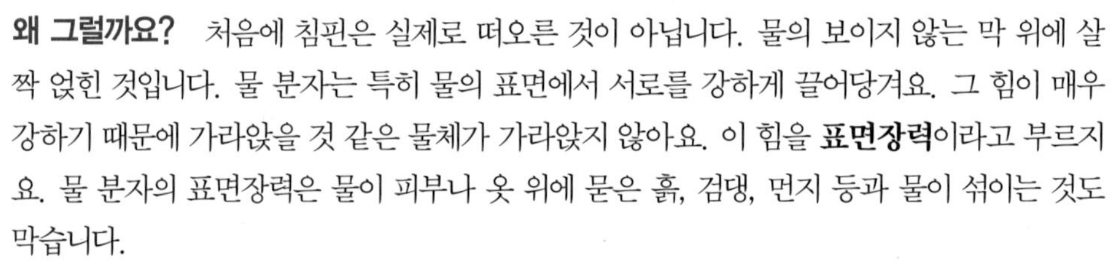

하지만 물에 세제를 넣으면 물 분자가 분리되어 이러한 표면장력이 약해져요. 이런 원리로 침핀도 물속에 가라앉고, 더러운 먼지도 세제를 푼 물로 제거된답니다.

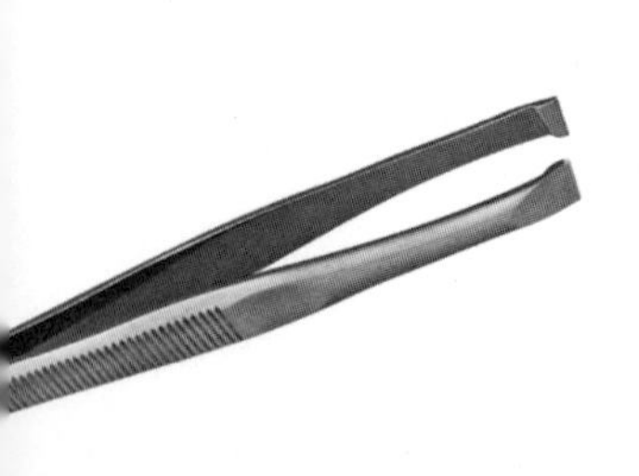

교과서 4학년 2학기 2단원 물의 상태 변화 심화 | 핵심 용어 표면장력 | 실험 완료 □

물 위의 배를 움직이는 비누 모터

비누로 배를 앞으로 나아가게 할 수 있을까요? 글쎄요, 대야나 욕조에 뜰 만큼 아주 작은 배라면 되지 않을까요?

준비물

- 인덱스카드
- 자
- 가위
- 물이 든 대야
- 세제

이렇게 해 보세요

1. 왼쪽 그림처럼 인덱스카드를 가로 5cm, 세로 2.5cm의 보트 모양으로 자르고, 뒤쪽에 작은 '엔진' 자리를 직사각형 모양으로 오려냅니다.
2. 배를 물이 든 대야에 띄웁니다. 엔진 자리에 세제 몇 방울을 떨어뜨립니다.

어떻게 될까요? 배가 물 위를 달립니다.

왜 그럴까요? 배 아래에 작용하는 물의 표면장력을 세제가 약화시켰기 때문이에요. 배는 앞으로 전진을 계속하다가 세제가 물에 골고루 녹아 대야에 담긴 물의 표면장력이 약해지면 멈춥니다.

교과서 4학년 2학기 2단원 물의 상태 변화 심화 | 핵심 용어 표면장력 | 실험 완료 □

물 위에서 움직이는 이쑤시개

둥그렇게 둘러선 이쑤시개를 원하는 대로 움직일 수 있어요.

준비물

- 물을 담은 사발
- 이쑤시개 6개
- 각설탕
- 작은 비누 조각

이렇게 해 보세요

1. 물이 든 사발에 이쑤시개를 바퀴살 모양으로 늘어놓습니다.
2. 이쑤시개 중앙에 각설탕을 놓습니다.
3. 물을 갈고 다시 이쑤시개를 방사형으로 놓습니다.
4. 이쑤시개 중앙에 비누 조각을 놓습니다.

어떻게 될까요? 이쑤시개 중앙에 각설탕을 놓으면 이쑤시개가 각설탕을 향해 모여듭니다. 반대로 비누 조각을 중앙에 놓으면 이쑤시개들이 바깥쪽으로 달아납니다.

왜 그럴까요? 이쑤시개가 각설탕을 향해 모여드는 이유는 설탕이 물을 빨아들이기 때문입니다. 반면에 이쑤시개가 비누와 멀리 달아나는 이유는 비누가 녹으면서 기름막이 바깥쪽으로 퍼지기 때문입니다. 기름막으로 인해 표면장력이 약해지니까요.

교과서 4학년 2학기 2단원 물의 상태 변화 심화 | 핵심 용어 표면장력 | 실험 완료 □

연못의 오리 행방

호수나 연못에서 비누 빨래를 하면 어떻게 될까요?

준비물

- 작은 비닐봉지
- 끈
- 잘게 자른 기름종이
- 네임펜
- 물을 담은 큰 냄비
- 액체 세제

이렇게 해 보세요

1. 비닐봉지에 잘게 자른 기름종이를 넣은 후 잘 묶습니다.
2. 네임펜으로 비닐봉지 위에 오리를 그립니다.
3. 비닐봉지 오리를 물이 담긴 냄비나 사발에 띄웁니다.
4. 액체 세제를 조금 넣습니다.

어떻게 될까요? 비닐봉지 오리가 가라앉습니다.

왜 그럴까요? 기름종이와 비닐봉지는 방수가 됩니다. 살아 있는 오리도 깃털에 기름기가 있어서 물에 젖지 않고 떠 있을 수 있답니다. 하지만 물에 세제가 녹으면 세제 속에 계면활성제가 물의 표면장력을 약하게 만들어 물이 기름기 있는 오리 깃털 표면에 붙어요. 그러면 오리가 가라앉게 되지요. 이와 같은 원리로 정화 시설이 없는 호수나 연못에서 세제를 쓰면 오리의 생명을 위협할 수 있으니 주의하세요.

교과서 4학년 2학기 2단원 물의 상태 변화 심화 | 핵심 용어 표면장력 | 실험 완료 □

비눗방울 기구 만들기

비눗방울을 쉽게 만들 수 있는 기구를 만들어 볼까요?

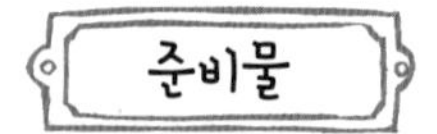

- 코팅되지 않은 철사 옷걸이
- 주스 깡통
- 비눗물

이렇게 해 보세요

1. 철사 옷걸이를 펴서 한끝을 깡통에 감은 후 깡통을 빼냅니다.
2. 10cm 정도는 손잡이용으로 곧게 펴두고 나머지 부분은 끊어 버립니다.
3. 막대를 비눗물에 담갔다가 공중에 휘두릅니다.

어떻게 될까요? 비눗방울이 연속으로 생깁니다.

철사 옷걸이로 훌륭한 비눗방울 기구를 만들 수 있어요. 어른에게 도와 달라고 하세요.

왜 그럴까요? 비눗물이 묻은 막대를 공중에 휘두르면 비눗방울의 표면장력이 약해져서 공기가 비누 거품에 들어가 공처럼 부풀어 비눗방울이 생겨요.

비눗방울이 더 크고 오래가는 비눗물 만들기

세제와 물을 섞는 비율을 달리하면 다양한 비눗물을 만들 수 있어요. 여러 가지 크기의 깨끗한 유리병을 준비해 농도가 다른 비눗물을 담습니다. 실험하면서 어떤 농도의 비눗물이 비눗방울을 만들기에 가장 좋은지 알아보세요. 도움이 될 만한 몇 가지 방법을 알려줄까요?

1 효과가 제일 좋은 주방 세제를 사용해 보세요.

2 따뜻한 물의 비율이 8~10이면 세제는 최소한 1이 되도록 섞습니다.
예를 들어 물이 $\frac{1}{2}$컵(125mL)이라면 세제는 1큰술 정도(15mL),
물이 5컵이라면 세제는 $\frac{1}{2}$컵이 되어야 해요. 물의 양에 비해 세제를 많이
넣으면 초대형 비눗방울을 만들 수 있어요. 거품이 넘치지 않게 조심하며 저으세요.

3 설탕 또는 젤라틴 가루나 글리세린을 넣으면 비눗방울이 터지지 않고 더 오래갑니다. 비눗방울은 마르면 터지는데, 이런 물질들은 비눗방울의 수분이 증발하는 것을 막아 주기 때문이에요. 물 : 비누 : 설탕(또는 젤라틴이나 글리세린)의 비율은 6 : 1 : 1로 하면 됩니다.

4 가능하다면 비눗물을 하루나 이틀 정도 그대로 두었다가 사용하기 직전 냉장고에 몇 분간 넣어 둡니다. 이렇게 하면 비눗방울이 더 오래간답니다.

5 비 오는 날은 대기 중 습도가 더 높기 때문에 비눗방울의 증발도 늦어져 더 좋습니다.

교과서 4학년 2학기 2단원 물의 상태 변화 심화 | **핵심 용어** 표면장력 | **실험 완료** ☐

손으로 만드는 비눗방울

세제로 비눗방울을 직접 만들어 볼까요?

준비물

- 사발
- 따뜻한 물 1컵
- 주방 세제 2큰술

이렇게 해 보세요

1 사발에 물을 붓습니다.

2 주방 세제를 물에 떨어뜨리고 조심스럽게 젓습니다. 손을 동그랗게 말아 쥐고 용액에 담급니다. 말아 쥔 틈 사이로 바람을 불어 보세요.

어떻게 될까요? 비눗방울이 생깁니다.

왜 그럴까요? 물과 세제가 섞인 액체에 손을 담근 다음, 손으로 만든 구멍 사이에 바람을 불어넣으면 거품에 공기가 들어갑니다. 그러면 거품이 동그랗게 부풀어 비눗방울이 된답니다.

다양한 재료로 만드는 비눗방울 기구

거의 모든 물체로 비눗방울 기구를 만들 수 있어요. 빨대, 담배 파이프, 나팔, 깔때기를 써서 바람을 불어넣으면 됩니다. 또는 종이컵의 막힌 쪽을 오려 내도 좋아요. 주스 깡통이나 페트병의 양 끝을 잘라 내 쓸 수도 있답니다.

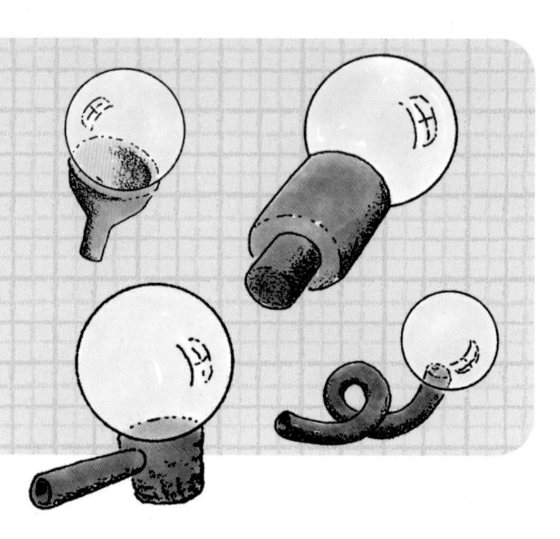

교과서 4학년 2학기 2단원 물의 상태 변화 심화 | **핵심 용어** 표면장력 | **실험 완료** ☐

비눗방울 이중창

한 번에 두 개의 비눗방울을 동시에 만들어 볼까요? 두 비눗방울이 어떤 관계인지 알아보아요.

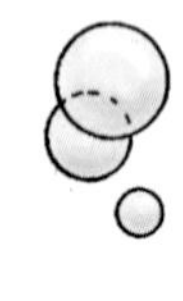

준비물

- 플라스틱 빨대
- 가위
- 비눗물

이렇게 해 보세요

1. 빨대의 양 끝에 17mm 길이의 가위집을 각각 네 개씩 냅니다.
2. 가위집을 그림처럼 바깥으로 꺾습니다.
3. 빨대의 중앙에 가위집을 낸 다음 구부립니다. 이제 V자 모양으로 구부러진 비눗방울 파이프가 생겼습니다.
4. 빨대의 한끝만 비눗물에 적십니다. 빨대를 구부린 지점을 불면 비눗방울이 생깁니다.
5. 이제 빨대의 다른 한끝도 비눗물에 적신 다음 바람을 불어넣어 비눗방울을 만듭니다.
6. 칼집을 낸 빨대의 중앙부분을 손가락으로 막아 봅니다.

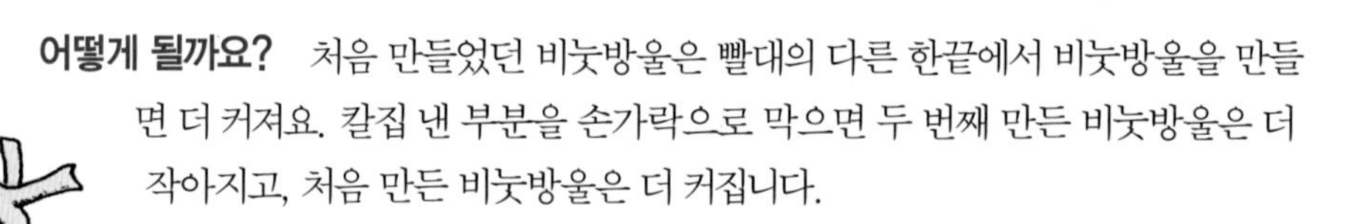

어떻게 될까요? 처음 만들었던 비눗방울은 빨대의 다른 한끝에서 비눗방울을 만들면 더 커져요. 칼집 낸 부분을 손가락으로 막으면 두 번째 만든 비눗방울은 더 작아지고, 처음 만든 비눗방울은 더 커집니다.

왜 그럴까요? 크기가 작은 비눗방울은 비눗방울의 곡선이 이루는 각도가 크기가 큰 비눗방울보다 더 커요. 비누 거품 곡선의 표면이 가진 탄력도 더 크지요. 이 때문에 작은 비눗방울에 작용하는 공기의 압력은 큰 비눗방울에 작용하는 공기압보다 더 큽니다. 그 결과 작은 비눗방울은 더 작아져요. 작은 비눗방울에서 빠져나온 공기가 큰 비눗방울로 밀려 들어 가기 때문에 큰 비눗방울이 더욱 커진답니다.

초대형 비눗방울

큰 비눗방울을 만들려면 큰 비눗방울 기구와 농도가 진한 비눗물이 필요합니다.

준비물

- 실(약 90cm)
- 빨대 2개
- 세제의 농도가 진한 비눗물
- 큰 쟁반

이렇게 해 보세요

1 실을 반으로 잘라 각각 하나의 빨대 양 끝에 실을 묶은 다음, 각각의 실을 그림과 같이 다른 빨대의 양 끝에 묶어 연결합니다.
2 큰 쟁반에 준비한 비눗물을 붓고 손을 적십니다.
3 그림처럼 빨대를 양손에 각각 하나씩 잡고 실이 비눗물에 잠기도록 담급니다.
4 비눗물에서 빨대를 들어 올린 다음, 실이 팽팽해지도록 빨대를 잡아당깁니다.
5 마치 소쿠리를 잡듯이 빨대를 몇 번 더 당겨 가며 흔들어 줍니다.
6 빨대를 맞붙이듯이 가까이 잡습니다.

어떻게 될까요? 거대하고 둥근 비눗방울이 생깁니다.

왜 그럴까요? 빨대로 만든 틀을 흔든 다음 빨대 사이를 좁혀 당겨 올리면, 비눗물로 생긴 막에 많은 양의 공기가 들어가요. 이렇게 들어간 공기가 사방으로 흩어지면서 비누 막의 분자를 흩트립니다. 그러나 이 분자들은 서로를 끌어당기는 성질이 있어요. 또한 탄력이 있는 비눗방울의 표면은 그 속에 품은 공기를 유지하기 위해 표면의 크기를 최소화하려 합니다. 표면의 크기가 가장 작은 형태는 공 모양입니다. 그래서 비눗방울이 둥그런 공 모양으로 생기지요.

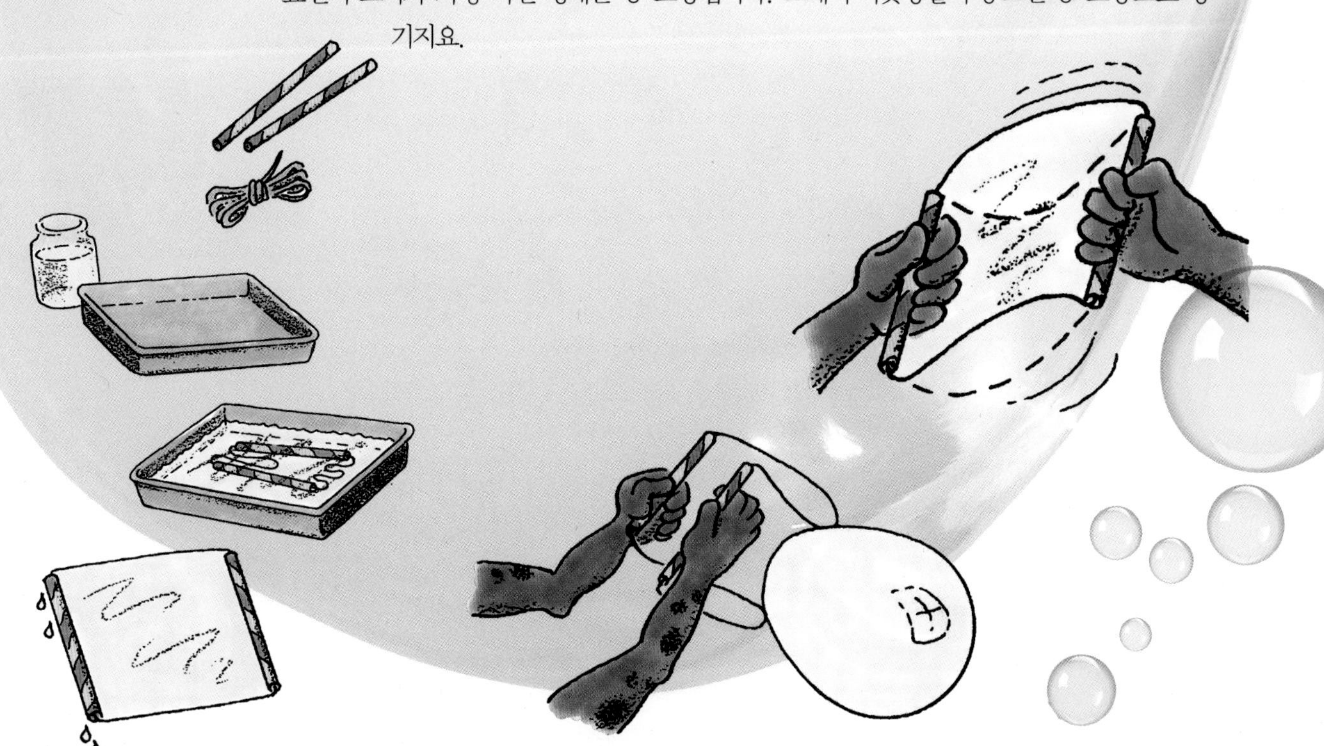

한 걸음 더

비눗방울 받침대

어렵게 만든 비눗방울을 보관할 수 있다면 좋겠지요? 플라스틱 컵이나 그릇의 아랫부분을 비눗물에 담갔다가 뒤집어 놓으면 비눗방울을 받칠 수 있어요. 나무로 된 실패에 연필을 세운 다음 오른쪽 그림처럼 철사를 둘둘 감아 주어도 됩니다. 비눗방울 기구로 만든 비눗방울을 살짝 흔들어 뗀 다음 이렇게 만든 받침대에 옮겨 놓기만 하면 돼요. 그러면 만들어 놓은 비눗방울을 관찰하면서 다른 비눗방울을 계속 만들 수 있어요.

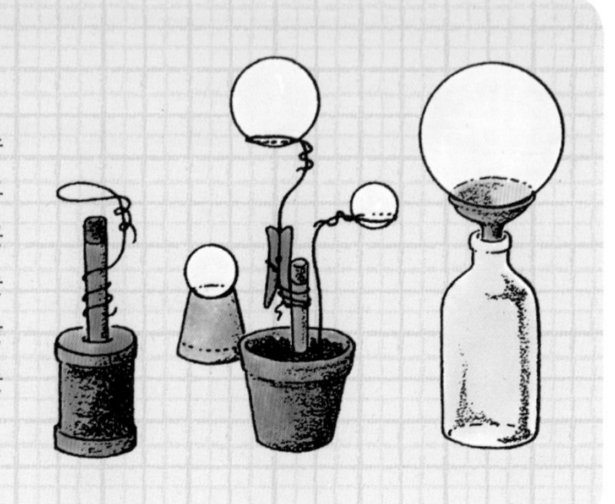

교과서 6학년 1학기 5단원 빛과 렌즈 심화 | 핵심 용어 빛의 굴절, 무지개 | 실험 완료 ☐

비눗방울 속 무지개

비눗방울 속에 무지개가 뜨도록 만들어 볼까요?

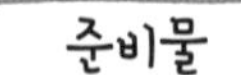

준비물

- 비눗물
- 설탕 1큰술
- 냉장고
- 비눗방울 기구 (76쪽 참조)
- 비눗방울 받침대

이렇게 해 보세요

1 비눗물에 설탕을 넣습니다.
2 비눗물을 냉장고에 5분 정도 넣어 둡니다. 이렇게 하면 비눗방울이 더 오래갑니다.
3 비눗방울 기구를 비눗물에 적십니다.
4 고리에 비누 막이 생기면 가볍게 입김을 불어 줍니다.
5 비눗방울 기구에 붙은 비눗방울을 살짝 흔들어 받침대에 옮깁니다.

어떻게 될까요? 몇 분 뒤 여러 가지 색이 보입니다.

왜 그럴까요? 투명한 비눗방울에 빛이 반사되면 대부분의 빛은 통과합니다. 하지만 비눗방울 속의 공기가 증발해 비누 막이 얇아지면서 백광을 구성하는 일부 빛은 통과하지 못하고 비눗방울의 안이나 밖에서 굴절합니다. 빛은 굴절률이 각각 다른 여러 색이 모여 있기 때문에 굴절하면 우리 눈에 무지개처럼 보여요. 비누 막의 두께가 전체적으로 균일하지 못하고 계속 변하기 때문에 이 색들도 다르게 보이다가 결국 사라집니다.

교과서 4학년 2학기 2단원 물의 상태 변화 심화 | 핵심 용어 표면장력 | 실험 완료 ☐

비눗방울 속에 비눗방울 만들기

비눗방울 속에 겹겹이 비눗방울을 만들어 보세요.

준비물

- 비눗방울 받침대 (80쪽 참조)
- 비눗물
- 철사 고리
- 빨대

이렇게 해 보세요

1 먼저 80쪽을 참고하여 비눗방울 받침대를 만들어 두세요.
2 철사 고리로 큰 비눗방울을 만든 다음, 비눗방울 받침대 위에 올립니다.
3 플라스틱 빨대를 비눗물에 적셔 큰 비눗방울을 살살 찌릅니다.
4 큰 비눗방울 안에 그보다 작은 비눗방울을 불어 만듭니다.
5 같은 방법으로 방금 만든 작은 비눗방울 속에 더 작은 비눗방울을 불어 만듭니다.

어떻게 될까요? 비눗방울 속에 비눗방울이 계속해서 생깁니다.

왜 그럴까요? 젖은 물체라면 무엇이든 비눗방울을 터뜨리지 않고 그 속에 들어갈 수 있어요. 비누 막과 접촉하는 젖은 표면은 비눗방울의 일부가 돼요. 단, 속에 든 작은 비눗방울이 바깥의 큰 비눗방울과 부딪히지 않게 조심하세요. 비눗방울이 서로 닿으면 합쳐지거든요.

교과서 6학년 1학기 3단원 여러 가지 기체 심화 | 핵심 용어 기체 이동 | 실험 완료 ☐

비눗방울로 종이 돌리기

비눗방울로 종이가 빙빙 돌도록 해 보세요.

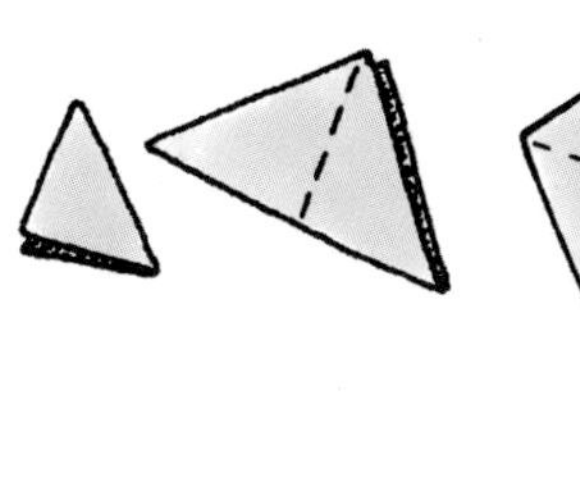

준비물

- 긴 바늘
- 코르크 마개(지름 12mm)
- 정사각형 종이 (7.5cm×7.5cm)
- 원통형 실패
- 비눗물

이렇게 해 보세요

1 바늘을 코르크 마개 정중앙에 꽂습니다.
2 코르크 마개를 책상처럼 평평한 곳에 놓습니다.
3 종이를 그림처럼 대각선 방향으로 두 번 접었다 폅니다.
4 사각형 종이의 중심(두 개의 접은 선이 만나는 지점)이 코르크 마개에 꽂은 바늘 끝에 오도록 올립니다.
5 실패를 비눗물에 적시고 한끝에 바람을 불어넣어서 비눗방울을 만듭니다.
6 실패를 들고 비눗방울이 없는 쪽이 종이로 향하게 합니다.

어떻게 될까요? 종이가 바람개비처럼 돌아요.

왜 그럴까요? 비눗방울에서 빠져나온 공기가 종이를 움직여요.

교과서 6학년 2학기 1단원 전기의 이용 심화 | 핵심 용어 정전기, 마찰 | 실험 완료 □

비눗방울 춤

지금까지 비눗방울에게 일을 많이 시켰으니, 이제 좀 쉬게 할까요? 즐겁게 춤추도록 도와주세요.

준비물

- 빗
- 모직 천 조각
- 철사 고리
- 비눗물

이렇게 해 보세요

1 빗을 얇은 모직 천 조각에 대고 여러 번 문지릅니다.

2 철사 고리로 여러 개의 비눗방울을 만든 다음 불어서 천 위로 내려앉게 합니다.

3 빗을 여러 비눗방울에 교대로 갖다 댑니다.

어떻게 될까요? 마치 비눗방울 하나하나가 위아래로 움직이며 춤을 추는 것 같아요.

왜 그럴까요? 빗을 천에 문지르면 정전기가 생겨요. 전기는 자석과 마찬가지로 반대의 전기는 서로를 끌어당기고 같은 전기는 밀어내기 때문에 전기를 띠게 된 빗은 전기를 띠지 않은 비눗방울을 잡아당겨요. 빗과 만난 비눗방울은 빗과 같은 정전기를 띠게 되어 밀려나 내려갑니다. 비눗방울이 내려가면 전기를 잃어버리고, 다시 빗에 끌려 올라가고 내려오기를 반복합니다. 즉, 마찰로 생긴 정전기 때문에 비눗방울이 마치 춤추는 것처럼 보인답니다.

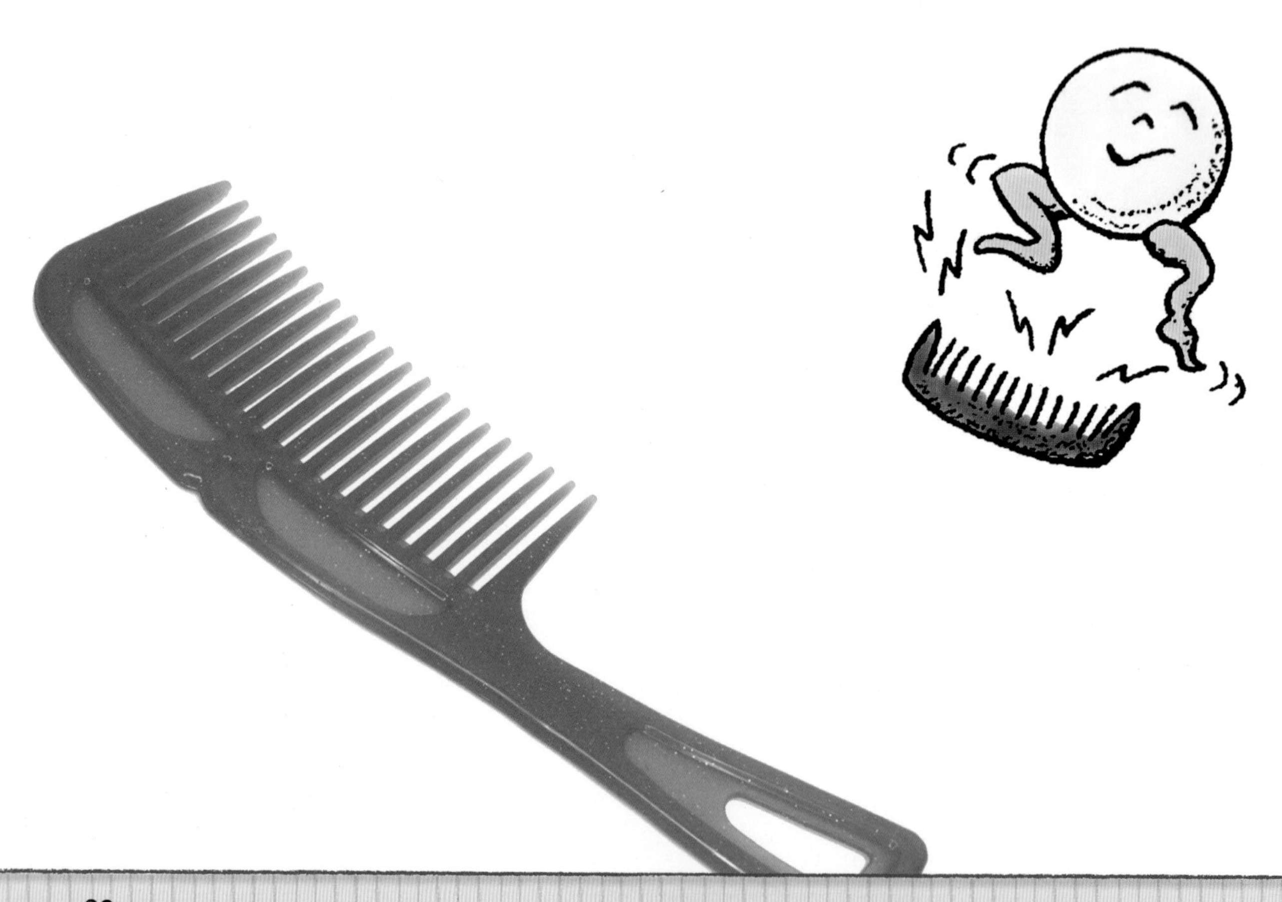

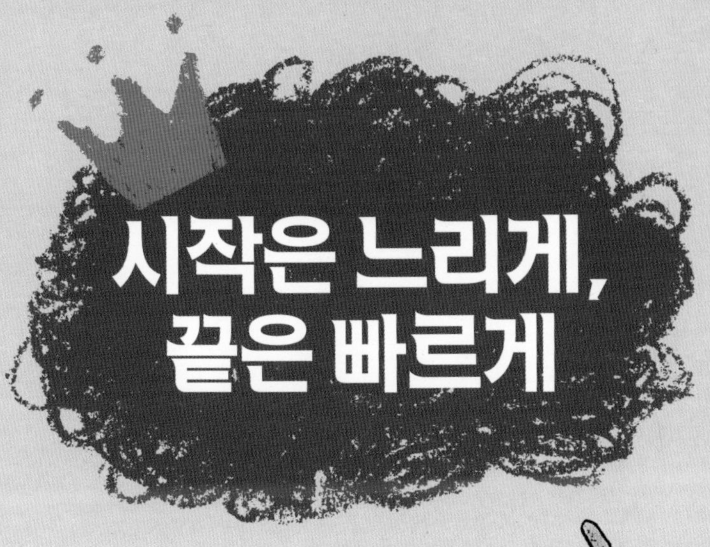

시작은 느리게, 끝은 빠르게

아침에 이불 속에 누워 있으면 꼼짝하기 싫을 때가 있죠? 그게 관성이랍니다. 자전거를 타고 가파른 언덕길을 올라갈 때 자전거가 돌덩이처럼 무겁게 느껴지면서 움직이기 힘든 것도 관성이에요.

관성은 정지한 물체가 계속 정지해 있으려 하고, 움직이는 물체는 계속 움직이려는 성질을 말합니다. 예를 들어 자전거를 타고 평탄한 도로를 달리면 계속해서 페달을 세게 밟지 않아도 되지요. 잠시 페달에 가만히 발을 올려놓기만 해도 몇 바퀴는 돌아가니까요. 그게 바로 움직이던 자전거가 계속 움직이려는 관성 때문이랍니다. 물론 물체는 누군가 혹은 무엇인가가 건드리기 전까지 움직이지 않아요. 식탁 위에 올려놓은 피자가 저절로 미끄러져 바닥에 떨어지지 않듯이 말이에요.

오래전에 엔지니어들은 자동차에 시동을 걸 때보다 고속도로를 달릴 때 에너지를 아주 조금만 사용한다는 것을 알아냈습니다. 바로 관성 때문이지요. 이 관성을 활용해 실험해 볼까요? 친구들을 깜짝 놀라게 할 마술도 있답니다.

작용하는 관성 관찰

실제 작용하는 관성을 눈으로 볼 수 있는 간단한 실험입니다.

준비물

- 끈(약 1m)
- 책(또는 벽돌)
- 고무 밴드

이렇게 해 보세요

1 끈의 한쪽 끝으로 책을 감습니다.
2 남은 끈의 반대쪽 끝에 고무 밴드를 묶어 서로 연결합니다.
3 책을 바닥에 내려놓습니다. 거친 카펫이 가장 좋고, 광택 있는 바닥은 긁힐 수도 있으니 피하세요.
4 그림처럼 고무줄을 잡아당깁니다.

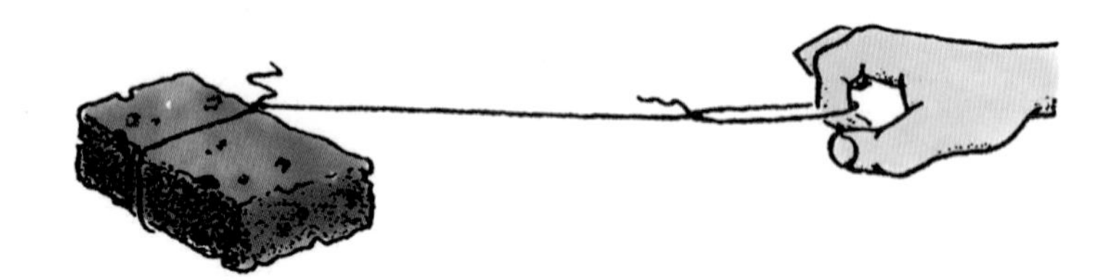

어떻게 될까요? 고무 밴드가 늘어나다가 어느 순간 책이 딸려 옵니다. 그 이후에는 바닥에서 책을 당겨도 처음 당기기 시작했을 때만큼 고무줄이 늘어나지 않아요.

왜 그럴까요? 정지한 물체는 관성 때문에 계속 정지해 있으려 합니다. 이때 물체를 움직이려면 이 관성보다 큰 힘을 가해야 하지요. 고무줄은 나중보다 처음에 더 많이 늘어났습니다. 이는 나중에 움직이기 시작한 물체를 당길 때보다 처음 움직이게 만들 때 더 많은 힘이 필요하다는 것을 보여 줍니다.

교과서 5학년 2학기 4단원 물체의 운동 심화 | 핵심 용어 관성 | 실험 완료 ☐

동전 더미에서 맨 아래 동전 빼내기

쌓아 놓은 동전 더미에서 위에 쌓은 동전들을 건드리거나 무너뜨리지 않고 맨 아래 동전을 빼낼 수 있을까요?

준비물

- 9~11개의 동전 (또는 블록)

이렇게 해 보세요

1. 동전을 8개나 10개 정도 쌓습니다. 동전을 이용한다면 반드시 같은 크기의 동전이어야 해요. 100원짜리 동전 크기 이상이 좋습니다.
2. 동전 더미에서 약 2.5cm 정도 떨어진 거리에 한 개의 동전을 놓습니다. 이 동전을 엄지나 검지로 세게 튕겨 동전 더미의 맨 아래 동전과 부딪치도록 하세요. 이때 순간적으로 매우 세게 튕겨야 합니다.

어떻게 될까요? 동전 더미에서 맨 아래 동전이 튕겨져 나갑니다. 실험이 제대로 되었다면 그 위에 쌓은 동전들이 그대로 있습니다.

왜 그럴까요? 동전 더미는 정지 상태에 있었기 때문에 그 상태를 유지하려는 관성이 있지요. 그래서 맨 아래 동전이 튕겨 나가도 그 위에 쌓은 동전들은 움직이지 않습니다.

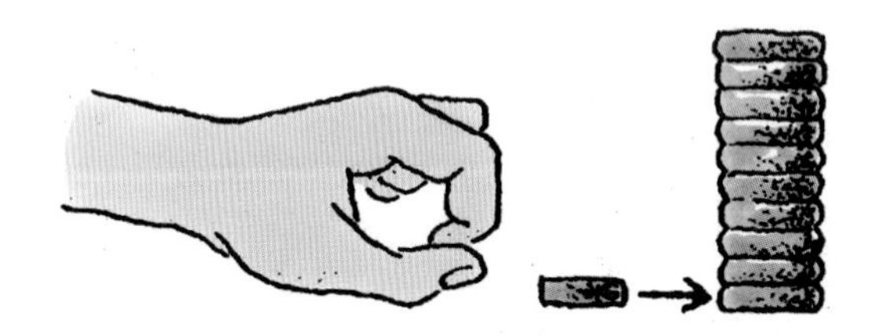

한 걸음 더

가운데 동전 빼내기

앞서 한 실험을 변형해 볼까요? 그러려면 동전 외에 연필 한 자루가 더 필요해요. 연필로 동전 더미 가운데 블록을 밀어내세요. 단, 한 번에 매우 강하게 치는 것이 중요합니다. 조금만 연습하면 전체 더미를 무너뜨리지 않고 어느 위치의 동전이든 튕겨 낼 수 있어요.

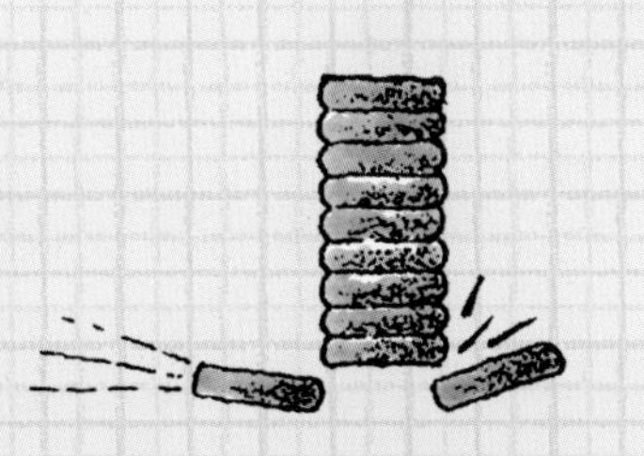

팔꿈치로 동전 잡기

팔꿈치에 올려놓은 동전을 같은 팔로 잡아 보세요. 이를 가능하게 하는 원리는 무엇일까요?

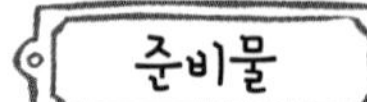

• 동전

이렇게 해 보세요

1 팔을 굽혀 동전 하나를 팔꿈치에 올려놓습니다. 팔을 바닥과 평행하도록 들어야 동전이 떨어지지 않아요.

2 가만히 있다가 매우 빠르게 팔꿈치를 아래로 낮춥니다. 그러고 나서 자유로워진 팔을 움직여 동전을 잡으세요. 그림의 화살표를 보고 그 방향대로 팔을 움직이면 쉬워요.

어떻게 될까요? 동전을 받치던 팔꿈치가 아래로 떨어지면 손도 따라서 아래로 움직입니다. 때를 잘 맞추면 실패 없이 동전을 잡을 수 있어요.

왜 그럴까요? 정지 상태에 있던 동전은 그 위치에 머무르려는 속성을 가진답니다. 앞에서 배운 관성이죠. 팔꿈치를 빠르게 움직이면 동전을 받치던 팔꿈치가 아래로 떨어집니다. 그러면 동전이 허공에 붕 뜨게 되지요. 중력이 동전을 바닥으로 끌어당기지만 관성 때문에 곧바로 떨어지지는 않아요. 여러분의 팔이 동전보다 더 먼저 움직였기 때문에 동전을 빨리 잡을 수 있는 거랍니다.

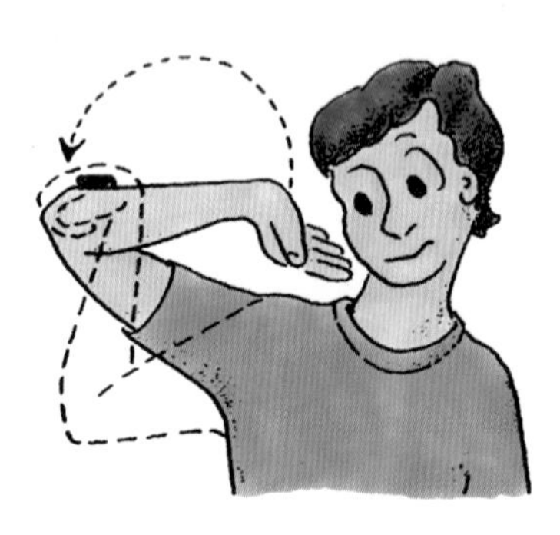

동전 여러 개 잡기

팔꿈치에 올린 여러 개의 동전을 한꺼번에 잡는 것도 어렵지 않아요.
동전 하나로 충분히 연습한 다음 두 개의 동전을 쌓고, 동전의 개수를 세 개나 네 개로 늘려 가면서 연습하면 나중에는 모두 한꺼번에 잡을 수 있어요.

교과서 5학년 2학기 4단원 물체의 운동 심화 | 핵심 용어 관성 | 실험 완료 ☐

실 특이하게 끊기

실을 순식간에 손으로 끊을 수 있어요. 이 기상천외한 방법으로 말이죠! 이 실험은 야외에서 하는 것이 좋습니다.

준비물

- 망치(또는 떨어뜨려도 깨지지 않는 1kg 정도 무게의 물체)
- 짧은 끈
- 면으로 된 실(약 1m)
- 가위

잠깐! 위험하므로 어른의 도움을 받으세요.

이렇게 해 보세요

1. 끈을 망치에 묶습니다.
2. 바느질에 사용하는 실을 반으로 자릅니다. 실 하나는 망치에 묶은 끈의 위쪽, 다른 하나는 아래쪽에 각각 묶어 연결합니다.
3. 망치를 묶은 끈 위쪽에 연결한 실을 단단한 곳에 묶어 망치가 매달리도록 합니다. 망치가 떨어지지 않을 정도로 단단한 곳이면 나뭇가지도 좋습니다. 망치가 혹시 떨어져도 다치거나 망가지는 물건이 없도록 조심합니다.
4. 망치에 묶은 아래쪽 실, 즉 아래 그림의 화살표 부분을 잡습니다. 재빠르게 실을 아래로 잡아당기세요.

어떻게 될까요? 망치가 손으로 떨어질 것 같지요? 하지만 망치와 손 사이의 실이 툭 끊어진답니다. 망치는 그대로 매달려 있어요.

왜 그럴까요? 망치의 무게가 많이 나가지는 않지만 그래도 정지 상태의 망치를 움직이려면 상당한 에너지가 필요합니다. 실을 아래로 확 잡아당기는 힘이 망치의 관성보다 크지 않기 때문에 망치는 그대로 있고 실만 끊어진답니다.

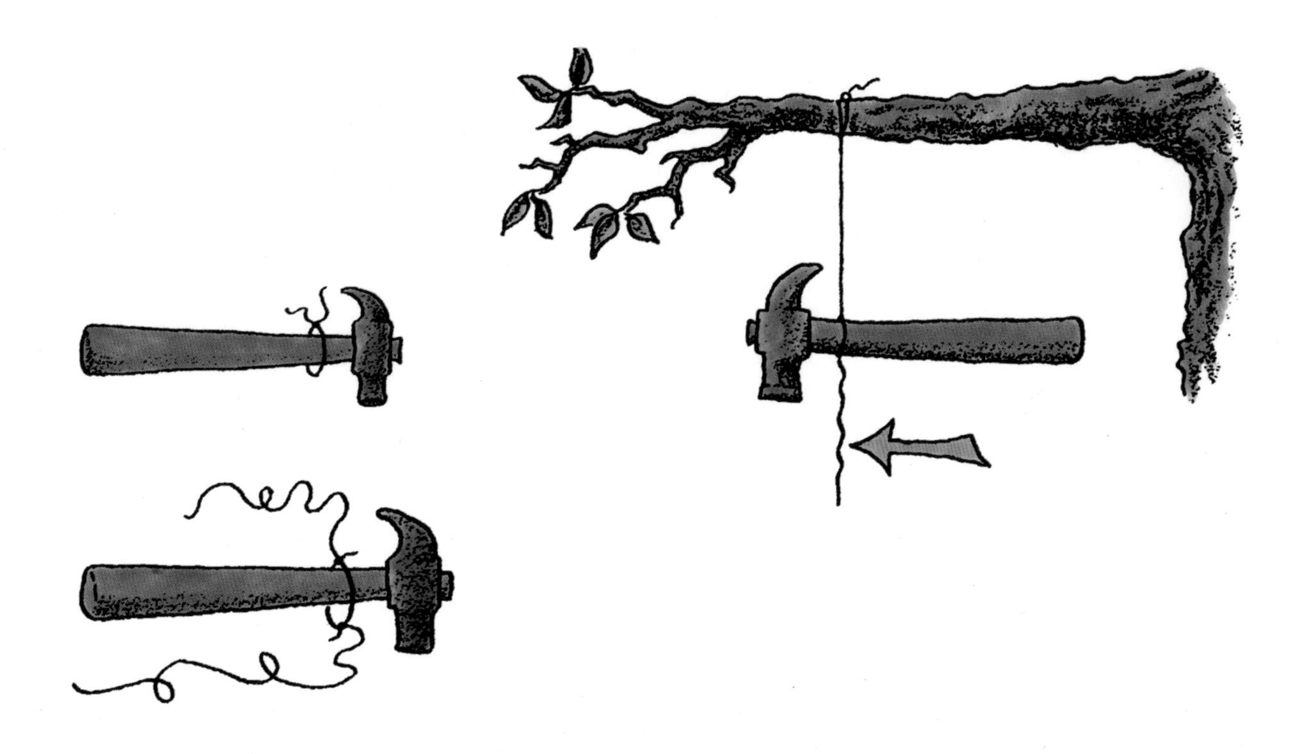

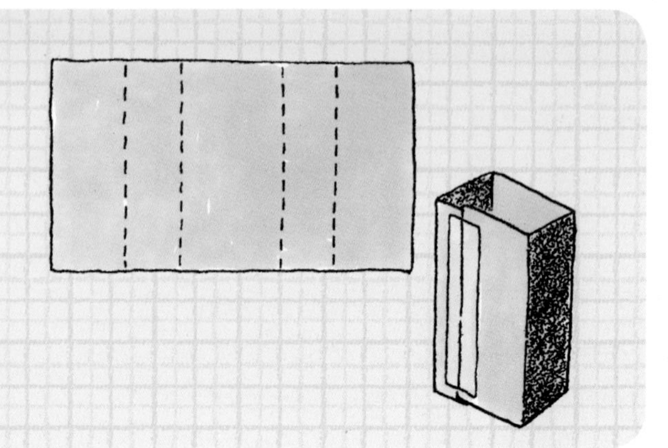

한 걸음 더

성냥갑 포장지 만들기

준비물 : 판지나 과자 상자, 가위, 테이프

판지를 가로 12cm, 세로 6cm 크기로 자릅니다.
오른쪽 그림처럼 점선 부분을 접습니다.
테이프로 양 끝을 연결합니다.
완성된 성냥갑 포장지는 옆 그림과 같습니다.

교과서 5학년 2학기 4단원 물체의 운동 심화 | **핵심 용어** 관성 | **실험 완료** ☐

비누 다이빙

손대지 않고 비누를 유리컵 속에 떨어트려 보세요.

준비물

- 큰 유리컵
- 판지(유리컵을 덮을 수 있는 크기)
- 빈 성냥갑
- 작은 비누

이렇게 해 보세요

1 유리컵을 책상 위에 올려놓습니다.
2 판지를 유리컵 위에 얹습니다.
3 작은 성냥갑을 판 위에 세웁니다. 성냥갑이 없으면 앞에서 배운 대로 직접 만들어 사용합니다.
4 비누를 성냥갑 위에 얹습니다. 한 손으로 유리컵을 단단히 잡고, 다른 손으로 판지 가장자리를 세게 쳐서 판지가 반대 방향으로 튕겨 나가게 합니다. 이때 강한 힘으로 재빠르게 치세요.

어떻게 될까요? 판지가 튕겨 나갑니다. 비누를 지탱하던 성냥갑도 튕겨 나가므로 비누는 유리컵 속으로 떨어집니다.

왜 그럴까요? 역시 앞에서 배운 관성의 법칙 때문이에요.

교과서 5학년 2학기 4단원 물체의 운동 심화 | **핵심 용어** 관성 | **실험 완료** □

동전 다이빙

동전을 병 속에 넣는 것은 누구나 할 수 있습니다. 하지만 손끝 하나 대지 않고 넣을 수 있을까요?

준비물

- 빈 병
- 과자 상자(또는 판지)
- 가위
- 자
- 동전

이렇게 해 보세요

1. 동전보다 입구가 큰 병을 준비합니다.
2. 과자 상자를 가로세로가 모두 10cm인 정사각형 모양으로 오립니다.
3. 자른 정사각형 종이를 병 입구에 얹습니다.
4. 동전을 종이 정중앙에 놓습니다.
5. 손가락으로 종이 끝을 재빠르게 튕겨냅니다. 아까 쌓아 놓은 동전 더미에서 맨 아래 동전을 뺄 때 어떻게 쳤는지 기억나죠? 바로 그렇게 하세요.

어떻게 될까요? 병과 동전 사이의 종이가 빠져나갑니다. 동전에 손 하나 대지 않아도 저절로 병 속으로 떨어져요. 정말 멋지죠?

왜 그럴까요? 동전은 정지 상태의 물체입니다. 관성은 물체가 현재 상태를 유지하려는 성질이죠. 종이는 매우 빠르게 튕겨 나가기 때문에 동전은 미처 종이를 따라 나가지 못하고, 중력이 동전을 아래로 당깁니다. 종이를 아주 느리게 튕기면 동전은 병 속으로 떨어지지 않고 종이를 따라갈 거예요.

이것도 궁금해요 좀 더 어려운 실험에 도전해 보고 싶다면 동전을 구슬로 바꿔 보세요. 구슬에 성공하면 구슬을 2개로 늘려 하세요.

병 밑에서 종이만 빼내기

끈기만 있다면 꼭 성공할 수 있는 실험이에요.

준비물

- 가위
- 종이(7cm × 25cm)
- 자
- 연필
- 입구와 목이 좁은 병

이렇게 해 보세요

1 그림처럼 책상 가장자리에 종이를 깔고 그 위에 병을 뒤집어 세웁니다.

2 책상 바깥에 나와 있는 종이를 연필로 말아 줍니다. 병 입구에 닿을 때까지 천천히 종이를 계속 말아 줍니다.

어떻게 될까요? 천천히 종이를 계속 말다 보면 종이가 병 아래로 조금씩 빠져나옵니다. 하지만 병은 넘어지지 않아요.

왜 그럴까요? 정지 상태의 병은 관성 때문에 그 상태를 계속 유지하려 합니다. 병의 입구는 종이에 닿아서 움직일 수가 없습니다. 병은 여러분이 특별히 힘을 가하지 않는 한 관성 때문에 움직이지 않아요.

균형 잡기

도로의 경계선이나 담장 위를 양팔을 벌려 균형을 잡으며 걸어 본 적이 있나요? 잠깐만 해 보아도 담장 같은 좁은 곳 위를 걸으면 쉽게 균형을 잃는다는 걸 알 수 있지요. 그래서 자기도 모르게 담장에서 떨어지지 않으려고 몸을 구부리거나 비틀고 팔을 휘젓게 됩니다. 넘어지지 않기 위해 본능적으로 몸 양쪽의 무게가 같게 만드는 것이지요. 이렇게 하면 몸이 무게 중심을 찾아 균형을 되찾거든요.

무게 중심은 물체의 양쪽이 균형을 이루는 점입니다. 도로의 경계선 위를 걸을 때 여러분 몸의 무게 중심은 발이 닫는 선에 있어요. 다리를 양쪽으로 벌리고 섰을 경우를 생각해 보세요. 이때 무게 중심은 두 발 사이, 즉 코에서 바닥으로 가상의 선을 그어 바닥의 선과 만나는 지점에 있습니다.

물체의 무게 중심을 찾으면 균형을 이룰 수 있어요. 수업이 지루할 때 손가락 끝에 연필을 올려 균형을 잡아 보았던 경험이 있나요? 이때 무게 중심은 연필 끝의 지우개부터 연필심 사이 가운데 지점에 있어요. 엄청나게 큰 지우개가 달려 있다면 다르겠지만 말이죠. 그 경우에는 무게 중심이 연필심보다는 지우개 쪽에 훨씬 가까울 거예요. 이 장에서는 무게 중심을 이용한 실험을 할 거예요.

교과서 4학년 1학기 4단원 물체의 무게 | 핵심 용어 균형 | 실험 완료 ☐

떨어질락 말락 하는 망치

장난감 망치를 묶은 자를 테이블 한쪽 가장자리에 걸쳐 놓고,
망치가 떨어지지 않도록 자로 균형을 잡아 보세요.

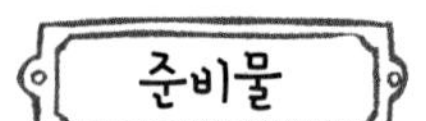

- 장난감 망치
- 끈(약 46cm)
- 자

이렇게 해 보세요

1 끈의 한끝을 자에 묶습니다.

2 다른 한끝은 장난감 망치의 손잡이에 묶습니다.

3 자의 10cm 정도를 책상 위에 걸치고, 망치가 떨어지지 않도록 자로 균형을 잡아 봅니다.

어떻게 될까요? 균형을 잡을 때 장난감 망치 손잡이의 끝이 자의 끝에 닿도록 하는 것이 중요해요. 자와 장난감 망치 사이의 균형을 조심스럽게 잡아 보세요. 균형 잡기가 힘들면 장난감 망치 손잡이에 묶은 끈 위치를 약간씩 움직여 균형을 잡으세요. 그래도 잘되지 않으면 장난감 망치와 자 사이의 끈 길이를 좀 줄이면 돼요. 처음에 잘 안 된다고 포기하지 마세요. 완벽한 길이를 찾으면 장난감 망치가 발레리나처럼 멋지게 균형을 잡을 거예요.

왜 그럴까요? 장난감 망치와 자의 무게 중심이 정확히 책상의 가장자리에 오도록 한 거랍니다. 망치 머리와 자의 한쪽이 무게 중심을 기준으로 균형을 이루는 것이지요.

한 걸음 더

무게 중심이 생기는 이유

지구에는 물체를 끌어당기는 힘, 즉 중력이 작용합니다. 우리가 우주 밖으로 날아가지 않도록 잡아 주고, 홈런이 될 공을 야구장 안으로 떨어뜨려 아웃으로 만들어 버리는 힘이지요. 식빵에 잼을 바르다가 떨어뜨렸을 때 꼭 잼을 바른 쪽이 바닥에 떨어지는 이유도 중력 때문입니다. 무게는 달리 말해 지구가 물체를 끌어당기는 힘의 크기를 뜻합니다.

교과서 4학년 1학기 4단원 물체의 무게 심화 | 핵심 용어 무게 중심, 균형, 마찰력 | 실험 완료 □

스스로 균형을 잡는 30cm 자

양손으로 30cm 자의 균형을 잡는 것은 어려운 일이 아닙니다. 반면에 양손으로 30cm 자가 균형을 잃게 만드는 것은 정말 어렵답니다.

준비물

- 30cm 자

이렇게 해 보세요

1 그림처럼 양팔을 벌리고 양손 검지 끝에 30cm 자를 올려놓습니다.

2 자의 무게 중심, 즉 15cm 눈금 쪽으로 한 손가락을 계속 움직여 자가 균형을 잃고 떨어지게 해 보세요. 단, 손가락을 단숨에 움직이면 안 됩니다.

어떻게 될까요? 자의 무게 중심 쪽으로 한 손가락을 움직일 때 놀라운 일이 생겨요. 손가락 하나만 움직이고 있는데 다른 손가락도 함께 움직이는 것처럼 보여요. 결국 양 손가락 모두 조금씩 무게 중심을 향해 이동해 대자는 항상 균형을 이룬답니다. 정말인지 직접 확인해 보세요.

왜 그럴까요? 자의 무게 중심은 정중앙에 있어요. 여러분이 한 손가락을 중앙의 무게 중심을 향해 서서히 움직이면 그 손가락이 무게 중심과 가까워지면서 자가 움직이는 손가락 쪽으로 기울어집니다. 자가 약간이라도 기울어지면 움직이지 않는 손가락에 가해지는 무게가 줄어들어요.

움직이지 않는 손가락에 가해지는 무게가 줄어들면 그 손가락이 자를 따라 미끄러지기 시작해요. 이것은 그 손가락에 가해지는 마찰력이 줄어들었기 때문이에요. 마찰력은 움직이는 물체의 속도를 줄이는 역할을 하기 때문에 마찰력이 줄어들면 물체의 속도가 빨라진답니다. 양 손가락이 서로를 향해 서서히 움직이기 때문에 자는 언제나 균형을 이루어요.

날쌘돌이 짧은 자와 느림보 긴 자

아기가 처음 걸음마를 시작하면 수없이 넘어지면서 걷기를 배우죠? 이것은 몸의 균형을 잡는 법을 배워 가는 과정이랍니다. 그런데 사람들의 키가 넘어지는 속도와 관계가 있다는 사실을 알고 있나요?

준비물

- 30cm 자
- 10cm 자

이렇게 해 보세요

1. 30cm 자와 10cm 자를 몇 cm 간격을 두고 나란히 세웁니다.
2. 그림처럼 손가락 끝으로 두 개의 자를 잡고 앞으로 살짝만 밀어 같은 방향으로 넘어지게 합니다. 이때 같은 힘으로 밀도록 주의하세요.

어떻게 될까요? 항상 길이가 짧은 10cm 자가 바닥에 먼저 떨어져요.

왜 그럴까요? 30cm 자의 무게 중심은 10cm 자보다 높이 있어요. 무게 중심이 땅에서 멀수록 그 물체가 바닥에 닿는 시간도 더 걸리지요. 아이와 어른이 동시에 넘어지면 아이가 먼저 넘어지는 것도 마찬가지 이치입니다. 아기가 왜 그렇게 갑자기 넘어지는 것처럼 느껴지는지 이제 알겠죠?

무게 중심이 높으면 더 안정적일까?

위 실험 결과가 무게 중심이 높은 물체는 무게 중심이 낮은 물체보다 더 안정되어 있다는 뜻은 아닙니다. 오히려 그 반대예요! 이 때문에 자동차 회사들은 자동차의 무게 중심을 최대한 낮추어서 자동차가 뒤집어지지 않게 만든답니다. 같은 이유로 바람이 세게 불 때 큰 트럭과 트레일러는 고속도로를 달리지 못하게 해요. 바람에 닿는 면적도 크지만 무게 중심이 높아서 무게 중심이 낮은 차보다 뒤집힐 위험이 더 높거든요.

교과서 4학년 1학기 1단원 무게 재기 | **핵심 용어** 무게 중심, 균형 | **실험 완료** ☐

포크의 묘기

감자에 연필과 포크를 꽂은 다음 연필 끝만 책상 위에 살짝 걸친 채로 균형을 잡을 수 있을까요?

준비물

- 길이가 긴 연필
- 아주 작은 감자(또는 사과 1개나 고무찰흙 덩어리)
- 신문
- 포크

이렇게 해 보세요

1. 연필을 감자의 중심에 꽂고, 서서히 힘을 주어 감자 속에 박습니다.
2. 연필심이 감자를 뚫고 들어가면 감자를 손에 쥐고 연필심 쪽이 4cm 가량 빠져나올 때까지 연필을 감자 속으로 밀어 넣습니다.
3. 연필심이 박힌 감자의 한쪽에 포크를 그림과 같은 모습이 되도록 찔러 넣습니다.
4. 탁자 가장자리 아래에 신문을 깔아 둔 뒤, 감자를 뚫고 나온 연필심 부분을 아래 그림처럼 탁자 가장자리 위에 살짝 얹어 봅니다.

잠깐! 감자를 뚫을 때는 신문지를 두툼하게 깔고 그 위에서 하세요. 손바닥 위에 놓고 하면 큰일 나요! 연필심에 다칠 수 있어요.

어떻게 될까요? 운이 좋으면 연필을 올리자마자 균형이 잡힐 거예요. 균형이 잘 안 잡히면 연필을 책상 위에서 몇 번 움직여 가며 균형을 잡아 보세요. 처음 몇 번에 성공하지 못한다고 해서 포기하지 마세요. 잘되지 않으면 포크를 빼서 각도를 조금 바꾸어 다시 찔러 보세요.

감자, 포크, 연필이 균형을 잡으면 떨어지지 않고 마치 중력을 무시하는 것처럼 보여요. 좀 더 연습하면 연필이 실제로 미끄러지면서 정말 연필심 끝만 책상에 걸친 채 정지하도록 할 수도 있답니다.

왜 그럴까요? 양쪽의 균형이 같아지는 지점인 무게 중심을 찾으면 책상 끝에 걸친 연필이 아슬아슬해 보여도 떨어지지 않고 균형을 잡지요.

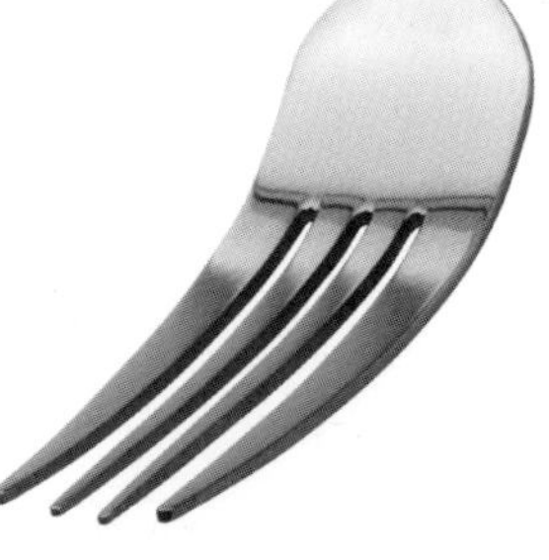

교과서 4학년 1학기 4단원 물체의 무게 | 핵심 용어 무게 중심, 균형 | 실험 완료 □

두 배의 균형

앞 실험에서 감자를 망쳐 놨으니 포크 하나만 더 사용해서 또 다른 균형 실험을 해 볼까요?

준비물

- 아주 작은 감자(또는 사과 1개나 고무찰흙 덩어리)
- 연필
- 포크 2개
- 맥주잔

이렇게 해 보세요

1. 앞 실험을 마치고 감자에 박은 연필을 아직 빼지 않았다면 그대로 두세요. 벌써 뺐다면 아까처럼 조심스럽게 연필을 감자에 다시 박습니다.
2. 찔러 넣은 포크도 그 각도 그대로 두세요. 이제 또 다른 포크 하나를 꽂혀 있던 포크와 맞은편에 찔러 넣습니다. 그림처럼 두 포크의 각도가 같도록 하세요.
3. 맥주잔을 뒤집어 그 위에 포크와 연필을 꽂아 둔 감자를 세웁니다(맥주잔이 없다면 음료수 병이나 소스 병처럼 바닥이 넓고 입구가 좁은 병은 무엇이든 괜찮아요).

어떻게 될까요? 포크의 위치와 각도를 조절하여 연필을 수직으로 세우거나 한쪽으로 기운 채 서 있도록 할 수 있어요. 연필심만으로 지탱하면서 말이지요.

왜 그럴까요? 균형이 잡힌 상태에서 감자를 관찰해 보면, 연필심을 중심으로 양쪽이 정확히 균형을 이루고 있는 것을 볼 수 있어요. 여러분이 만든 감자 더미의 모양에서 무게 중심은 연필심이기 때문입니다.

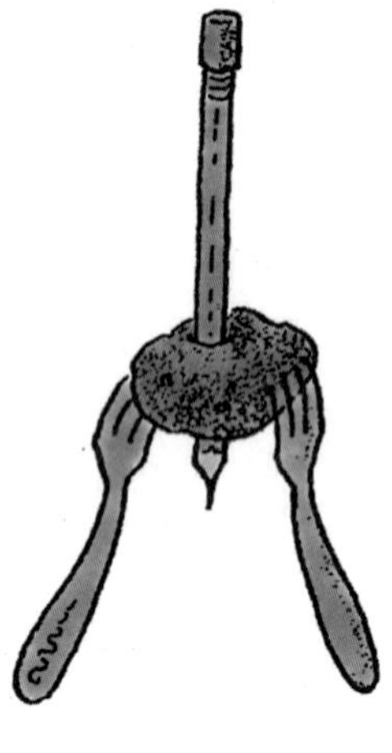

운동의 비밀

정지 상태의 물체에는 그 상태를 유지하려는 관성이 작용합니다. 따라서 정지 상태의 물체를 움직이려면 처음에는 일정량의 힘을 가해야 해요. 물체에 힘을 가하면 그 물체는 계속 운동을 하려고 해요. 그러다 힘이 다하면 움직이는 물체의 속도가 떨어지면서 결국은 정지하지요. 물체를 끌어당기는 힘인 중력이 움직이는 물체의 속도를 떨어뜨리고 물체가 운동하려는 힘을 잃게 만들거든요. 공기와 바람의 저항도 마찬가지 역할을 합니다. 공기와 바람의 저항이 없다면 야구 선수가 치는 공은 무조건 홈런일 거예요.

앞 장에서 물체의 움직임은 무게 중심과 함께 변화할 수 있다는 것을 배웠지요. 무게 중심을 움직이면 물체를 뒤집거나 기울일 수 있습니다. 이제 물체의 운동과 운동 방식에 영향을 주는 다른 요인들을 알아봐요.

교과서 5학년 2학기 4단원 물체의 운동 심화 | **핵심 용어** 속도, 마찰 | **실험 완료** ☐

페트병 경주

토끼와 거북이 이야기를 모르는 사람은 없겠죠? 우리에게 '느려도 꾸준히 하면 이긴다' 는 교훈을 주었던 토끼와 거북이 실험을 할 거예요.

준비물

- 큰 페트병 2개(모양과 크기가 똑같은 것)
- 물
- 판자 2개(경사면을 만들 수 있는 것)

이렇게 해 보세요

1 페트병 하나에 물을 절반 정도 채우고 뚜껑을 꽉 닫습니다. 다른 한 병은 비워 두세요.

2 길이가 같은 판자 2개로 경사면을 만듭니다. 판자의 한쪽을 의자 위에 걸치고 다른 쪽은 그림처럼 바닥에 닿게 하세요.

3 두 개의 병을 경사면 위에 나란히 둡니다. 페트병을 경사면 위에 놓은 다음 동시에 굴리고, 경사면을 따라 굴러가는 모습을 관찰하세요.

어떻게 될까요? 두 병은 동시에 굴렀어요. 그런데 물이 든 병이 더 빨리 굴러가기 시작합니다. 하지만 바닥에 도착했을 때 더 멀리 굴러가는 것은 더 늦게 출발한 빈 병입니다. 마치 토끼와 거북이 이야기에서 거북이가 처음엔 느렸지만 나중에 토끼를 이긴 것처럼 말이지요.

왜 그럴까요? 두 개의 물체를 서로 문지르면 마찰이 생깁니다. 두 손을 마주 비벼 보세요. 금세 손바닥이 뜨거워질 거예요. 이 열은 마찰에 의해 발생한 거랍니다. 물이 든 병은 빈 병보다 더 무겁습니다. 이렇게 무거워진 병은 경사면을 따라 토끼처럼 더 빨리 달려 내려가지요. 그러나 물이 병의 내부에 부딪치면서 마찰이 생겨 병의 속도를 느리게 합니다. 마찰은 열만 발생시키는 것이 아니라 운동 속도도 떨어뜨리거든요. 자동차 회사들은 자동차 엔진에 오일을 넣어 마찰과 열을 줄인답니다. 또한 다른 부품이 움직이면서 생기는 마찰을 줄이도록 윤활유를 넣기도 한답니다.

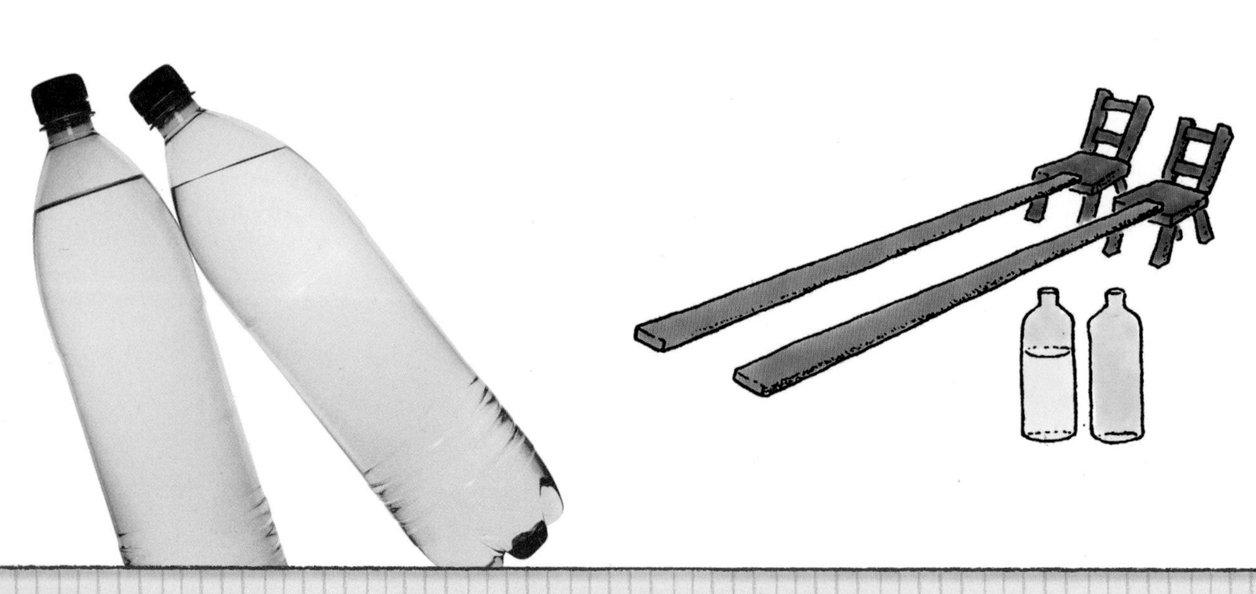

교과서 5학년 2학기 4단원 물체의 운동 심화 | 핵심 용어 속도, 균형 | 실험 완료 ☐

종이 고리 경주

자동차 경주나 경마, 롤러스케이트 경주는 본 적 있겠지만, 종이 경주는 아마 처음일걸요?

준비물

- 종이 2장
- 자
- 가위
- 테이프
- 클립 4개
- 경사면

이렇게 해 보세요

1 다음 방법으로 정확하게 크기가 같은 종이 고리 2개를 만듭니다.
(크기가 다른 고리를 경주시킨다면 불공정하겠지요!)
① 종이를 6cm 폭의 띠 모양으로 오립니다.
② 띠의 양 끝을 1cm씩 맞붙여 테이프로 고정해 고리 모양을 만듭니다.

2 두 고리 중 하나의 안쪽에 클립이 고리 폭의 정중앙에 오도록 잘 붙입니다.

3 경사면 위에 두 고리를 몇 cm 간격을 두고 나란히 잡습니다(경사면은 98쪽 페트병 경주에서 사용했던 것이면 됩니다. 하지만 바람이 불면 힘들 수 있으니 실내에서 하세요).

4 두 고리를 동시에 손에서 놓습니다.

어떻게 될까요? 자세히 보면 안에 클립을 붙인 고리는 균일한 속도로 구르지 않는 것을 알 수 있어요. 클립을 붙이지 않은 고리처럼 빠르게 비탈을 따라 굴러가는 듯 보이다가 클립이 바닥에서 위로 올라올 때 속도가 느려집니다. 결국 클립을 붙이지 않은 고리가 이깁니다.

왜 그럴까요? 클립을 붙인 고리의 속도가 떨어진 것은 마찰 때문이 아니라 고리 자체의 균형이 맞지 않기 때문입니다. 이런 이유로 자동차와 트럭의 바퀴는 균형이 잘 맞아야 한답니다.

한 걸음 더

종이 고리 균형 잡기

클립을 붙인 고리와 빈 고리가 균일한 속도로 구르게 할 수 있는지 알아보세요. 클립을 붙인 고리에 처음 붙인 클립과 정확히 마주 보도록 새로운 클립을 붙이고 다시 경주를 시작합니다. 다음에는 이미 붙인 클립 사이에 클립 2개를 나누어 붙입니다. 이제 고리는 더 잘 굴러갑니다.

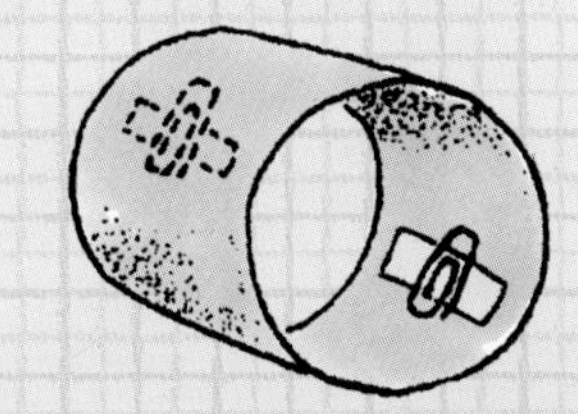

왜 그럴까요? 타이어와 엔진처럼 굴러가는 물체는 최대한 균형이 맞아야 합니다. 그렇지 않으면 굴리는 데 많은 에너지가 소요되고 잘 굴러가지도 않습니다. 이렇게 되면 마모도 빨리 되고 심지어 망가질 수 있거든요. 클립을 대칭적으로 붙여 주면 고리는 균형이 맞아져서 더 잘 굴러가지요.

동전 균형 묘기

빙빙 돌아가는 옷걸이 위에 동전을 올려놓고 균형을 잡을 수 있을까요? 자, 도전해 보세요!

준비물

- 플라스틱 옷걸이
- 동전(또는 쇠고리)

이렇게 해 보세요

1 밖에서 동전을 떨어뜨리면 쉽게 찾을 수 없으니까 조심하세요. 동전 대신 쇠고리를 써도 좋아요.
2 옷걸이의 고리를 손가락에 겁니다.
3 반대편 손으로 옷걸이 가로대 위에 동전을 얹습니다. 옷걸이를 건 손가락 바로 아래쪽에 동전을 올리세요.
4 동전이 균형을 잡으면 좌우로 옷걸이를 서서히 흔듭니다. 점점 속도를 높이고 힘을 더 주어 손가락을 중심으로 옷걸이가 돌게 만드세요.

만약 실험 도중 옷걸이가 미끄러지기라도 하면 큰일이니 안전하게 밖에서 하세요!

어떻게 될까요? 옷걸이가 도는 동안 동전이 떨어지지 않습니다. 단, 갑자기 힘을 주지 않도록 주의하세요.

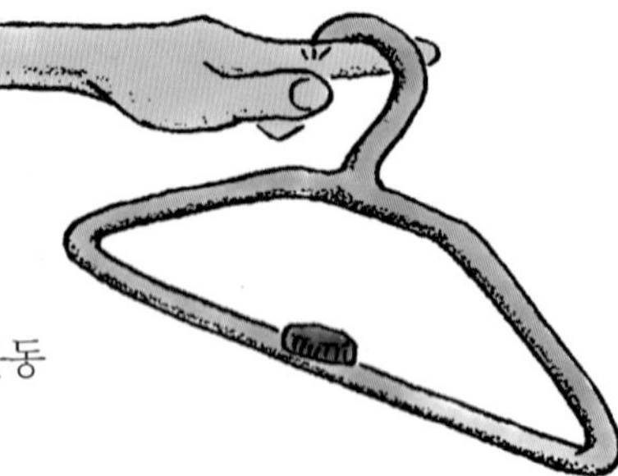

왜 그럴까요? 물체가 빨리 회전할 때 생기는 힘인 원심력은 원 운동을 하는 물체를 원의 중심에서 바깥쪽 방향으로 잡아당기는 힘입니다. 동전은 원심력 때문에 옷걸이 가로대를 누릅니다. 그래서 여러분이 속도를 늦추거나 부드러운 원 운동의 흐름을 중단하지 않는 한 떨어지지 않는답니다.

교과서 5학년 2학기 4단원 물체의 운동 심화 | **핵심 용어** 원심력, 속도 | **실험 완료** ☐

돌아가는 대접

과학자들은 거대한 실험실에서 원심력을 증명합니다. 우리는 부엌 싱크대에서 해 볼까요?

준비물

- 큰 양푼(또는 냄비, 지름 약 30cm)
- 물
- 대접
- 나무 숟가락

이렇게 해 보세요

1 큰 양푼에 10cm 정도 높이로 물을 채웁니다.
2 물이 든 양푼에 대접을 띄웁니다. 대접 속에 높이 1cm만큼 물을 채웁니다.
3 이제 떠 있는 대접 안에 나무 숟가락을 넣어 최대한 빠르게 젓습니다. 나무 숟가락 대신 검지로 저어도 돼요.
4 대접이 물에 뜬 다음에 저으면 마찰이 거의 없어 속도가 줄어들지 않고 쉽게 돌아갑니다.
5 점점 더 빨리 돌리면서 대접 속의 물을 관찰합니다.

어떻게 될까요? 물이 대접 가장자리를 따라 솟구쳐 오르면서 대접 중앙 바닥의 물은 모두 없어집니다. 속도를 늦추면 가장자리의 솟구쳤던 물이 다시 내려와 대접 바닥에 찹니다.

왜 그럴까요? 원심력은 고체뿐 아니라 액체에도 마찬가지로 작용해요. 물체를 돌리는 속도가 빨라질수록 물체가 원의 바깥쪽으로 튕겨 나가려는 힘도 커진답니다. 여기서는 물이 원심력에 의해 대접 바깥쪽으로 튕겨 나갔다가 돌아가는 속도가 느려지면 다시 안쪽에 차는 것이지요.

교과서 4학년 1학기 4단원 물체의 무게 심화 | 핵심 용어 무게 분산 | 실험 완료 ☐

초강력 손가락

여러분의 손가락은 생각보다 매우 강하답니다. 이 실험을 통해 얼마나 강한지 알아보고 친구들에게도 뽐내 보세요.

준비물

- 등받이가 곧은 의자
- 친구 6명

이렇게 해 보세요

1. 6명 중 한 사람이 등받이가 곧은 의자에 앉습니다. 등을 곧게 하고 똑바로 앉되 두 손은 각각 주먹을 꽉 쥐고, 고개는 약간 앞으로 숙이되 목도 똑바로 펴야 해요.
2. 나머지 다섯 사람은 한 손으로 주먹을 쥐고 검지 하나만 앞으로 뻗습니다. 다른 한 손은 그림처럼 검지를 뻗은 손을 감싸 쥐세요.
3. 앉은 사람의 양 무릎 옆에 한 명씩 섭니다. 아까 쥔 손 모양 그대로, 검지를 무릎 안에 깊숙이 밀어 넣으세요.
4. 나머지 두 명은 의자 뒤에 서서 겨드랑이 깊숙이 검지를 밀어 넣습니다.
5. 마지막 한 명은 앉은 사람 앞이나 옆에 서서 턱 밑에 검지를 댑니다.
6. 모든 사람에게 숨을 깊이 들이쉬고 참으라고 합니다. "하나, 둘, 셋" 구령에 맞추어 다섯 명이 동시에 일어섭니다. 각자 갑자기 힘을 주지 말고 다섯 명이 일시에 일어서세요.

어떻게 될까요? 놀랍게도 앉아 있는 사람이 의자 위로 들어 올려집니다. 공중에 올라간 상태에서 다른 친구들이 그대로 손을 빼서는 안 됩니다.

왜 그럴까요? 꼿꼿이 앉아 있는 사람의 체중이 다섯 명의 다른 친구들이 힘을 주는 지점에 고루 분산됩니다. 모든 사람이 일시에 움직이면 체중은 균일하게 배분되어 동일한 양을 들어 올리는 효과를 줍니다. 그래서 앉아 있는 사람이 35kg이라면 각자의 위치에서 들어 올리는 무게는 7kg이 되는 거랍니다.

교과서 4학년 1학기 4단원 물체의 무게 심화 | 핵심 용어 도르래 | 실험 완료 ☐

옷걸이로 만든 고정 도르래

도르래를 이용하면 무거운 물체를 직접 들어 올리는 대신 끈으로 잡아당겨 옮길 수 있어요. 여러분이 도르래를 직접 만들어 원리를 알아볼까요?

준비물

- 철사 옷걸이
- 원통형 실패
- 의자 2개
- 빗자루
- 가위
- 튼튼한 끈(약 3m)
- 책

이렇게 해 보세요

1 철사 옷걸이의 고리 부분을 풀어 그림처럼 실패에 끼워 넣어 도르래를 하나 만듭니다.
2 의자 두 개를 등받이가 마주 보도록 놓고 그 위에 빗자루를 걸칩니다.
3 빗자루 대에 도르래의 옷걸이 고리를 끈으로 묶어 고정합니다.
4 도르래로 들어 올릴 물건은 책입니다. 끈이 넉넉히 남도록 책에 끈을 묶으세요.
5 책을 묶고 남은 끈을 실패에 조금 감고 끈을 아래로 잡아당깁니다.

어떻게 될까요? 책이 위로 올라갑니다.

왜 그럴까요? 실험 결과는 당연해 보입니다. 하지만 이 실험의 놀라운 점은 도르래의 원리에 있어요. 여기에서 도르래 자체는 사실 책을 움직일 때 별다른 일을 하지 않아요. 도르래의 회전축 역할을 하는 실패가 고정되어 있어서, 오직 운동의 방향만 바꿀 뿐이지요. 즉, 끈을 아래로 잡아당기는 힘을 책을 위로 들어 올리는 힘으로 바꿉니다. 물체의 무게만큼 같은 크기의 힘이 들고, 운동의 방향만 바꾸어 물건을 옮기는 것이지요. 이러한 도르래를 **고정 도르래**라고 합니다.

고정 도르래를 이용하면 우물에 있는 두레박이나 국기 게양대에 있는 국기를 올리고 내리는 일을 할 수 있어요. 이번 실험에서 사용한 도구로 다음 실험에서는 들어 올리는 힘을 강하게 만드는 방법을 알아보세요.

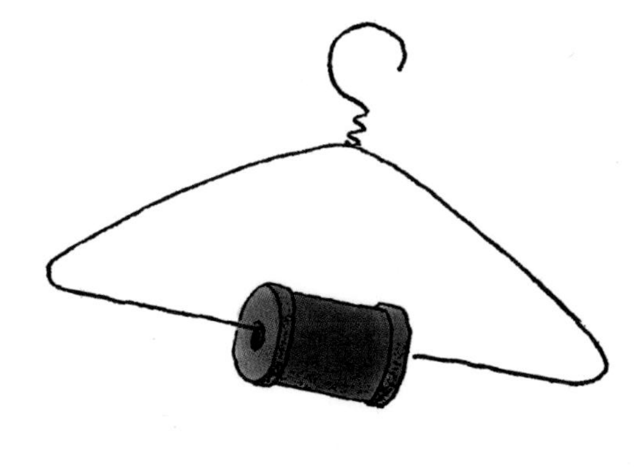

힘이 두 배인 도르래

고정 도르래보다 힘이 두 배로 더 강해지는 도르래를 만들어 볼까요?

준비물

- 철사 옷걸이 2개
- 원통형 실패 2개
- 의자 2개
- 빗자루
- 가위
- 튼튼한 끈(약 3m)
- 책

이렇게 해 보세요

1. 앞 실험에서 만든 도르래를 그대로 사용합니다. 같은 방법으로 실패와 옷걸이를 사용해 도르래만 하나 더 만드세요.
2. 두 번째로 만든 도르래의 옷걸이를 거꾸로 해서 옷걸이 고리에 책을 묶은 끈을 겁니다.
3. 책을 묶고 남은 끈을 그림처럼 두 도르래의 실패에 걸칩니다.
4. 두 번째 도르래에 감은 줄을 위로 잡아당겨 책을 바닥에서 7.5cm 높이로 들어 올립니다.
5. 책을 바닥에서 7.5cm 높이로 들어 올리는 동안 잡아당긴 실의 길이를 재어 봅니다.

어떻게 될까요? 책을 7.5cm 높이로 들어 올리느라 잡아당긴 실의 길이는 약 15cm입니다. 도르래 하나로 실험해 보고 실의 길이를 비교해 보면, 하나일 때보다 더 적은 힘으로 책을 들어 올린 것을 알 수 있어요.

왜 그럴까요? 두 개의 도르래를 쓰면 같은 힘으로 두 배의 일을 할 수 있습니다. 간단히 말해 앞의 실험에서보다 더 적은 힘으로 책을 들어 올렸다는 뜻입니다. 그러나 두 배의 힘을 얻기 위해서는 두 배의 실이 필요하답니다.

소리의 과학

우리 주변에는 늘 소리가 있습니다. 친구의 목소리, 개가 짖는 소리, 자동차의 경적 소리, 문이 쾅 닫히는 소리 등등 여러 종류의 소리가 있지요. 소리는 우리 생활에 늘 함께 하기 때문에 갑자기 아무런 소리도 들리지 않는다면 아마 무서울 거예요.

우리는 쉽게 소리를 듣고, 낼 수도 있어요. 손뼉을 치거나, 말을 하는 것도 소리를 내는 것이지요. 하지만 실제로 소리가 나는 원리를 알고 있나요? 손뼉 소리는 두 손이 강하고 빠르게 부딪히면서 납니다. 물체들이 서로 강하게 부딪치면 힘이 발생하면서 공기가 움직이거나 떨리기 때문이랍니다. 이러한 공기의 진동은 소리의 파동을 만들어 사방으로 퍼져요. 이 소리의 파동 혹은 진동이 여러분 귀까지 와서 들리는 거예요. 귀의 고막이 떨리거나 앞뒤로 가볍게 움직이면 그 진동이 액체가 들어 있는 좁은 관을 통과해 청신경까지 전달됩니다. 청신경이 뇌에 소리를 전달한 결과 여러분이 소리를 듣게 되는 것이랍니다.

말을 할 때는 목구멍 속의 성대가 진동합니다. 공기가 허파에서 나와 성대를 통과하면서 생기는 힘 때문에 진동이 일어나지요.

이러한 작용을 알고 싶으면 공기를 들이마시면서 크게 소리 내어 말해 보세요. 숨을 들이마시면서 소리를 낼 수는 있지만 제대로 말을 할 수는 없답니다. 궁금하면 당장 해 보세요. 이번 장에서는 소리와 관련한 재미있는 실험을 할 거예요. 소리를 듣는 원리도 배우니 일석이조겠죠?

교과서 3학년 2학기 5단원 소리의 성질 | 핵심 용어 음파 | 실험 완료 □

수다쟁이 종이

종이 두 장으로 수다쟁이를 만들어 보세요.

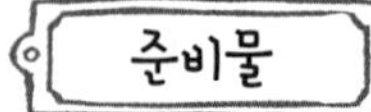

• A4 용지 2장

이렇게 해 보세요

1 종이 2장을 포개어 양손으로 듭니다.

2 아래에 있는 종이는 위에 포갠 종이보다 12mm 정도 더 여러분 앞으로 밀려나오도록 잡고, 종이 두 장 사이를 불어 봅니다.

어떻게 될까요? 종이에서 이상한 시끄러운 소리가 나요. 소리가 나지 않으면 입을 더 가까이 대고 다시 불어 보세요. 종이 두 장 사이를 불면 종이가 위아래로 파르르 떨려요. 그래도 소리가 안 난다고요? 그렇다면 잡은 종이의 위치를 고쳐 잡아 보세요. 종이를 쥔 손을 앞뒤로 움직여도 보고, 입김을 부는 강도도 조절해 보세요. 이렇게 하다 보면 딱 맞는 조합을 발견할 수 있어요. 오래 불면 머리가 어지러우니 입김을 불고 나서는 몇 초간 쉬어 주세요.

왜 그럴까요? 종이가 파르르 떨리면서 생기는 진동이 공기에 전달되어 퍼지는 것을 **음파**라고 해요. 귀까지 전달되면 종이의 수다를 들을 수 있답니다.

교과서 3학년 2학기 5단원 소리의 성질 | 핵심 용어 진동 | 실험 완료 □

셀로판지의 비명 소리

이번엔 소음을 만들어 볼까요?

당기세요

입술은 여기에

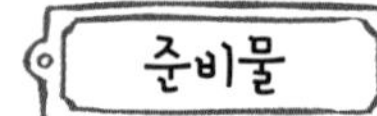

• 셀로판지 (5cm × 5cm)

이렇게 해 보세요

1 셀로판지를 양손의 엄지와 검지로 팽팽하게 잡아당겨 줍니다.

2 그림처럼 셀로판지 바로 앞에 입술을 갖다 대고 빠르고 세게 불어 줍니다. 입은 거의 벌리지 않고 입술을 바짝 붙여서 세찬 바람이 셀로판지 끝에 모이게 하세요.

어떻게 될까요? 세찬 공기가 셀로판지 가장자리에 부딪히면 마치 셀로판지가 비명을 지르는 듯한 소리가 들릴 거예요! 소리가 나지 않으면 셀로판지와 입술의 거리를 이리저리 바꾸어 보세요.

왜 그럴까요? 셀로판지는 매우 얇아서 입술에서 나온 세찬 바람이 셀로판지를 매우 빠르게 진동시켜요. 물체는 빠르게 진동할수록 더 높은 소리를 낸답니다.

교과서 3학년 2학기 5단원 소리의 성질 심화 | **핵심 용어** 음파 | **실험 완료** ☐

풍선 확성기

소리를 더 크게 만들어 주는 큰 확성기를 많이 보았을 거예요. 풍선으로 확성기처럼 소리를 크게 만들 수 있답니다.

준비물

- 풍선 1개

이렇게 해 보세요

1 풍선을 붑니다.

2 바람이 든 풍선을 귀에 갖다 대고 풍선의 반대편을 손가락으로 톡톡 두드립니다. 귀 바로 옆에 풍선이 있으니 터지지 않게 조심하세요.

어떻게 될까요? 실제로 풍선을 손가락으로 치는 것보다 훨씬 큰 소리가 들립니다.

왜 그럴까요? 풍선 안의 공기는 강하게 압축되어 있습니다. 풍선을 불 때, 허파가 공기 압축기 역할을 하면서 압축된 공기가 풍선을 크게 만들었거든요. 공기는 바깥에 있을 때보다 풍선 안에 있을 때 훨씬 밀집해 있어요. 이처럼 풍선 안에 밀집한 공기 분자는 대기 중에 있을 때보다 음파를 더 잘 전달해요.

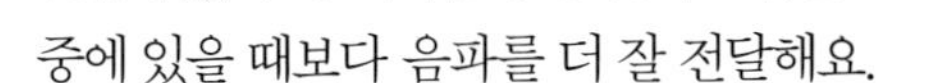

교과서 3학년 2학기 5단원 소리의 성질 | 핵심 용어 음파 | 실험 완료 ☐

숟가락으로 종소리 내기

숟가락으로 종소리를 낼 수 있을지 도전해 볼까요?

준비물

- 가위
- 끈(약 1m)
- 찻숟가락

이렇게 해 보세요

1 끈의 가운데에 찻숟가락의 손잡이를 묶습니다. 아래 그림처럼 손잡이 끝부분보다 약간 아래를 묶으세요.
2 끈의 한끝은 오른쪽 귀, 다른 한끝은 왼쪽 귀 바깥쪽에 각각 대고 누릅니다. 끈을 귓속에 넣지 않도록 주의하세요.
3 끈을 가볍게 흔들어 매달린 찻숟가락이 책상에 부딪치게 합니다. 소리를 잘 들어 보세요.

어떻게 될까요? 숟가락이 책상을 치는 소리가 마치 교회 종소리처럼 들려요.

왜 그럴까요? 숟가락이 책상과 부딪히면 진동하지요. 숟가락과 연결된 끈이 진동을 곧바로 귀에 전달해 깊은 종소리가 들리는 것이지요. 끈이 공기보다 음파를 잘 전달하거든요.

교과서 3학년 2학기 5단원 소리의 성질 | 핵심 용어 음파, 진동 | 실험 완료 ☐

나무 자 확성기

자를 통해 소리를 들어 본 적 있나요? 없다면 지금 들어 보세요!

준비물

- 나무 자
  (또는 나무젓가락)
- 째깍거리는 시계

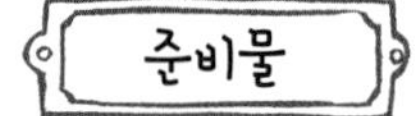

이렇게 해 보세요

1 그림처럼 나무 자의 한끝은 시계에 닿게 하고, 다른 끝은 귀에 갖다 댑니다.

어떻게 될까요? 시계 소리가 그냥 들을 때보다 훨씬 크게 납니다. 같은 방식으로 집 안에 있는 다른 전자제품의 소리도 들어 보세요.

왜 그럴까요? 나무 자가 공기보다 음파를 더 잘 전달하기 때문에 소리가 훨씬 더 크게 들린답니다.

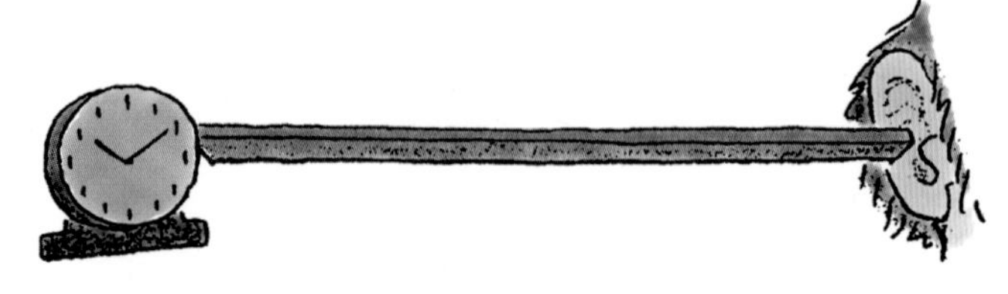

소리가 커지는 나무 책상

손가락으로 책상을 가볍게 톡톡 두드리는 소리를 크게 듣는 방법을 알아봐요.

준비물

- 나무 책상(또는 식탁)
- 의자

이렇게 해 보세요

1 나무 책상 앞에 앉아 책상 위에 귀를 대고 엎드립니다.

2 팔을 뻗어 귀에서 30cm 떨어진 곳을 손가락으로 톡톡 두드립니다. 한 번은 세게 한 번은 약하게 두드려 보세요.

어떻게 될까요? 손가락을 두드리는 소리가 그냥 듣는 것보다 훨씬 크게 들려요.

왜 그럴까요? 소리는 공기뿐만 아니라 식탁이나 책상 같은 고체를 통해서도 전달됩니다. 오히려 나무와 같은 고체는 분자들 사이가 공기보다 더 치밀해 물체의 진동을 더 잘 전달해요. 이런 이유로 손가락을 두드리는 소리가 그냥 공기를 통해 들을 때보다 책상을 통해 들을 때 더 크게 들립니다.

한 걸음 더

더 깊은 종소리 내기

똑같은 실험을 큰 숟가락으로 하고 소리를 들어 보세요. 그 다음에는 음식을 덜 때 쓰는 더 큰 숟가락으로 실험해 보세요. 숟가락의 크기가 커질수록 소리가 훨씬 더 깊어진답니다.

교과서 3학년 2학기 5단원 소리의 성질 | **핵심 용어** 진동 | **실험 완료** ☐

노래하는 사발

진동하는 사발의 소리를 들어 보세요. 친구 한 명이 필요합니다.

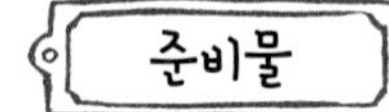

- 큰 페트병
- 사발
- 지우개가 달린 연필

이렇게 해 보세요

1 속이 빈 커다란 페트병을 준비해 식탁에 올려놓습니다.

2 사발을 그림처럼 페트병 위에 엎어 균형을 잡습니다.

3 귀를 사발에 갖다 대고 친구에게 연필 끝에 달린 지우개로 사발의 반대편을 톡톡 두드려 달라고 하세요.

4 이번에는 친구에게 손가락으로 사발을 누른 채 두드리라고 합니다.

어떻게 될까요? 처음에는 경쾌한 소리가 들립니다. 그러나 친구가 손가락으로 사발을 누르고 두드리는 두 번째 실험에서는 소리가 들리지 않습니다.

왜 그럴까요? 소리는 사발이 진동하면서 납니다. 친구가 손가락으로 사발을 누르면 진동이 멈추기 때문에 소리가 나지 않아요.

교과서 3학년 2학기 5단원 소리의 성질 | **핵심 용어** 진동 | **실험 완료** ☐

포크 연주

포크를 피아노처럼 조율할 수는 없지만, 포크로 음을 낼 수는 있어요.

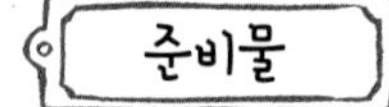

- 끈(1m)
- 포크
- 그릇
- 지우개가 달린 연필

이렇게 해 보세요

1 그림처럼 끈으로 포크의 손잡이 끝쪽을 묶습니다.

2 끈을 당겨 올려 포크가 아래로 매달리게 합니다.

3 그릇 한쪽을 연필로 두드리면서 포크를 내려 포크의 살이 그릇의 맞은편을 살짝 건드리도록 합니다.

어떻게 될까요? 포크가 그릇에 부딪히면 포크 살이 떨리기 시작합니다. 이때 포크 살을 귀에 갖다 대면 음이 들릴 거예요. 친구와 함께 실험을 한다면 친구에게 그릇을 연필로 다시 두드려 보라고 하세요. 그동안 여러분은 포크를 묶은 끈의 다른 끝을 귀 바깥쪽에 대고 들어 보세요. 포크의 음이 더 명확하게 들린답니다.

왜 그럴까요? 포크로 전달된 그릇의 진동을 끈이 귀까지 전해 주어 더 잘 들리게 합니다.

교과서 3학년 2학기 5단원 소리의 성질 | **핵심 용어** 진동 | **실험 완료** ☐

유리컵 조율

포크를 조율할 수는 없지만 유리잔은 어떨까요?

준비물

- 크기가 같은 유리컵 8개
- 물
- 연필

이렇게 해 보세요

1 조리대에 유리컵 8개를 일렬로 늘어놓습니다.
2 서로 물 높이가 다르도록 유리컵에 물을 채웁니다. 아래 그림처럼 오른쪽으로 갈수록 조금씩 물의 양이 많아지도록 하세요.
3 연필로 부드럽지만 확실하게 컵의 옆면을 두드립니다.

어떻게 될까요? 유리컵마다 다른 소리가 들립니다. 물이 많이 든 컵일수록 음이 낮아요. 제일 왼쪽 컵을 음계의 첫 음인 '도'로 가정하고 다음 유리컵을 치세요. '레'처럼 들린다고 생각되면 세 번째 컵을 치세요. '레'로 들리지 않으면 다음 음이 들릴 때까지 물을 더 붓거나 조금 따라 냅니다. 이렇게 여덟 번째 컵까지 물의 양을 조절하면 8음계가 완성됩니다.

왜 그럴까요? 진동 때문에 소리가 난다는 것은 앞에서 배웠죠. 유리컵을 치면 유리컵이 진동합니다. 진동할 유리와 물의 양이 얼마인가에 따라 진동 속도가 달라요. 물이 많을수록 진동 속도가 느리고 음도 더 낮아요.

크기가 다른 유리컵 조율

이제 8개의 크기가 다른 유리컵을 준비합니다. 크기가 다양할수록 좋아요. 유리컵의 음을 결정하는 것은 안에 든 물의 양이라는 것을 잊지 마세요. 크기가 다른 8개의 유리컵에서 8음계가 순서대로 나올 때까지 물의 양을 조절해 보세요.

음파를 눈으로 확인하기

음파를 눈으로 볼 수 있답니다. 하지만 햇빛이 비치는 날에만 가능해요.

준비물

- 빈 깡통
- 풍선
- 가위
- 고무 밴드
- 알루미늄 포일
- 신문지
- 망치
- 풀

양철 깡통을 다룰 때 날카로우니 조심하세요.

잠깐!

이렇게 해 보세요

1. 양철 깡통의 뚜껑과 바닥을 모두 제거합니다. 따뜻한 물과 세제로 깡통을 깨끗이 씻어 내세요.
2. 깡통의 뚫린 면 한쪽을 덮을 풍선 조각이 필요합니다. 풍선을 불어서 가지고 놀다가 늘어나면 깡통 위에 씌우면 되겠죠? 이렇게 하면 다루기가 더 쉽거든요. 풍선의 바람을 빼고 풍선 입구를 가위로 잘라 버린 다음 넓은 부분을 깡통 위에 씌우세요.
3. 깡통에 씌운 풍선 둘레를 고무 밴드로 여러 번 돌려 감습니다. 깡통에서 풍선이 튕겨 나가지 않게 단단히 고정하세요.
4. 알루미늄 포일을 가로세로가 모두 2cm인 정사각형 모양으로 자릅니다. 그림처럼 풀로 포일 조각을 깡통 위에 붙이세요. 이 포일 조각이 반사경 역할을 할 거예요.
5. 창문을 통해 들어오는 햇빛이 포일로 만든 반사경에 비치도록 합니다. 깡통을 움직여 가면서 그림처럼 반사된 빛이 벽에 나타나도록 하세요.
6. 깡통이 뚫린 쪽으로 말을 합니다. 소리도 질러 보세요. 여러 가지 소리를 내면서 반사된 상을 관찰합니다.

어떻게 될까요? 여러분이 내는 소리로 인해 벽에 반사된 상이 움직여요.

왜 그럴까요? 깡통 위에 씌운 풍선이 여러분 목소리의 음파를 전달해요. 풍선과 함께 반사판인 거울도 진동하고, 벽에 비친 상도 함께 움직이는 거랍니다.

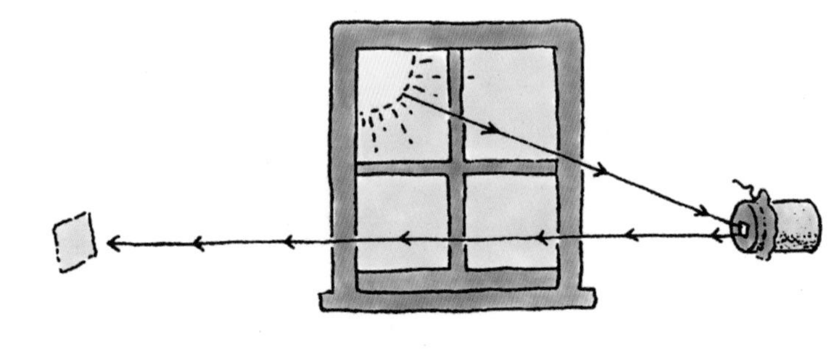

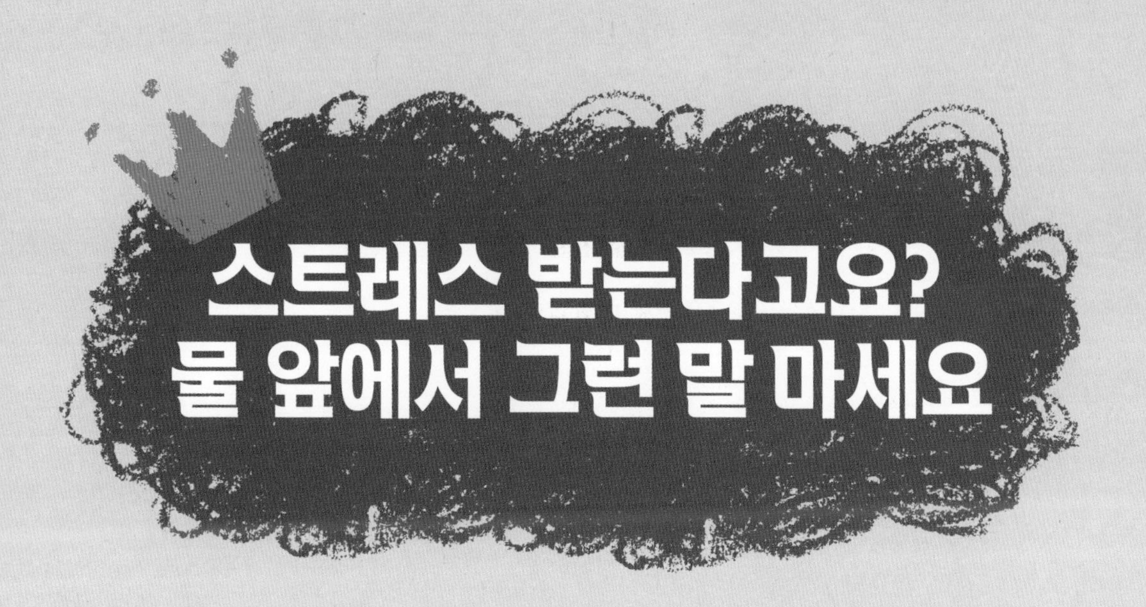

스트레스 받는다고요? 물 앞에서 그런 말 마세요

학교에서 발표를 하기 전에는 보통 긴장하기 마련이에요. 밀린 숙제를 한꺼번에 할 때면 스트레스를 받고요. 그런데 물도 사람처럼 긴장한다는 사실을 알고 있나요? 우리가 스트레스를 받을 때 느끼는 긴장과는 다르지만 물도 긴장한답니다.

물의 긴장은 표면장력이라고 불러요. 표면장력은 물이 표면을 가능한 한 작게 유지하려는 힘을 말해요. 이것은 물을 구성하는 분자들이 서로 끌어당기는 성향이 있기 때문이랍니다.

보통 우리는 호수나 바다의 물 분자가 서로 잡아당겨 물의 표면을 작게 유지하려 한다고 생각하지 않지요. 하지만 컵에 담긴 물에 손가락을 넣거나 수영장에 뛰어들 때 우리가 잘 느끼지는 못해도 표면장력은 분명히 존재해요. 예외가 없지요.

이번 장에서는 물에 대해 몰랐던 몇 가지 사실들을 알아볼 거예요. 표면장력으로 인한 신기한 물의 현상을 알아보는 실험부터 시작할 거예요. 그런 다음 수면 아래의 더욱 재미난 사실을 알아봐요.

움직이는 물

물이 든 유리컵에 손을 대지 않고 물을 움직일 수 있을까요?

준비물

- 유리컵 2개
- 물
- 연필
- 30cm 자

이렇게 해 보세요

1 두 개의 유리컵에 물을 따릅니다.
2 주방의 조리대처럼 편평한 면에 그림과 같이 연필을 놓고 그 위에 자를 얹습니다.
3 물을 채운 컵 2개를 자의 양 끝 위에 각각 올려놓습니다. 손으로 잡았다가 놓으면서 균형을 잡으세요.
4 이제 자 아래에 놓인 연필을 움직여 자의 한쪽 끝이 땅바닥에 닿기 직전까지 기울어지게 합니다.
5 손가락 두 개를 유리컵에 손을 닿지 않도록 물속에 넣습니다.
6 손가락을 물속에 더 깊이 넣습니다.

어떻게 될까요? 손가락이 물속으로 들어가면 유리컵은 아래 그림의 화살표 방향으로 기울어져요. 유리컵에 담긴 물은 손가락이 물에 들어가면 더 높이 올라갑니다.

왜 그럴까요? 손가락이 물속으로 들어가면서 물이 밀려나 수면의 높이가 올라가요. 물의 높이가 올라간 만큼 무게도 그만큼 늘어납니다.

교과서 4학년 2학기 2단원 물의 상태 변화 심화 | 핵심 용어 표면장력 | 실험 완료 ☐

물을 흘리지 않고 넘치게 붓기

컵에 물을 너무 부어서 넘친 경험은 누구나 있을 거예요. 하지만 넘치게 부어도 물 한 방울 흘리지 않게 할 방법이 있답니다.

준비물

- 유리컵
- 물
- 침핀 여러 개

이렇게 해 보세요

1. 조리대나 싱크대 위에서 유리컵에 물이 가득 차도록 붓습니다.
2. 침핀을 물 위에서 들고 뾰족한 끝이 물 표면에 살짝 닿게 합니다.
3. 침핀을 뾰족한 끝부터 물속으로 미끄러져 들어가게 놓습니다.
4. 침핀을 하나 더 넣습니다. 이렇게 침핀을 하나씩 넣으면서 침핀을 몇 개나 넣어야 물이 넘칠지 알아보세요.

어떻게 될까요? 생각보다 훨씬 많은 침핀이 들어갑니다. 옆에서 컵을 보면 컵에 담긴 물의 표면이 유리컵보다 높게 볼록 솟아 있습니다.

왜 그럴까요? 물의 성분이 서로 끌어당기며 붙어 있으려는 표면장력 때문에 침핀이 생각보다 많이 들어가도 물이 넘치지 않아요. 물의 표면이 둥근 것도 표면의 넓이를 가장 작게 만들려는 표면장력 때문입니다.

교과서 4학년 2학기 2단원 물의 상태 변화 심화 | 핵심 용어 표면장력 | 실험 완료 □

물 위의 코르크 마개 움직이기

코르크 마개에도 고집이 있을까요? 말을 듣지 않는 고집쟁이 코르크 마개를 만나 보세요.

준비물

- 코르크 마개
- 유리컵
- 물
- 찻숟가락

이렇게 해 보세요

1 유리컵에 물을 가득 따릅니다.

2 유리컵 속에 코르크 마개를 띄웁니다. 그러면 곧 코르크 마개가 유리컵의 한쪽으로 밀려 갈 거예요.

3 코르크 마개를 손으로 건드리거나 꺼내지 않고 컵에 담긴 물의 중앙에 떠 있게 만들어 보세요. 입으로 불어 중앙에 가도록 해도 되지만 불기를 멈추어도 그 자리에 머물러 있어야 해요. 물 표면 한쪽에 머무르려는 코르크 마개를 가운데로 오도록 할 수 있을까요?

어떻게 될까요? 고집쟁이 코르크 마개가 말을 듣게 하는 방법은 다음과 같아요. 한 번에 한 숟가락씩 천천히 유리컵에 물을 부으세요. 결국 표면장력으로 인해 물이 유리컵 위로 솟아올라요. 물이 컵 위로 충분히 솟아오르면 코르크 마개가 유리컵 중앙으로 가 멈춥니다.

왜 그럴까요? 코르크 마개는 가벼워서 물의 표면장력을 깨뜨리지 못하고 떠 있습니다. 컵에 물을 조금씩 더 넣으면 물의 표면장력이 세져서 표면장력이 가장 센 지점으로 코르크 마개가 끌려갑니다. 표면장력이 세질 때 물은 볼록하게 솟아오르는데, 옆에서 보았을 때 가장 높은 부분에 힘이 가장 크게 작용하기 때문에 코르크가 물 한가운데로 가서 멈추는 것이지요.

물 위에서 모양을 바꾸는 실 고리

물의 표면장력을 바꾸면 이상한 일들이 꼬리에 꼬리를 물고 생긴답니다.

준비물

- 큰 사발
- 물
- 실(약 30cm)
- 비누

이렇게 해 보세요

1 사발에 물을 가득 채웁니다.
2 실 끝을 다른 끝에 걸쳐 고리 모양을 만들되 매듭을 짓지는 않습니다.
3 실 고리를 조심스럽게 물 위에 올려놓으세요. 그림처럼 고리 모양을 길쭉하게 만들어요.
4 비누 끝을 실 고리 안의 물에 살짝 적십니다.

어떻게 될까요? 고리가 비누를 중심으로 커져서 둥그런 원을 만듭니다.

왜 그럴까요? 비누에는 계면활성제가 들어 있어서 물의 표면장력을 깨뜨립니다. 실 고리 안의 물은 비누가 닿아 표면장력이 약해졌지만 실 고리 밖의 물은 여전히 표면장력이 작용합니다. 실 고리 안의 표면장력이 줄어들면서 실 고리 사이도 벌어집니다. 그 결과 실 고리가 비누 주위에서 둥그런 원을 만들어요.

교과서 4학년 2학기 2단원 물의 상태 변화 심화 | 핵심 용어 표면장력 | 실험 완료 ☐

체에 물을 담는 방법

체에 물을 부으면 쏟아져 내릴 거예요. 그런데 체에 물을 담는 방법이 있답니다.

준비물

- 작은 체
- 식용유
- 빈 그릇
- 물이 든 유리컵

이렇게 해 보세요

1 체에 식용유가 고루 묻게 합니다. 식용유를 그릇에 붓고 체를 담가 휘휘 저으면 돼요.

2 체를 그릇에 가볍게 털어 여분의 기름을 제거합니다.(다음 실험에 다시 사용할 테니, 사용한 식용유는 버리지 마세요.)

3 싱크대 위에서 유리컵에 든 물을 체에 아주 천천히 따릅니다.

어떻게 될까요? 물을 천천히 따르면 체에 물이 차기 시작해요. 자세히 보면 작은 물방울들이 맺혀 체 사이로 빠져나가려 하지만 거의 내려가지 못하는 것을 알 수 있답니다.

왜 그럴까요? 식용유가 체에 코팅을 해 표면을 매끄럽게 만들어요. 식용유에 담갔다 꺼낼 때 털어 냈지만 남은 식용유가 체에 묻어 그물망 사이를 더 좁혀 줍니다. 물방울은 표면장력 때문에 식용유가 좁힌 그물망 사이를 통과하지 못한답니다.

교과서 4학년 1학기 5단원 혼합물의 분리 | 핵심 용어 물과 기름 | 실험 완료 □

식용유와 물의 위치 바꾸기

컵에 담긴 식용유를 쏟아붓지 않고도 다른 컵에 담긴 물과 위치를 바꿀 수 있을까요? 도와줄 친구 한 명만 있으면 가능하답니다.

준비물

- 크기가 같은 유리컵 2개
- 과자 상자
- 가위
- 물
- 식용유
- 쟁반

이렇게 해 보세요

1 과자 상자를 가로세로가 모두 10cm인 정사각형 모양으로 자릅니다. 컵의 입구를 덮었을 때 가장자리마다 2cm 여유가 남도록 넉넉히 자르세요.

2 유리컵 하나에는 물을, 다른 컵에는 식용유를 가득 따릅니다. 혹시 쏟을 수도 있으니 컵 두 개를 모두 쟁반에 올리고 실험하세요.

3 잘라 놓은 상자 조각으로 물이 든 컵을 막습니다. 종이를 움직이지 않게 잘 잡고 그림처럼 뒤집으세요.

4 식용유가 든 컵 위에 뒤집힌 컵과 입구를 막은 종이가 움직이지 않게 잘 잡고 얹습니다. 종이가 미끄러지지 않게 조심해서 옮기세요!

5 이제 두 컵이 옆으로 미끄러지지 않도록 손으로 잘 잡아 줄 친구가 필요해요. 친구에게 두 컵을 잡아 달라고 부탁한 뒤 천천히 종이를 옆으로 잡아당깁니다. 위아래 컵의 입구가 정확히 맞물릴 때까지 종이를 밀어냅니다. 물이 좀 새도 괜찮아요. 두 컵의 액체가 서로 만날 수 있도록 종이를 아주 천천히 잡아당기세요. 완전히 빼내지는 말고요.

어떻게 될까요? 식용유 몇 방울이 물이 든 컵으로 솟구쳐 올라가요. 기름방울들은 물이 든 컵 위로 올라가 층을 만들지요. 종이를 조금 더 당기면 갑자기 기름 기둥이 위로 솟구치면서 물이 든 컵 속으로 들어가는 것을 볼 수 있어요. 동시에 물은 기름 컵의 빈자리를 찾아 내려옵니다. 1분도 안 되어 위의 컵은 식용유, 아래 컵은 물로 그 내용물이 완전히 뒤바뀝니다.

왜 그럴까요? 물은 기름보다 무겁기 때문에 아래로 내려오면서 더 가벼운 식용유가 위로 밀려 올라가요. 물과 기름이 섞이지 않고 늘 기름이 물 위로 뜨는 것도 이런 이유랍니다.

물 위에서 도망가는 베이비파우더

매가 참새 떼에게 달려드는 바람에 참새 떼가 깜짝 놀라 흩어지는 것을 본 적 있나요? 이 실험에서는 여러분의 손가락과 베이비파우더를 매와 참새에 비유해 볼게요.

준비물

- 큰 접시
- 물
- 베이비파우더
- 비누

이렇게 해 보세요

1. 식탁 위에 큰 접시를 놓고 거의 가득 찰 만큼 물을 붓습니다.
2. 물이 잔잔해지면 베이비파우더를 약간 집어 물 위에 솔솔 뿌립니다. 이 베이비파우더 입자들은 참새 역할을 할 거예요.
3. 손가락 끝에 비누를 살짝 묻히고 물 표면 한가운데를 비누 묻은 손가락으로 톡 건드립니다. 이때 여러분의 손가락은 '매' 역할을 해요.

어떻게 될까요? 물에 비누 묻은 손가락 끝이 닿자마자 베이비파우더 입자들이 참새들이 사방으로 도망가듯이 흩어집니다.

왜 그럴까요? 비누 속에 있는 계면활성제가 물의 표면장력을 약하게 만들었기 때문입니다. 표면장력이 약해진 물이 접시 가장자리로 밀려나면서 베이비파우더가 함께 움직인 거랍니다.

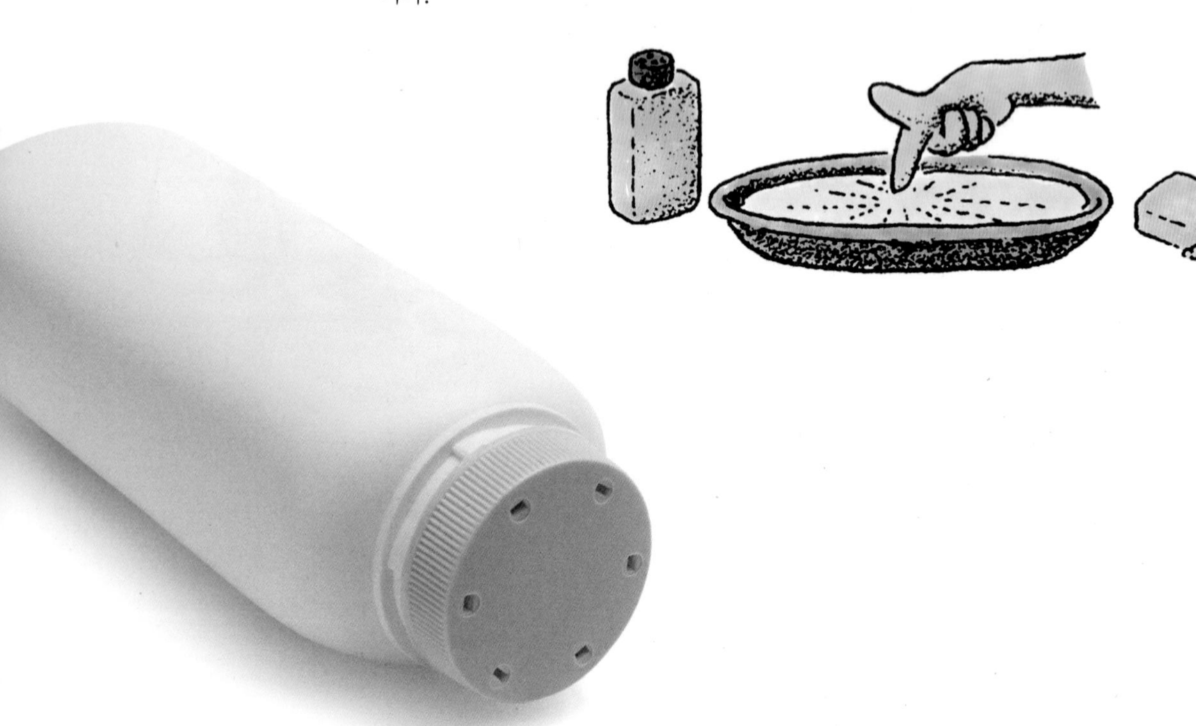

교과서 4학년 1학기 4단원 물체의 무게 심화 | 핵심 용어 무게 | 실험 완료 □

신개념 저울

물을 저울로 쓴다고요? 이 실험으로 직접 알아보세요.

준비물

- 큰 그릇
- 쟁반
- 물
- 사과(또는 오렌지 등의 과일)
- 계량컵

이렇게 해 보세요

1. 그릇을 쟁반에 놓고 그릇에 물이 가득 차도록 붓습니다.
2. 사과나 오렌지를 물이 든 그릇 속에 넣습니다.
3. 물이 넘쳐서 쟁반에 쏟아집니다.
4. 물이 든 그릇을 쟁반 밖으로 조심스럽게 꺼냅니다.
5. 쟁반에 넘친 물을 계량컵에 따릅니다.
6. 컵의 눈금을 읽어 물의 양이 몇 mL나 되는지 확인합니다.

어떻게 될까요? 쏟아진 물의 양으로 과일의 무게를 알 수 있어요.

왜 그럴까요? 넘친 물은 과일 때문입니다. 물속에 들어간 물체로 인해 넘친 물의 양은 그 물체의 무게와 같답니다.

위대한 물의 탈출

물은 위에서 아래로만 흐른다고 들었죠? 이 실험을 통해 물도 잘 달래면 아래에서 위로 흐를 수 있다는 것을 알아봐요. 물이 흐를 수도 있으니 부엌의 싱크대에서 하는 것이 좋아요.

준비물

- 유리컵
- 물
- 사발
- 키친타월 2장

이렇게 해 보세요

1 유리컵에 물이 가득 차도록 붓고, 컵 옆에 사발을 놓습니다.

2 키친타월 두 가닥을 단단히 꼬아서 물을 흡수할 수 있도록 심지를 만듭니다.

3 한쪽은 유리컵의 물속에 담가 두고 다른 한쪽은 그림처럼 사발에 넣어 둡니다.

어떻게 될까요? 1~2분 만에 심지가 젖어 유리컵에서 물이 빨려 올라가는 것이 보일 거예요. 몇 분 후면 사발 바닥에 물이 조금 고여요. 하지만 물이 유리컵에서 사발로 흘러가는 것은 아니에요. 스며 나오는 것이지요. 시간을 두고 가끔씩 진행 상황을 관찰하세요.

사발에 고인 물의 높이가 유리컵에 남은 물의 높이와 거의 비슷해지면, 물은 이동을 멈춥니다. 유리컵을 사발보다 높은 곳에 두면 물을 거의 다 이동시킬 수 있어요.

왜 그럴까요? 양초의 심지가 녹은 양초를 위로 빨아들여 그 끝에 불꽃이 타게 만드는 것처럼 물도 심지를 따라 올라가요. 키친타월의 조직 사이에는 수천, 아니 수백만 개의 작은 구멍들이 있습니다. 이 구멍으로 물이 들어가서 꼬인 심지를 따라 이동합니다. 이를 **모세관 현상**이라고 해요. 식물의 뿌리가 수분을 빨아들여 온몸에 보내는 것도 같은 원리랍니다.

교과서 6학년 1학기 4단원 식물의 구조와 기능 심화 | 핵심 용어 모세관 현상 | 실험 완료 ☐

물을 먹고 키가 자라는 판지

네모나게 자른 판지를 깡통에 가득 넣으면 무거운 나무판을 받칠 수 있을까요?

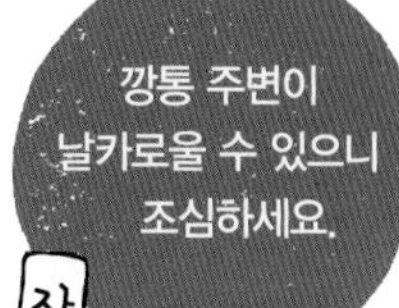

- 빈 깡통
- 빈 과자 상자 2~3개 (또는 판지 몇 장)
- 가위
- 물
- 주방세제
- 60cm 길이의 나무판(또는 오래된 잡지)

깡통 주변이 날카로울 수 있으니 조심하세요.

잠깐!

이렇게 해 보세요

1 비눗물로 빈 깡통을 깨끗이 씻습니다. 깡통의 날카로운 부분에 베이지 않게 조심하세요.
2 상자를 잘라서 깡통 위까지 가득 차도록 충분히 쌓습니다. 상자는 그림처럼 깡통보다 조금 작게 자르는 것이 더 빠르고 편리해요.
3 상자 조각이 깡통에 가득 차면 깡통에 물을 채웁니다.
4 깡통을 채운 물에 주방세제를 약간 넣습니다. 1~2분 정도 경과한 뒤 수면이 2.5cm 정도 줄어든 것을 볼 수 있어요. 이것은 물이 판지 속으로 스며들어서랍니다.
5 줄어든 양만큼 물을 더 부어서 다시 깡통을 가득 채웁니다.
6 판지 기둥을 눌러 봅니다. 아마 몇 개 더 넣을 수 있을 거예요.
7 이제 나무판을 깡통 위에 올려 봅니다.

어떻게 될까요? 곧 나무판이 위로 솟아오를 것입니다. 나무판이 멈추면 잠시 나무판을 치우고 다시 판지를 눌러 보세요. 안 되는 건 아니지만 꽤 힘이 들 거예요!

왜 그럴까요? 모세관 현상 때문에 물이 판지 조각으로 스며들었기 때문이에요. 판지 조각 한 장 한 장이 물을 먹게 되면 조금 더 두꺼워져요. 그래서 나무판이 위로 들리는 것이지요.

줄어드는 화장지

화장지가 저절로 줄어들지는 않겠지요? 그런데 그런 일이 생긴답니다. 이 실험으로 알아보세요.

준비물

- 유리컵
- 물
- 화장지 6장
- 연필

이렇게 해 보세요

1. 유리컵이 위에서 1cm만 남도록 물을 채웁니다.
2. 휴지 6장을 각각 4cm 폭으로 찢습니다. 그림처럼 점선 부분을 따라 찢으세요. 비뚤게 찢어져도 상관없어요.
3. 물이 담긴 컵에 찢은 휴지 조각을 한 장씩 넣습니다. 연필로 휴지 조각을 눌러가며 차곡차곡 쌓으세요.

어떻게 될까요? 작은 공기 방울이 물속에 하나 둘 생기는 것을 볼 수 있습니다. 이것은 휴지를 물속에 넣을 때 함께 들어간 공기인데, 연필로 화장지를 꾹꾹 누르면 갇혀 있던 공기가 밀려 나옵니다. 그러면 휴지를 더 많이 넣을 수 있어요.

왜 그럴까요? 화장지처럼 흡수력이 매우 높은 물체는 자체의 고체 성분이 매우 적어 속이 거의 공기로 차 있답니다. 그 상태에서 공기를 빼면 남은 부피가 얼마 되지 않아요. 그래서 물컵에 그렇게 많은 휴지가 들어가는 거랍니다. 소독용 솜도 마찬가지 현상을 보입니다.

교과서 6학년 1학기 4단원 식물의 구조와 기능 심화 | 핵심 용어 모세관 현상 | 실험 완료 □

움직이는 성냥

나무로 만든 성냥이 왜 갑자기 움직이는 걸까요?

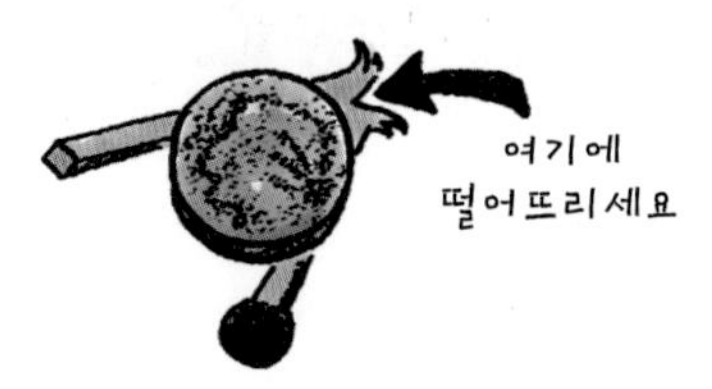

준비물

- 나무 성냥
- 동전
- 물
- 숟가락

이렇게 해 보세요

1 나무 성냥의 가운데 부분을 동강이 나지 않도록 꺾어 주세요.

2 동전을 성냥 위에 걸쳐 놓고, 물 1큰술을 그림의 화살표 위치에 떨어뜨립니다.

어떻게 될까요? 물을 떨어뜨리자마자 성냥이 벌어지면서 얹어둔 동전이 움직여 책상 위로 떨어집니다.

왜 그럴까요? 물 때문에 성냥의 섬유질이 벌어지거나 부풀어서 동전이 움직였어요. 친구에게 멋진 마술로 자랑하고 싶으면 성냥을 병 입구에 걸치세요. 병 입구는 동전 크기보다 커야 해요. 그러면 성냥이 움직일 때 동전이 병 속으로 쏙 들어간답니다. 아까보다 멋진 장면을 연출할 수 있죠.

교과서 6학년 1학기 3단원 여러 가지 기체 심화 | 핵심 용어 이산화탄소, 부력 | 실험 완료 □

사이다 속에서 춤추는 단추

액체가 든 유리컵 속에서 단추가 오르락내리락 춤추는 모습을 한번 볼래요?

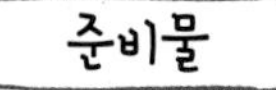

- 셔츠 단추(지름 18mm 이하의 단추)
- 유리컵
- 사이다

이렇게 해 보세요

1 유리컵에 사이다를 10cm 높이로 붓습니다.

2 단추를 컵 속에 떨어뜨립니다.

3 단추가 사이다 위에 뜨면 손가락으로 톡 쳐서 밀어 내립니다.

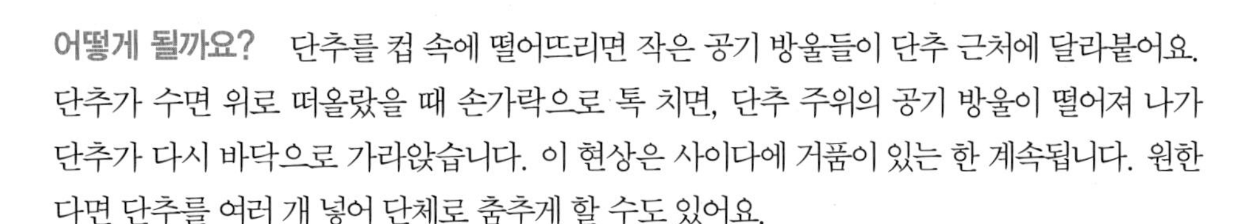

어떻게 될까요? 단추를 컵 속에 떨어뜨리면 작은 공기 방울들이 단추 근처에 달라붙어요. 단추가 수면 위로 떠올랐을 때 손가락으로 톡 치면, 단추 주위의 공기 방울이 떨어져 나가 단추가 다시 바닥으로 가라앉습니다. 이 현상은 사이다에 거품이 있는 한 계속됩니다. 원한다면 단추를 여러 개 넣어 단체로 춤추게 할 수도 있어요.

왜 그럴까요? 단추에 붙은 공기 방울은 이산화탄소인데, 이 기체 때문에 사이다에 거품이 생긴답니다. 공기 방울이 단추에 달라붙으면 단추가 부력이 커져서 물 위로 떠오르지요.

뒤집혀도 쏟아지지 않는 물병

병을 뒤집는 것은 식은 죽 먹기죠. 하지만 물이 쏟아지지 않게 병을 뒤집을 수 있는 사람은 몇 명이나 될까요? 이 실험은 최소한 세 개의 손이 동시에 필요합니다. 여러분 손이 세 개가 아닌 이상, 도와줄 친구 한 명은 필요하겠죠?

준비물

- 입구와 목이 좁은 작은 병
- 물
- 작은 체
- 부드러운 철사나 고무 밴드(약 15cm)

이렇게 해 보세요

1 물을 병 끝까지 채웁니다.

2 병의 입구를 망이나 체로 막습니다. 망이면 철사나 고무 밴드로 고정하고, 체는 입구에 꼭 대기만 해도 돼요. 이때 친구의 손이 필요하답니다.

3 망이나 체의 입구를 꼭 막은 다음 재빨리 병을 뒤집습니다.

어떻게 될까요? 물이 쏟아지지 않습니다.

왜 그럴까요? 병 가득히 물을 채웠기 때문에 물을 밀어 낼 공기가 병 속에 들어 있지 않습니다. 공기 압력이 망이나 체로 인해 병의 아래에서 위로 가해지는 데다 표면장력 때문에 물이 쏟아지지 않아요.

빛과 공기의 팽창

빛은 매우 빠른 속도로 뻗어 나갑니다. 빛의 속도가 초당 약 30만km나 돼요. 이 속도가 어느 정도일까요? 지구에서 약 1억 5,000만km 떨어져 있는 태양의 빛이 지구에 도달하는 데 8분이면 된다니, 그 놀라운 속도를 짐작하겠죠?

빛은 직진하지만 구부러질 수 있어요. 이를 빛의 굴절이라고 하지요. 빛은 물을 통과하거나 풀밭을 지날 때 꺾이고, 물이나 풀밭을 나오면 다시 직진하지요. 그런데 물이나 풀밭을 지나기 전과는 달리, 꺾인 각도로 직진해요.

빛은 전기와 같이 인공적인 수단으로 만들 수도 있지만 빛의 주된 근원은 태양이에요. 태양의 엄청난 열 때문에 빛이 생기지요. 그래서 빛은 열과 관련이 있어요. 양초 심지가 뜨겁게 타면 촛불 같은 빛이 나고, 빛이 나는 전구에 손을 대지 않고 가까이에만 두어도 따뜻하게 느껴지는 것도 이런 이유예요.

물체를 충분히 가열하면 상태가 변해요. 예를 들어 야채를 가열하면 부드러워지고, 얼음은 녹고 물은 끓습니다. 또한 공기를 포함한 여러 물질은 가열되면 팽창해요. 이번 장의 몇 가지 실험은 공기의 팽창에 대한 실험입니다.

교과서 6학년 1학기 5단원 빛과 렌즈 심화 | 핵심 용어 빛의 굴절, 무지개 | 실험 완료 ☐

햇빛에서 무지개 색 찾기

태양 광선을 분산 혹은 분리하면 갑자기 무지개 색이 나타나요.
햇볕이 내리쬐는 날에는 단 2분이면 무지개를 만들 수 있답니다.

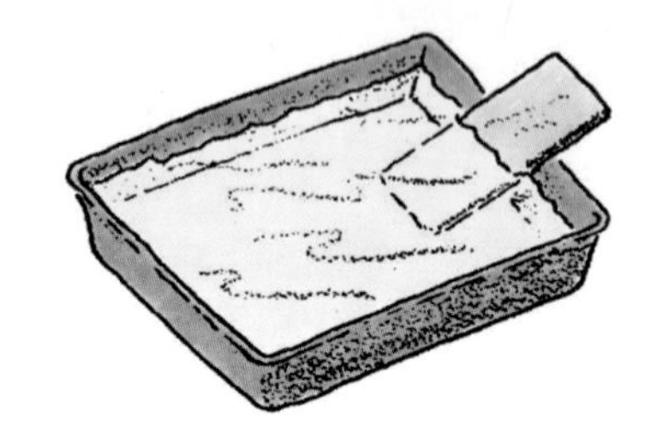

준비물

- 대야(깊이 4cm 이상)
- 물
- 작은 거울
- 흰 종이

이렇게 해 보세요

1. 쟁반에 약 2.5cm 높이로 물을 채웁니다. 실험 장소로 실내나 실외 모두 좋지만 직사광선이 가득 내리쬐는 곳에 쟁반을 두세요.
2. 쟁반의 한쪽에 거울을 그림처럼 비스듬히 세웁니다. 흰 천장이나 벽 또는 흰 종이에 거울의 빛이 반사되도록 조정합니다. 바깥이라면 흰 종이를 써야겠지요?

어떻게 될까요? 천장, 벽 또는 흰 종이에 빨강, 주황, 노랑, 초록, 파랑, 남색, 보라색이 비쳐요. 일곱 가지 무지개 색을 볼 수 있답니다.

왜 그럴까요? 일곱 가지 무지개 색은 모두 태양빛에 들어 있어요. 거울에 반사된 햇빛은 물 때문에 꺾입니다. 햇빛 속의 광선은 색깔별로 서로 다른 각도로 꺾이기 때문에 무지개 색으로 보이는 거랍니다. 우리가 보는 물체의 색도 반사된 빛이 만들어 내는 거예요.

교과서 4학년 2학기 3단원 그림자와 거울, 6학년 1학기 5단원 빛과 렌즈 | 핵심 용어 빛의 반사 | 실험 완료 ☐

숟가락으로 내 모습 뒤집기

숟가락이 여러분을 뒤집을 수 있을까요?
이 실험은 어린 동생을 깜짝 놀라게 하기에 제격이랍니다.

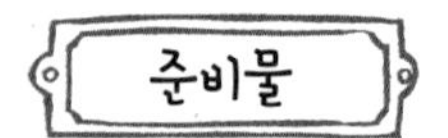

- 쇠 숟가락

이렇게 해 보세요

1. 여러분의 모습이 비치도록 숟가락을 들어서 봅니다. 숟가락의 오목한 면은 재미있는 거울이 된답니다.

어떻게 될까요? 숟가락을 보면 여러분 모습이 거꾸로 보여요. 숟가락을 움직여 다른 물체들도 비춰 보세요. 마찬가지로 뒤집혀 보일 거예요.

왜 그럴까요? 빛은 직진합니다. 반사할 때도 직선으로 움직여요. 하지만 곡면을 만나면 빛은 서로 다른 각도로 반사돼요. 위 그림은 이러한 빛의 현상이 숟가락에서 어떻게 나타나는지를 보여줘요. 여러분의 모습은 서로 다른 각도로 반사된 빛 때문에 뒤집혀 보인답니다.

교과서 6학년 1학기 5단원 빛과 렌즈 심화 | 핵심 용어 빛의 굴절 | 실험 완료 ☐

물방울 돋보기

작은 물방울이 돋보기가 될 수 있답니다. 이 돋보기로 책을 읽을 수는 없겠지만 한 글자씩 확대해서 볼 수는 있어요.

준비물

- 클립
- 펜치
- 물이 든 유리컵
- 신문지

이렇게 해 보세요

1 클립을 펴서 아래 그림처럼 한끝을 최대한 동그란 모양의 작은 고리로 만듭니다. 손으로 클립의 한끝만 미세하게 구부리기는 어려우니 펜치를 이용하면 편리해요. 고리는 지름이 3mm 정도 혹은 조금 더 커도 돼요.

2 클립을 구부려 만든 고리를 물컵에 담급니다. 물의 막이 고리 안을 채운 것을 볼 수 있어요. 클립을 유리컵에 대고 톡톡 쳐서 여분의 물을 털어 내면 매우 작은 물방울이 맺혀요.

3 고리에 생긴 물방울 렌즈를 통해 신문지의 글자를 봅니다.

어떻게 될까요? 실험이 잘 되었다면 보이는 글자가 실제보다 몇 배 더 커 보여요. 만약 글자가 실제보다 더 작아 보인다면 물이 잘못 맺힌 거예요. 이럴 경우에는 클립 고리를 유리컵에 쳐서 물을 털어 내고 다시 담가 물이 맺히게 합니다.

왜 그럴까요? 아래 그림은 빛이 어떻게 물 렌즈를 통과하는지를 보여 주는 그림입니다. 빛은 클립에 맺힌 물 렌즈를 만나면 구부러질 수는 있지만 렌즈에 들어오고 나갈 때는 항상 직선으로 이동한다는 사실을 기억하세요.

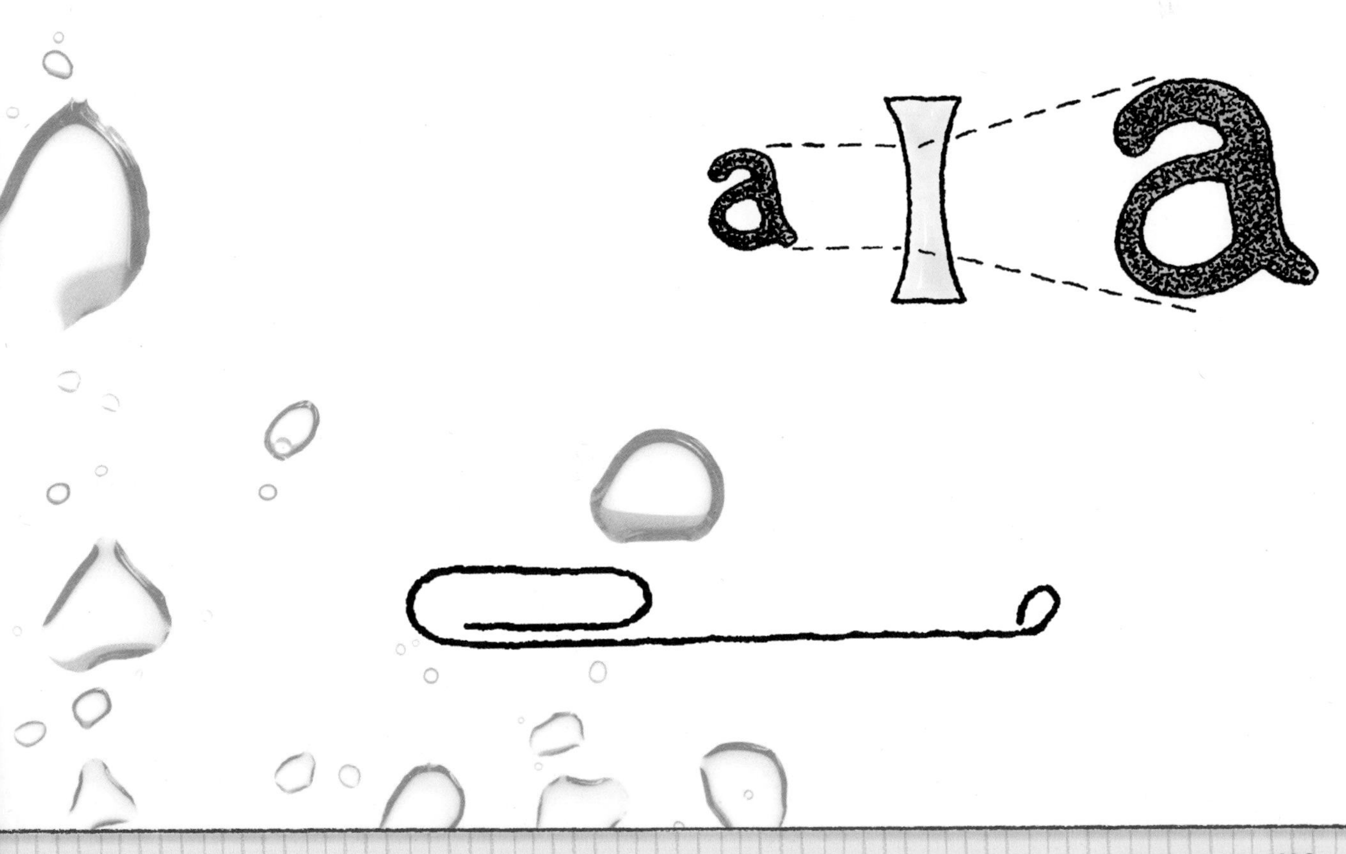

포일에서 사라진 내 모습

여러분의 모습이 1분간 비쳤다가 사라지는 실험입니다.

준비물

- 포일(폭 25cm)
- 가위

이렇게 해 보세요

1 가위로 포일을 잘라 냅니다. 포일 상자의 톱니에 대고 찢지 마세요. 주름이 지지 않도록 조심해서 잘라 내세요.

2 포일의 반짝이는 면에 여러분 모습을 비춰 봅니다. 여러분 모습이 흐릿하게 비칠 거예요.

3 포일을 그림처럼 손으로 가볍게 구깁니다. 다시 펴야 하니까 너무 세게 구기지는 마세요.

4 구겼던 포일을 다시 펴 줍니다.

5 포일에 다시 여러분 모습을 비춰 봅니다.

어떻게 될까요? 포일을 아무리 뒤집어 봐도 모습이 비치지 않습니다. 여러분의 모습이 사라졌어요!

왜 그럴까요? 빛은 물체에서 반사될 때 항상 직선으로 움직인다는 사실을 기억하죠? 아까 매끈했던 포일의 표면은 이제 울퉁불퉁 굴곡이 졌어요. 그래서 포일에 닿은 빛은 사방으로 반사됩니다. 매끄러운 표면에서 빛이 직선으로 반사되면서 보였던 모습은 이제 굴곡진 면에서 여러 다른 각도로 반사되기 때문에 사라진 것이랍니다.

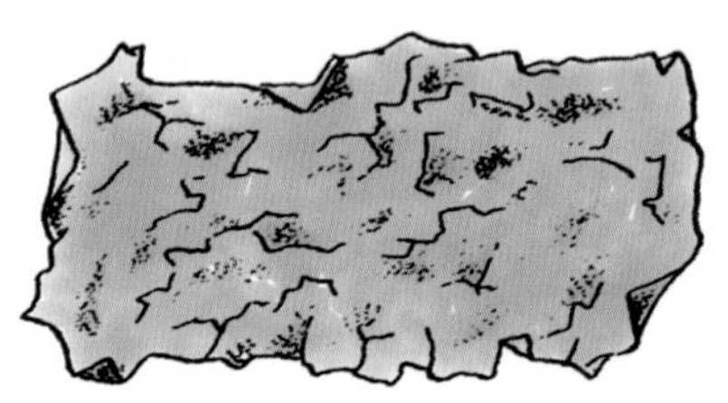

교과서 4학년 1학기 5단원 혼합물의 분리 심화 | 핵심 용어 분자 | 실험 완료 □

뜨거운 물이 새는 속도

가끔 수도꼭지를 꽉 잠그지 않아서 물이 샐 때가 있죠? 그런데 만약 뜨거운 물이 늘 샌다면 어떻게 될까요?

준비물

- 종이컵 2개
- 침핀
- 작은 유리컵 2개
- 물
- 얼음

이렇게 해 보세요

1. 2개의 종이컵 바닥 정중앙에 각각 침핀으로 작은 구멍을 같은 크기로 뚫어 줍니다.
2. 종이컵을 각각 유리컵 위에 올립니다.
3. 종이컵 하나에 찬물을 절반쯤 채우고 얼음 몇 조각을 넣어 물을 더 차갑게 만듭니다. 다른 컵에는 뜨거운 물을 절반쯤 채우세요.
4. 이제 편안히 앉아서 구멍을 통해 물이 새는 속도를 관찰합니다. 같은 시간 동안 유리컵에 떨어진 물의 양을 비교하세요.

어떻게 될까요? 구멍의 크기를 같게 뚫었다면 뜨거운 물이 찬물보다 더 빨리 새는 것을 볼 수 있어요. 사실 찬물이 정말 차다면 아예 새지 않아요.

왜 그럴까요? 뜨거운 물의 분자는 찬물보다 훨씬 활발하게 움직여요. 물 분자들이 더 활발히 움직일수록 분자끼리 잘 미끄러지기 때문에, 뜨거운 물이 찬물보다 더 잘 새는 거랍니다. 만약 뜨거운 물이 수도꼭지에서 늘 샌다면, 찬물이 샐 때보다 훨씬 많은 수도 요금이 나오겠죠? 그러니 찬물이든 뜨거운 물이든 새지 않게 늘 주의하세요!

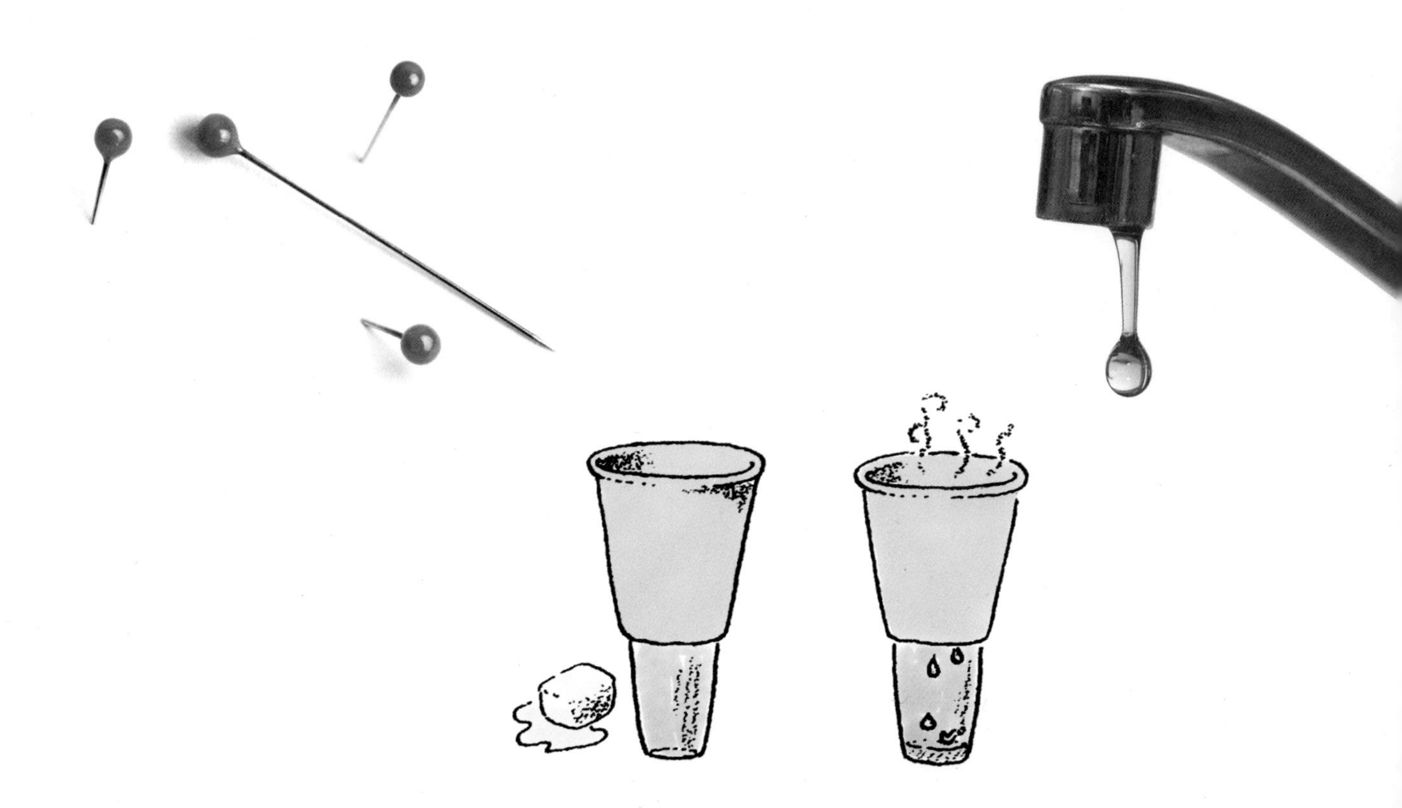

해저 분수

뜨거운 물이 갑자기 찬물 아래에 나타나면 무슨 일이 벌어질까요?

준비물

- 냄비
- 찬물
- 작은 유리병
- 뜨거운 물
- 구슬(또는 볼트나 너트)
- 수채화 물감 (또는 식용 색소)

이렇게 해 보세요

1. 냄비에 거의 가득 찬물을 채웁니다. 관찰하기 편하도록 유리 냄비이면 더 좋고, 찬물은 더 차가울수록 좋아요.
2. 작은 유리병에 $\frac{3}{4}$ 정도 높이까지 뜨거운 물을 채웁니다.
3. 병 속에 깨끗한 구슬 2개를 넣습니다. 유리병을 냄비 속에 넣었을 때 뜨지 않게 하기 위해서입니다.
4. 병 속에 수채화 물감을 두세 방울 떨어뜨립니다.
5. 병을 냄비에 바로 넣고 옆에서 냄비 속을 관찰합니다.

어떻게 될까요? 마치 해저 화산이 폭발하는 것처럼, 색소가 든 물이 병에서 나와 차가운 물의 표면에 퍼져요. 병 속에 든 물이 식으면 색소가 엷어지면서 냄비 바닥으로 내려옵니다.

왜 그럴까요? 뜨거운 물의 분자는 빠르게 움직이기 때문에 위로 올라와요. 물 분자들이 활발하게 움직이면서 물도 팽창해요. 물이나 공기가 팽창하면 부피가 커지기 때문에 밀도는 낮아집니다. 이러한 팽창 때문에 따뜻한 물이나 공기는 차갑고 밀도가 높은 공기나 물보다 위로 올라갑니다. 이것을 **대류** 현상이라고 불러요.

교과서 4학년 2학기 2단원 물의 상태 변화, 5학년 1학기 2단원 온도와 열 | 핵심 용어 압력, 열 | 실험 완료 ☐

잘라도 여전히 하나인 얼음

얼음을 두 동강 내야 한다면, 불가능해 보이는 이 방법은 어떨까요?

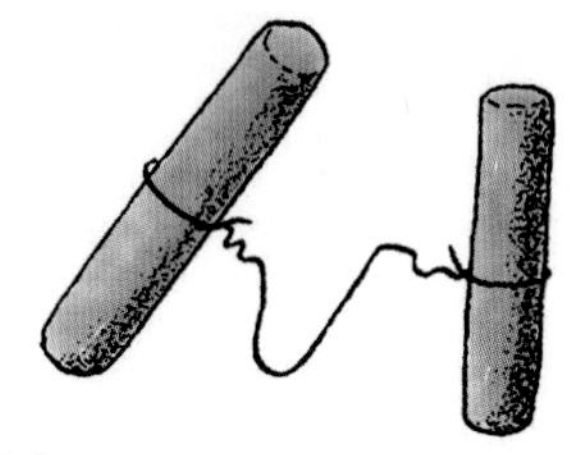

준비물

- 얇은 철사
- 나무젓가락 2개
- 얼음
- 도마

이렇게 해 보세요

1. 철사의 끝이 움직이지 않게 나무젓가락 2개에 단단히 묶어 줍니다.
2. 이 나무젓가락은 얼음을 자를 때 쓸 손잡이랍니다. 완성된 모양은 그림과 같습니다.
3. 일어선 상태에서 힘을 가할 수 있게 얼음을 높고 단단한 도마 위에 올려 준비하세요.
4. 도마나 깡통 위에 얼음을 올린 다음 나무젓가락을 양손에 잡고 힘주어 아래로 밀어 줍니다. 아래로 힘을 계속 가하면서 철사를 마치 톱질하듯 위아래로 움직이세요.

어떻게 될까요? 몇 초 안에 철사가 서서히 얼음 속으로 파고듭니다. 계속 아래로 힘을 주어 철사가 더 깊이 들어가면 톱질을 그만하고 싶을 거예요. 그런데 정말 톱질을 멈추어도 철사가 아래로 들어갑니다! 재미있는 사실은 철사가 파고들어 가면서 잘라 놓은 얼음이 다시 얼어붙는다는 사실이에요. 얼음이 거의 다 잘릴 때쯤이면 잠시 누르는 힘을 약하게 하세요. 그러면 철사가 얼음 밖으로 갑자기 튕겨 나와 다치지 않아요. 철사가 마침내 얼음을 빠져나오면 얼음이 두 동강 나 있을 것 같지만 사실은 아니랍니다. 얼음은 자르면서 다시 얼어붙었기 때문에 여전히 하나예요.

왜 그럴까요? 철사에 가해지는 압력 때문에 열이 발생해 철사 아래의 얼음이 녹아요. 그러나 얼음은 매우 차갑기 때문에 압력이 없어지는 윗부분에서 스며 나온 물이 다시 얼어붙는답니다.

한 걸음 더

기막힌 얼음 자르기

철사의 양 끝에 무거운 물체를 하나씩 매답니다. 그다음 물러서서 철사가 저절로 얼음 속으로 파고드는 광경을 지켜보세요.

교과서 5학년 2학기 3단원 날씨와 우리 생활 | **핵심 용어** 공기의 흐름, 바람 | **실험 완료** ☐

돌고 도는 바람개비

손에서 나오는 열로 돌아가는 바람개비 장난감을 만들어 보아요.

준비물

- 얇은 종이
- 가위
- 침핀
- 지우개 달린 연필

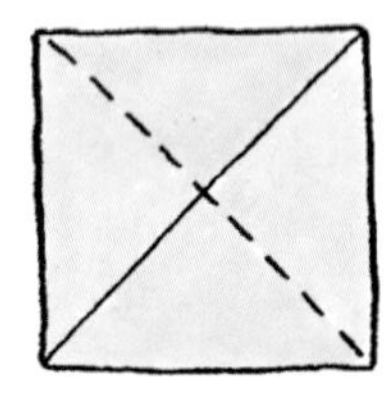

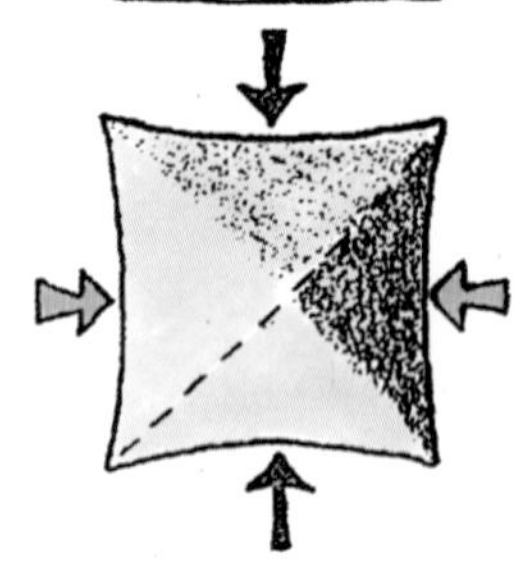

이렇게 해 보세요

1 최대한 얇은 종이를 준비해 정확히 가로세로가 모두 8cm인 정사각형 모양으로 자릅니다.

2 잘라 낸 정사각형 종이를 대각선 방향으로 접었다 폅니다. 그림에서 가느다란 선이 접은 부분을 나타내요. 점선은 앞으로 접을 선입니다.

3 두 개의 대각선을 접었다 편 다음, 종이의 마주 보는 면을 중앙으로 약간씩 밀어 줍니다. 이렇게 하면 중심부가 2cm 정도 솟아오를 거예요. 아래 그림의 화살표는 미는 방향을 나타내요.

4 침핀을 연필에 달린 지우개 위에 꽂습니다. 침핀의 2.5cm 정도는 지우개 위에 남도록 꽂으세요. 이제 바람개비가 완성되었어요. 앉아서 바람개비의 연필 부분을 아래 그림처럼 무릎 사이에 끼웁니다.

5 바람개비의 솟아오른 부분 아래에 침핀의 머리 부분이 오도록 합니다.

6 손을 오목하게 만들어 종이 양쪽에서 3cm 정도 떨어지게 갖다 댑니다. 이제 무릎이나 손을 움직이지 말고 가만히 앉아 2분 동안 기다리세요.

어떻게 될까요? 1분 만에 바람개비가 돌아가요. 바람개비가 돌면서 손을 건드린다면 손을 좀 더 멀리 떼어서 부딪치지 않도록 하세요. 종이에 닿지 않는 거리에서 최대한 가까이 손을 두어야 해요. 일단 바람개비가 돌기 시작하면 천천히 계속 돌아갑니다. 종이가 가볍고 손이 따뜻할수록 바람개비는 더 빨리 회전할 거예요.

왜 그럴까요? 손에서 나오는 열기가 주변의 공기를 덥히고, 데워진 공기는 위로 올라갑니다. 위로 올라간 공기는 아슬아슬하게 균형을 이루고 있는 바람개비를 회전시킬 거예요.

공기의 흐름과 압력

공기는 끊임없이 움직입니다. 우리는 공기가 움직이는 것을 여러 방법으로 알 수 있어요. 바람이 불 때 공기의 흐름을 느낄 수 있고, 구름이 하늘에서 빠르게 움직이는 것을 볼 수 있죠. 바람이 불면 연기나 증기가 이리저리 방향을 바꾸는 것도 볼 수 있어요.

우리는 공기의 흐름뿐만 아니라 공기의 압력도 느낄 수 있어요. 바람이 불 때 큰 판지를 옮겨 본 사람이라면 누구나 그 압력이 얼마나 큰지 알 거예요. 돛단배가 물살을 가르며 나아가는 것도 움직이는 공기의 힘 또는 압력을 잘 이용했기 때문이랍니다.

공기가 꼭 움직여야 압력을 가하는 것은 아닙니다. 매 순간 공기는 우리 몸 사방에 압력을 가해요. 우리가 진공이라고 부르는 것도 사실은 정상적인 대기압보다 낮은 상태를 말합니다. 연이나 비행기 같은 것이 공중에 떠 있으면 공기의 압력이 물체의 위아래, 양옆 사방에서 작용합니다.

공기의 속도와 압력으로 인해 나타나는 현상 때문에 이번 장의 실험들이 가능하답니다.

숨어도 소용없어

병 뒤에 숨은 종이가 펄럭일 정도로 센 바람을 불 수 있나요?

준비물

- 종이 띠 (약 10cm × 2cm)
- 큰 병
- 테이프(약 5cm)
- 가위

이렇게 해 보세요

1 오른쪽 그림처럼 종이 띠의 끝을 1cm 폭으로 접습니다.

2 아래 그림처럼 책상 위에 종이 띠의 접은 면을 테이프로 붙여 세웁니다.

3 종이 띠가 가려지도록 종이 앞에 큰 병을 약 10cm 떨어진 곳에 놓습니다.

4 병 앞쪽에서 입으로 바람을 붑니다. 세게 또는 약하게, 빠르게 또는 느리게 바람에 변화를 주어 가면서 종이를 계속 관찰합니다.

어떻게 될까요? 병에 대고 바람을 불어도 아주 세게 불면 병 뒤에 있는 종이가 휘면서 펄럭이기 시작해요.

왜 그럴까요? 공기가 곡면을 따라 흐르기 때문입니다. 공기는 빛처럼 직선으로 움직이지 않아요. 병이라는 장애물을 만나면 공기가 비껴가기는 하지만, 일부는 병 주위로 계속 이동해 종이 띠를 움직이게 하지요.

한 걸음 더

얼마나 떨어져야 종이가 안 펄럭일까

병에서 얼마나 멀리 떨어져서 불어야 종이가 펄럭이지 않는지 보세요. 종이를 병에 더 가까이, 혹은 더 멀리 두면서 관찰합니다. 불고 나서는 1분간 쉬어 머리가 아프지 않게 하세요.

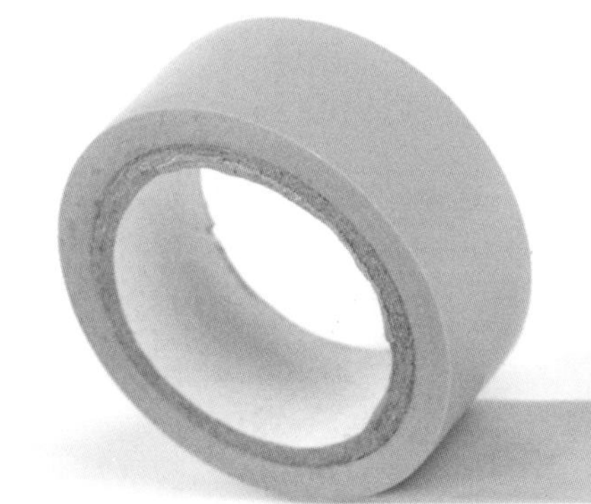

교과서 5학년 2학기 3단원 날씨와 우리 생활 심화 | 핵심 용어 공기의 흐름 | 실험 완료 ☐

떨어지지 않는 탁구공

몇 cm 높이로 탁구공을 불어 올리는 건 누구나 할 수 있어요. 하지만 정말 그럴까요?

- 큰 깔때기(또는 종이와 테이프)
- 탁구공

이렇게 해 보세요

1. 부엌에서 쓰는 깔때기를 깨끗이 씻습니다.
2. 부엌에 깔때기가 없다면 종이로 단 10초면 만들 수 있으니 염려 마세요. 종이를 한쪽은 크게 다른 한쪽은 지름 6mm 정도 되는 양 끝이 트인 원뿔 모양으로 말아서 테이프로 고정하기만 하면 그림처럼 멋진 깔때기가 뚝딱!
3. 탁구공을 깔때기 속에 넣습니다.
4. 탁구공이 든 깔때기를 그림처럼 입에 물고 고개를 들어 작은 구멍으로 바람을 불어넣습니다. 목표는 탁구공을 불어서 깔때기 밖으로 떨어뜨리기입니다. 계속해서 세게 불어 주세요.

어떻게 될까요? 공이 깔때기 밖으로 떨어지지 않아요. 단, 아주 작은 깔때기를 사용했다면 공이 깔때기 밖으로 떨어질 수도 있어요.

왜 그럴까요? 공 주변의 공기 흐름 때문에 공은 튀어 오르긴 해도 깔때기 밖으로 떨어지지는 않아요. 빠르게 움직이는 공기가 공을 위로 밀어올리기보다는 공 주변을 감싸기 때문입니다. 공은 가끔 깔때기보다 더 높게 공중으로 튀어 오르기는 하지만, 한쪽 방향으로 기울지는 않아요.

청개구리 종이 고리

청개구리처럼 여러분 말을 듣지 않는 종이 고리예요!

준비물

- 종이 띠 (약 20cm × 3cm)
- 테이프나 풀
- 빨대

이렇게 해 보세요

1 종이 양 끝을 그림처럼 고리 모양이 되도록 테이프나 풀로 고정합니다.
2 빨대의 끝을 종이 고리에 대고 불어 줍니다. 빨대에서 나온 세찬 공기에 밀려 고리가 책상 건너편으로 굴러갈 거예요.
3 이번에는 그림처럼 빨대의 끝을 종이 고리 위에 두고 바람을 세게 불어 줍니다.

어떻게 될까요? 종이 고리가 여러분 앞으로 멀리 굴러갑니다. 빨대에서 나오는 공기 쪽으로 고리가 굴러가지 않는다면 빨대의 각도를 바꾸어 가면서 다시 불어 보세요. 빨대의 각도와 입김의 강도를 잘 조절하면 고리가 빨대에서 나온 바람에 밀려나가는 것이 아니라 공기를 찾아 움직이도록 해서 친구들에게 마술 쇼를 보여 줄 수 있어요.

왜 그럴까요? 공기가 움직이면 공기 흐름을 따라 기압이 낮아집니다. 종이 고리는 고리의 옆과 뒤의 기압에 밀려 낮은 기압 쪽으로 이동해요.

비행기가 하늘을 나는 것도 마찬가지 원리입니다. 공기의 흐름을 타고 움직이는 비행기 때문에 기압이 낮아집니다. 공기가 비행기의 둥근 날개를 지나 흐르면 속도가 올라가요. 공기의 흐름이 빠를수록 기압은 더욱 낮아지고요. 비행기 날개의 위쪽에 생기는 낮은 기압이 비행기를 공중으로 들어 올리는 힘, 즉 **양력**을 만든답니다.

동전과 종이의 경주

동전과 종이의 경주는 놀라운 결과로 끝납니다.

준비물

- 500원짜리 동전
- 종이
- 가위

이렇게 해 보세요

1. 동전보다 조금 작고 동그란 모양이 되도록 종이를 오립니다. 완전히 동그랗지 않아도 되지만, 최대한 동그랗게 오릴수록 좋아요. 단, 그 위에 동전을 놓았을 때 종이가 삐져나오는 일이 없도록 하세요.
2. 이렇게 만든 종이와 동전으로 과학 경주를 할 거랍니다. 한 손에 종이, 다른 한 손에는 동전을 각각 쥐고 바닥에서 90cm 높이에서 준비한 다음 동시에 떨어뜨리세요.

어떻게 될까요? 그림처럼 동전은 직선으로 바닥에 떨어지는 반면 종이는 이리저리 펄럭이면서 천천히 떨어집니다. 둘의 경로를 그림으로 표현하면 아래와 같습니다.

왜 그럴까요? 동전은 무겁기 때문에 아무런 방해도 받지 않고 중력에 의해 아래로 떨어집니다. 종이는 동전과 비슷한 면적이지만 무게가 가볍습니다. 이 때문에 종이는 공기의 저항을 받아 천천히 떨어져요.

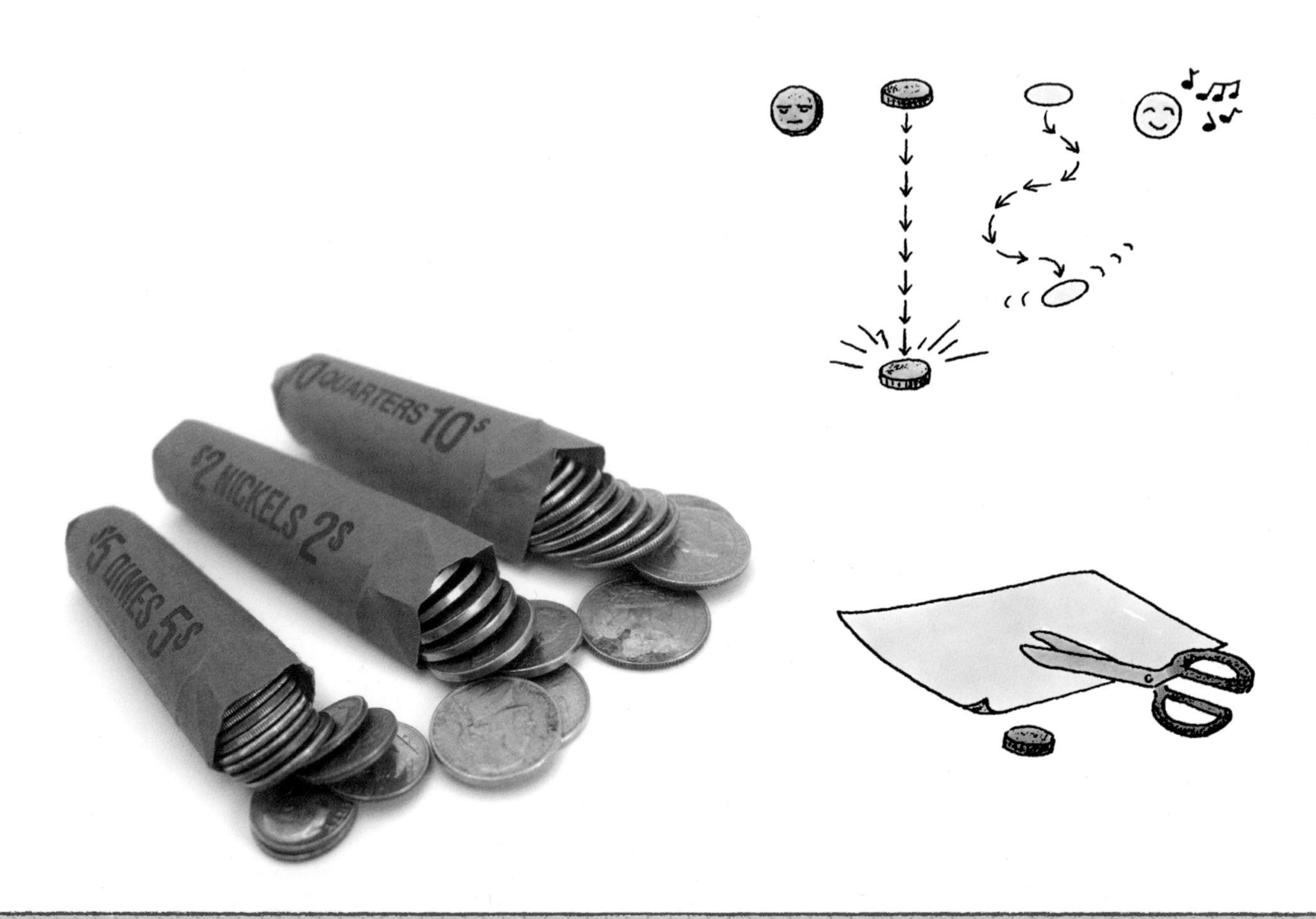

동전과 종이의 패자부활전

이번에는 동전과 종이를 함께 떨어뜨려 보세요.

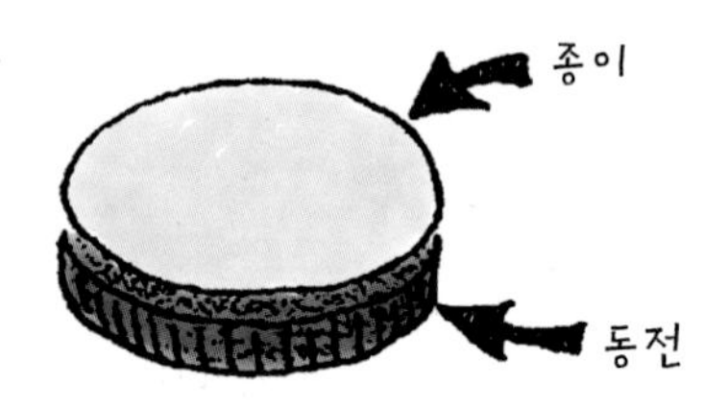

준비물

- 앞 실험에 사용했던 동전과 종이

이렇게 해 보세요

1 그림처럼 동전 위에 종이를 덮어 한 손에 쥡니다.
2 동전의 옆면을 잡아 종이를 건드리지 않도록 합니다.
3 종이를 얹은 동전을 떨어뜨립니다.

어떻게 될까요? 동전과 종이는 움직이는 공기 때문에 처음 떨어질 때 모습 그대로 바닥까지 함께 떨어집니다. 낙하하는 동전처럼 공기를 가르면서 빠르게 움직이는 물체는 바로 뒤에 약간의 공기를 끌어당깁니다.

하지만 동전과 종이 사이에 공기가 들어가면 종이가 분리되어 동전과 함께 바닥에 떨어지지 않고 펄럭대면서 늦게 떨어지게 돼요. 그러면 실험을 다시 해 보세요.

왜 그럴까요? 종이는 가속이 붙은 동전 뒤에 따라오는 공기 사이에 갇혀서 동전을 타고 함께 떨어지는 거랍니다.

교과서 6학년 1학기 3단원 여러 가지 기체 심화 | 핵심 용어 공기 저항 | 실험 완료 ☐

컵 가장자리에서 움직이는 동전

유리컵 입구 가장자리에 있는 동전을 입김만으로 반대편 가장자리까지 떨어지지 않게 옮길 수 있을까요?

준비물

- 유리컵
- 작은 동전

이렇게 해 보세요

1. 유리컵을 책상 위에 올려놓습니다. 그림처럼 유리컵 입구 가장자리에 동전이 떨어지지 않게 잘 올려놓으세요.
2. 동전의 테두리에 집중해서 그림의 화살표 방향으로 세게 불어 줍니다. 동전의 윗면이나 아랫면이 아닌 옆면을 정확히 불어야 해요. 입술을 너무 동전 가까이 갖다 대면 안 돼요. 몇 cm 뒤로 물러나서 동전 가장자리를 빠르고 강하게 불어 보세요.

어떻게 될까요? 처음에는 동전이 유리컵 입구 가장자리에서 떨어져 컵 속에 빠지거나 책상 위로 굴러 떨어질 거예요. 하지만 실험 조건을 정확히 맞추었다면, 동전은 유리컵 입구 가장자리를 미끄러져 반대편 가장자리까지 갈 거예요. 빠르게 움직이는 공기 때문에 동전은 멈추지 않습니다.

왜 그럴까요? 동전은 가볍기 때문에 여러분이 부는 입김만으로도 공기를 움직여 옮기기에 충분해요. 유리컵 입구 가장자리에 얹어 놓았기 때문에 마찰력도 거의 없지요. 동전이 가야 할 길만 잘 잡아 주면 됩니다. 나머지는 빠른 공기가 알아서 해 줄 거예요.

뚜껑이 없어도 쏟아지지 않는 물병

뚜껑 대신 손으로 물병 입구를 막으면 안에 있던 물은 어떻게 될까요?

준비물

- 큰 페트병
- 깔때기
- 스카치테이프
- 큰 물병
- 물

이렇게 해 보세요

1. 페트병 입구에 깔때기를 끼웁니다.
2. 그림처럼 깔때기를 병 입구에 꼭 맞게 테이프로 고정합니다. 깔때기와 병의 입구가 꼭 맞아서 공기가 통하지 않도록 테이프를 팽팽히 당겨 확실하게 붙이세요.
3. 페트병과 깔때기를 부엌 싱크대에 놓습니다. 다른 큰 물병에 물을 가득 채운 다음 페트병에 옮겨 부으세요. 재빨리 물을 병에 쏟아부어 깔때기까지 단숨에 물이 차도록 합니다. 이 점이 매우 중요해요! 거의 깔때기 가득 물이 차게 합니다.
4. 이제 손바닥으로 물이 가득 찬 깔때기 입구를 꼭 막은 다음 그림처럼 병을 뒤집습니다.
5. 병 속의 공기가 위로 솟아올라 병의 바닥에 올 때까지 손을 꼭 막고 있습니다. 손바닥에서 깔때기 속으로는 작은 공기 방울 하나라도 들어가서는 안 되니 주의하세요.

어떻게 될까요? 병 속의 물이 쏟아지지 않습니다.

왜 그럴까요? 깔때기와 병 사이의 공간은 공기가 침투하지 못하도록 테이프로 밀봉했지요. 깔때기에는 물이 가득 차 있기 때문에 공기는 꼼짝달싹 못하고 병 속에 갇히게 됩니다. 물이 병 속을 채우면 병 속의 공기와 물이 서로 미는 힘이 같아져요. 외부의 공기 방울이 병 속으로 들어오지만 않으면, 병 밖의 기압 때문에 병 속의 물이 밖으로 나오지 못한답니다.

음료를 빨아들일 수 없는 빨대

병 속에 있는 음료를 빨대로 빨아올릴 수 없다면 얼마나 답답할까요?

준비물

- 음료수 병
- 물
- 빨대
- 스카치테이프

이렇게 해 보세요

1 음료수 병에 물을 거의 가득 채웁니다. 병 속에 빨대를 꽂으세요.

2 스카치테이프를 10cm 길이로 잘라 준비합니다. 병 입구에 테이프를 꼼꼼하고 단단하게 붙여 빨대 주변에 공기가 들어가지 않도록 밀봉합니다.

3 빨대를 물고 평소 하던 대로 물을 빨아 봅니다. 일단 빨기 시작한 후부터는 빨대에서 입을 떼지 마세요.

어떻게 될까요? 빨대로 물을 아주 약간만 빨아들일 수 있습니다.

왜 그럴까요? 빨대로 음료를 빨아들일 수 있는 것은 빨대 밖의 기압 때문입니다. 공기가 컵이나 병 속의 액체에 압력을 가할 수 없다면, 빨대로 음료를 빨아들일 수가 없답니다.

빨대로 음료를 빨아들이면 빨대 속의 기압이 낮아져요. 그러면 빨대 밖의 기압은 상대적으로 높아져 빨대 속으로 액체를 밀어 넣게 되지요. 그러나 이 실험에서는 병의 입구를 막아 공기가 들어가지 못하게 했기 때문에 빨대 밖의 공기가 병 속의 액체를 누를 수 없게 된 것입니다. 그러니 눈앞에 음료를 두고도 조금밖에 마시지 못한답니다.

병목에서 꿈쩍도 하지 않는 종이뭉치

병목에 있는 작은 종이뭉치 하나를 입으로 불어서 병 속에 넣어 보세요.

준비물

- 입구가 좁은 병
- 종잇조각

이렇게 해 보세요

1. 병을 책상 위에 눕힙니다.
2. 종잇조각을 완두콩만 한 크기로 작게 뭉칩니다.
3. 뭉친 종이를 아래 그림처럼 병 입구에 놓습니다. 그림의 화살표 방향으로 종이를 힘차고 빠르게 불어 보세요.

어떻게 될까요? 종이뭉치는 병 속으로 들어가는 대신 병 입구에서 밖으로 튕겨 나와 여러분 쪽으로 날아올 것입니다.

왜 그럴까요? 빠르게 움직이는 공기는 종이뭉치를 지나 병의 바닥에 부딪혀요. 그렇게 되면 병 속의 기압이 높아집니다. 압축된 공기가 병 입구로 밀려 나오면서 종이뭉치도 함께 딸려 나오지요.

교과서 6학년 1학기 3단원 여러 가지 기체 심화 | 핵심 용어 압력, 기압 | 실험 완료 ☐

입으로 불어 유리컵 비우기

유리컵에 든 물을 쏟아서 비우는 것은 쉽습니다. 입으로 불어서 유리컵을 비우는 것은 어떨까요?

준비물

- 물
- 같은 크기의 유리컵 2개
- 쟁반
- 빨대

이렇게 해 보세요

1. 싱크대에 물을 충분히 채워 유리컵을 눕혔을 때 물에 완전히 잠기도록 합니다.
2. 두 개의 유리컵을 물속에 눕힌 다음 유리컵의 입구를 맞물리게 합니다.
3. 두 개의 컵이 떨어지지 않도록 단단히 붙잡고 물 밖으로 꺼냅니다.
4. 눕혀서 맞붙였던 두 개의 컵이 아래위로 마주 보도록 합니다.
5. 한 줄로 세운 컵을 빈 쟁반 위에 놓습니다.
6. 위에 있는 컵을 아주 살짝만 밀어 두 입구가 맞붙은 곳을 살짝 열어 줍니다. 이 과정에서 물이 쏟아지지 않도록 조심하세요.
7. 아래 그림처럼 화살표 방향으로 두 유리컵 사이 약간의 틈이 생긴 곳에 빨대를 조준합니다. 빨대를 입에 대고 살짝 불어 보세요. 그다음에는 더 세게 붑니다.

어떻게 될까요? 위에 엎힌 컵 안에서 공기 방울이 위로 올라가고, 이어서 물줄기가 컵의 틈으로 새어나와 쟁반 위로 흐릅니다. 금세 위의 컵 속에 든 물이 모두 쏟아집니다.

왜 그럴까요? 유리컵 밖의 기압과 물의 표면장력 때문에 여러분이 컵을 살짝 밀어 틈을 만들어도 위에 엎힌 컵의 물은 아래로 쏟아지지 않아요. 하지만 공기를 불어넣으면 빨대 끝의 기압이 물의 표면장력보다 커져서 두 유리컵 사이의 공기를 움직이게 만듭니다. 일단 유리컵 속으로 들어간 공기는 물보다 가볍기 때문에 위로 뜨고, 표면장력이 약해진 틈으로 물이 새어 나와요.

대단한 실험 아니면 물장난?

일단 해 보면 놀라운 과학실험인지, 재미있는 물장난인지 알 수 있을 거예요.

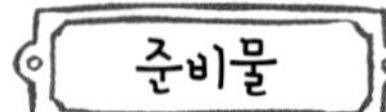

- 페트병
- 작은 못
- 물

이렇게 해 보세요

1 작은 못 하나로 페트병 바닥에 작은 구멍을 12개 뚫습니다.

2 싱크대에 물을 5cm 높이로 채웁니다.

3 병이 둥둥 뜨거나 옆으로 눕지 않게 손으로 꽉 잡고 똑바로 세워 싱크대의 물속에 담급니다. 물이 페트병 바닥에 뚫은 구멍보다 훨씬 높이 차도록 하세요. 싱크대의 물은 병 속에 채운 물이 밖으로 새어나가지 않게 막아 줍니다.

4 병이 물로 완전히 가득 차면 병뚜껑을 닫고 병을 천천히 싱크대 물 위로 들어 올립니다.

어떻게 될까요? 물 몇 방울이 구멍 주변에 맺힐 수는 있겠지만 물이 새지는 않습니다. 하지만 싱크대 위로 병을 든 상태에서 뚜껑을 열면 구멍으로 물이 새기 시작할 겁니다.

왜 그럴까요? 닫힌 뚜껑을 통해 물이 나올 수 없으니 높은 외부 기압은 물이 구멍으로 나오지 못하도록 안쪽으로 밀어주는 역할을 합니다. 그런데 뚜껑을 열면 기압이 병 입구로 작용해 물이 밖으로 밀려 나와요.

친구들에게 장난치고 싶다면 꼭 밖에 나가서 하세요. 너무 꽉 닫아 두어서 뚜껑을 열 수 없다는 시늉을 하면서 친구에게 열어 달라고 해 보세요. 친구는 여러분에게 팔 힘이 그렇게 없냐고 놀리면서 뚜껑을 열겠죠? 하지만 뚜껑이 열리는 순간! 병을 든 친구는 흠뻑 젖을 거예요.

이번 장에서는 지구와 관련된 실험을 다룰 거예요. 땅과 숲, 물을 지키기 위해 환경을 보호해야 하는 이유와 그 방법도 알려 줘요. 식물이 산소와 수분을 어떻게 배출하는지, 생명체들이 왜 식물이있어야 살 수 있는지도 배울 거예요. 지구의 힘과 자기장 및 전기장이 어떻게 연관되는지도 알아봅니다. 지진이 일어나는 원리도 배우고, 모래와 암석 퇴적물을 남기는 빙하 모형, 지진을 측정하는 지진계도 만들어 볼 거예요. 흙, 모래, 태양, 화석에 대해서도 공부하고 실제로 쓸 수 있는 정수기, 태양열을 이용한 온수기, 거품과 연기가 일고 폭발하는 다양한 종류의 '화학 화산'도 만듭니다. 오존,화석, 산성비, 열대우림과 지구온난화에 대한 실험도 하고, 신문지를 재활용해 재생지와 얇은 종이도 만들어 보세요.

지구의 작용

지구의 내부는 크게 바깥쪽부터 지각, 맨틀, 핵, 이렇게 세 부분으로 이루어져 있어요. 지구의 표면은 이런 지구 내부의 움직임에 따라 계속해서 변해요. 예를 들어 맨틀이 움직이면 지각을 이루는 판이 따라 움직이면서 대륙이 변하지요. 땅 위와 바다 속에 있는 높은 산과 깊은 계곡도 모두 이러한 움직임의 결과입니다.

지구를 햇볕 속에 놔둔 사과라고 생각해 봅시다. 햇볕이 뜨거워지면 사과는 마르고, 수분도 증발해 점점 쪼그라들어요. 지구도 마치 사과의 속처럼 쪼그라듭니다. 지구의 뜨거운 내부가 차가워지고 부피가 줄어들면 외부의 표면은 움직일 수밖에 없습니다. 사과 표면이 쭈글쭈글해지면서 울퉁불퉁해지는 것처럼 지각도 산과 계곡이 생기거나 땅이 끊어지거나 갈라지는 단층이 생깁니다.

교과서 4학년 2학기 4단원 화산과 지진 | 핵심 용어 단층 | 실험 완료 ☐

지진과 단층

지구의 내부 압력은 굉장한 힘을 만들어 내서 지각을 조각내거나 지각에 균열을 일으키며 지진을 발생시켜요. 이때 생긴 균열을 단층이라고 부릅니다. 단층이 생기는 과정을 직접 알아볼까요?

준비물

- 책 3권(크기가 비슷한 양장본)

이렇게 해 보세요

1 책 3권을 책등이 위로 가도록 나란히 잡고 책상 위에 올려놓습니다. 바깥의 책 2권은 몸 쪽으로, 가운데 책은 몸 반대쪽으로 움직이도록 밀어 보세요. 그 다음에는 방향을 바꾸어 바깥의 책 2권은 몸 반대쪽으로, 가운데 책은 몸 쪽으로 향하도록 밀어 보세요.

2 이번에는 아까처럼 책 3권을 잡고 아래 그림처럼 책상 위로 들어 올립니다. 책이 미끄러지지 않게 하려면 힘이 많이 들 거예요. 이 상태에서 힘을 조금 빼서 가운데 책만 아래로 미끄러지게 하세요.

어떻게 될까요? 책의 여러 가지 움직임은 지진으로 인해 지각이 위로 솟구쳐 오르거나 미끄러지는 등 활발히 움직이면서 단층이 생기는 원리를 보여 줍니다.

왜 그럴까요? 첫 번째 실험은 단층면의 경사와 관계없이 단층면을 따라 수평으로 이동하는 주향이동단층을 나타냅니다. 두 번째 실험에서 양쪽에서 힘을 주어 아래로 내려간 가운데 책은 정단층을 보여 줘요.

간이 연필 지진계

지우개가 달린 연필을 잘 깎아서 간이 지진계를 만들 수 있답니다. 지진계는 지진 전문가인 지진학자들이 지진의 강도를 측정할 때 쓰는 도구랍니다. 필요하면 어른에게 도와 달라고 하세요.

준비물

- 가위
- 뚜껑이 있는 신발 상자
- 무거운 물건
- 마스킹 테이프
- 지우개 달린 연필
- 못(또는 볼트나 너츠)
- 찰흙
- 클립 2개
- 끈
- 종이 2장

이렇게 해 보세요

1 아래 그림을 참고해 신발 상자 뚜껑의 한쪽에 1cm의 칼집을 냅니다.

2 신발 상자를 그림처럼 세우고, 위에 뚜껑을 엎어 스카치테이프로 고정합니다. 신발 상자 속에 무거운 물체를 넣어 넘어지지 않도록 하세요. 이렇게 신발 상자와 뚜껑으로 'ㄱ' 자 모양을 만드세요. 세운 상자의 열린 쪽 방향은 어느 쪽이라도 좋아요.

3 이제 못을 연필심 가까이에 테이프로 잘 고정합니다. 연필심을 막지 않도록 주의하세요. 테이프로 고정한 못 주변에 찰흙을 조금 붙여 더 단단히 고정하세요. 못은 지진계의 추 역할을 할 거랍니다. 추의 무게가 어느 정도 있어야 지진계의 기록을 담당하는 연필이 종이에 잘 접촉하여 진한 선을 그릴 수 있어요.

4 클립의 한쪽을 펼쳐 연필 뒤에 달린 지우개에 단단히 꽂습니다. 펼치지 않은 클립의 끝에 끈을 묶고, 그 끈을 다른 클립에 묶어 고정하세요.

5 끈을 묶은 다른 클립을 신발 상자 뚜껑에 낸 칼집 사이로 넣어 연필이 매달리게 합니다. 연필 끝이 책상에 닿도록 말이에요. 끈은 움직이면 바닥에 연필이 끌릴 수 있을 정도로 너무 팽팽하지 않게 여유를 두세요. 길이 조정이 끝나면 끈의 여분을 클립에 마저 감아 연필을 고정하세요.

6 종이를 길게 세 등분으로 잘라 여러분이 만든 '지진'을 기록하는 기록지를 만듭니다.

7 연필 아래에 종이를 놓고 종이를 앞으로 천천히 잡아당깁니다. 종이를 움직일 때 연필 선이 정확한 직선으로 그려지는지 확인하세요.

8 이번에는 다른 종이를 연필 아래에 깔고 여러분이 종이를 잡아당기는 동안 친구에게 책상을 쿵 쳐서 흔들라고 부탁합니다. 처음에 흔들림이 없는 상태에서 그려진 종이와 비교해 보세요. 선 모양이 어떻게 다르게 나타날까요?

칼집 →

어떻게 될까요? 처음에 흔들림이 없는 상태에서는 기록지에 연필 선이 거의 직선으로 그려져요. 친구가 쿵 하고 책상을 치면 기록지에 지그재그 선이 그려질 거예요.

왜 그럴까요? 책상에 진동이 없을 때에는 지진계에 매달린 연필이 흔들리지 않기 때문에 직선을 그립니다. 하지만 책상을 쿵 하고 치면 연필도 흔들려 지그재그 선을 그려요.

산이 생기는 원리

산이 어떻게 만들어지는지 궁금해 한 적 있나요? 산은 땅속 깊은 곳에서 가하는 거대한 힘 때문에 지각이 구부러져 생기기도 한답니다. 찰흙 한 덩이와 풍부한 상상력만 있다면 이런 힘을 재현해서 산이 생기는 원리를 쉽고 간편하게 알아볼 수 있어요.

준비물

- 찰흙
- 신문지

이렇게 해 보세요

1 책상 위에 신문지를 몇 장 깔고 찰흙을 올려 손으로 굴려 줍니다. 20cm 정도 길이의 찰흙 띠를 만드세요. 찰흙 띠를 양 끝에서 가운데로 밀어 산과 계곡 모양을 만듭니다.

2 찰흙을 다시 주물러 원래 모양대로 폅니다. 이번에는 다양한 방향에서 힘을 주어 다른 모양을 만들어 보세요.

어떻게 될까요? 찰흙 띠에 외부 힘이 가해져 산 모양의 봉우리와 계곡이 만들어집니다.

왜 그럴까요? 지구의 표면은 여러 개의 거대한 지각 판으로 구성되어 있는데, 이 지각 판들은 맨틀 위에 떠서 움직여요. 이것은 얼음 조각이 강물 위에 떠다니는 것과 같은 현상이지요. 이런 지각 판들이 만나거나 서로 부딪치면 엄청난 힘이 발생합니다. 이 힘 때문에 지각이 구부러지고 위로 들리거나 균열하는 등의 변형이 가해져 산맥이 생겨요.

찰흙 띠의 양 끝을 가운데로 밀면 마치 산맥이 생기듯 구불구불한 언덕과 골짜기가 만들어져요. 이렇게 생긴 대표적인 습곡 산맥이 북미의 애팔래치아 산맥이랍니다.

교과서 4학년 2학기 4단원 화산과 지진 | 핵심 용어 지진 해일, 쓰나미 | 실험 완료 □

지진 해일의 생성 원리

바다에서 넘실대는 파도를 타며 놀면 너무 신나죠? 하지만 거대한 파도라는 뜻의 '쓰나미'로 우리에게 잘 알려진 지진 해일은 평소에 보는 파도와는 차원이 달라요. 도시 하나를 삼켜버릴 만큼 파괴적이지요.
지진 해일이 발생하는 조건을 만들어 생성 원리와 변화를 알아보세요.
물에 흠뻑 젖을 수 있으니 더운 여름날에 하면 제격이겠죠?

준비물

- 깊고 넓은 그릇
- 물
- 나무 도막 2개

버려도 되는 낡은 옷을 입고, 물이 튈 때 조심하세요.

잠깐!

이렇게 해 보세요

1 깊고 넓은 그릇에 물을 채웁니다.
2 두 나무 도막을 물에 푹 잠기도록 양손으로 붙잡고 재빠르게 서로 부딪치게 합니다. 이 실험의 목표는 두 나무 도막 사이의 물을 빠르게 압축하는 거예요.
3 두 나무 도막 사이에 물이 더 이상 없어서 못 할 때까지 이 동작을 계속해서 반복합니다.

어떻게 될까요? 물속에서 2개의 나무 도막을 빠른 속도로 부딪힐 때 발생하는 힘은 물을 위로 솟구치게 만듭니다. 그 결과 솟구친 물이 쟁반 밖으로 튀어나갑니다.

왜 그럴까요? 두 나무 도막이 부딪치며 물이 튀는 모습은 깊은 바다에서 지진 해일이 일어나는 현상과 같아요. 해저에서 일어나는 화산 폭발과 큰 지진은 방대한 양의 바닷물을 압축해 수면 위로 밀어 올립니다. 수면에서 거대한 물기둥이 형성되어 생기는 거대한 해일은 가끔 15~30m 높이에 이르기도 하고, 연안의 도시들을 덮치기도 합니다. 순식간에 생기기 때문에 미리 대비할 수 없어 매우 위험하고, 많은 사람이 죽기도 해요.

간이 사진기

지구와 가장 가까운 별인 태양에서 나오는 빛 에너지를 활용해 사진기를 만들어 보세요.

준비물

- 뚜껑이 있는 신발 상자
- 검은색 아크릴 물감
- 물감 붓
- 가위
- 습자지
- 테이프

이렇게 해 보세요

1. 검은색 아크릴 물감으로 신발 상자와 뚜껑의 내부를 모두 칠합니다.
2. 그림처럼 신발 상자의 옆면 한가운데를 가로 5cm, 세로 10cm인 사각형으로 잘라내고 그보다 더 큰 사각형 모양의 습자지를 그 위에 테이프로 붙입니다. 이제 사진기에 스크린이 생긴 거예요.
3. 상자의 반대쪽 면 중앙에 가위 끝으로 지름 0.5cm의 작은 구멍을 뚫어 줍니다. 이제 찍기만 하면 돼요.
4. 사진기를 들고 밖으로 나가 햇볕이 잘 드는 곳을 찾은 다음 친구, 장난감, 무엇이든 좋으니 피사체 앞에 사진기를 둡니다. 사진기의 작은 구멍은 피사체를 향해 놓고, 스크린은 여러분 앞을 향하도록 두세요. 완벽한 사진을 얻는 법은 다음 실험에서 알려 줄게요!

어떻게 될까요? 사진기의 작은 구멍을 피사체에 향하게 하면 희미하게 뒤집힌 상이 스크린에 맺힙니다.

왜 그럴까요? 사진기의 상이 뒤집힌 것은 빛이 직진하기 때문이에요. 이미지의 위쪽에서 오는 빛은 스크린의 아래에 맺히고 반대로 이미지의 아래쪽에서 오는 빛은 스크린의 위쪽에 맺혀요.

완벽한 사진을 보는 법

간이 사진기를 통해 완벽한 사진이나 상을 보려면 머리 위에 덮개를 쓰는 것이 좋아요. 머리와 스크린을 가려서 빛이 새어 들지 못하도록 하는 거예요. 옛날 사진사들이 삼각대 위에 큰 카메라를 세워 두고 카메라에 붙은 큰 천으로 머리를 가렸던 모습과 흡사하지요.

사람도 좋고 사물도 좋으니, 밝은 곳에 있는 것이면 무엇이든 여러분이 볼 대상을 스크린으로 찾아보세요. 해 질 녘에 집이나 사람은 사진으로 보기에 완벽한 대상이 됩니다. 카메라를 위아래 또는 앞뒤로 움직여 가며 물체가 보일 때까지 여유를 갖고 찾아보세요. 어둠에 눈이 익고 상자에 빛이 충분히 들어와서 관찰할 대상을 찾기까지는 시간이 걸리니까요.

판지 화산

친구들과 모인 자리에서 재미난 화산을 만들어 보세요. 다들 깜짝 놀랄 거예요!

준비물

- 도화지
- 작은 빈 병 (양념 병 크기)
- 가위
- 테이프(또는 클립)
- 쟁반(또는 냄비)
- 인스턴트 드라이 이스트 $\frac{1}{2}$ 큰술
- 과산화수소 $\frac{1}{2}$ 컵
- 금속 젓가락

이렇게 해 보세요

1 도화지를 잘라 가로 8cm, 세로 20cm인 종이 띠를 만듭니다. 띠로 작은 병을 덮을 만한 크기의 고깔을 만들어 양 끝을 테이프로 고정합니다.

2 고깔이 바닥에 닿는 둥근 부분은 가위로 잘라 고깔이 바닥에 잘 서게 합니다. 고깔을 세워 꼭대기를 지름 3cm의 원 모양으로 잘라 주세요.

3 작은 병을 쟁반 안에 세워 실험을 준비합니다. 병의 크기는 과산화수소가 들어갈 만큼 크면서도 고깔 안에 들어가거나 약간만 튀어나올 정도라야 합니다.

4 병에 과산화수소와 인스턴트 드라이 이스트를 순서대로 빠르게 넣고 젓가락으로 잘 젓습니다. 그다음 서둘러 고깔을 씌우세요. 고깔 꼭대기 구멍으로 젓가락을 넣어 실험이 끝날 때까지 계속 저으면 효과가 더욱 좋아요.

잠깐! 실험이 끝나면 사용했던 약품은 모두 버리고 용기를 깨끗이 씻으세요.

어떻게 될까요? 과산화수소와 이스트를 혼합하면 고깔 '화산'에서 부글부글 거품이 끓어오르면서 소리가 납니다.

왜 그럴까요? 고깔 아래 병 속에 들어간 혼합물이 화학 반응을 일으켰기 때문입니다. 거품이 부글부글 생기고 소리가 나며 열까지 나는 **발열 반응**이지요. 병 바깥쪽을 만져 보면 따뜻한 것을 느낄 수 있어요.

실제 화산에서는 땅속 깊이 있던 바위가 녹아 생긴 마그마가 땅이 갈라진 틈을 통해 분출합니다. 마그마가 땅 위로 분출되어 흐르는 용암은 화산 입구에서 옆으로 흐르거나 폭발과 함께 공중으로 터져 나가요. 증기, 연기, 재, 암석을 함께 분출하기도 하지요. 간단하게 만든 모형 화산으로 실제 화산 폭발의 원리를 이해할 수 있답니다.

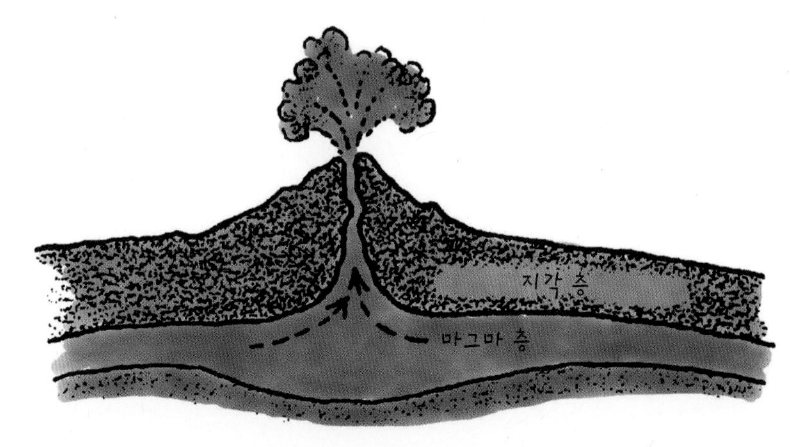

교과서 4학년 2학기 4단원 화산과 지진 심화 | 핵심 용어 습곡, 변성암 | 실험 완료 ☐

뜨거운 철사가 양초에 남긴 흔적

땅속의 암석은 압력을 받아 생기는 열 때문에 변형될 수 있어요.
이번 실험으로 그런 현상을 알아보세요.

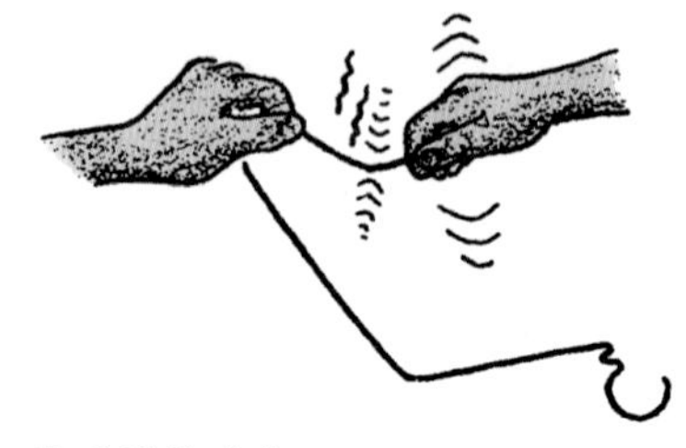

준비물

- 철사 옷걸이
- 양초

이렇게 해 보세요

1 철사 옷걸이의 한 부분을 잡고 구부렸다 펴기를 30~50회 빠르게 반복합니다.

2 철사의 구부린 부분을 얼른 양초에 갖다 댑니다.

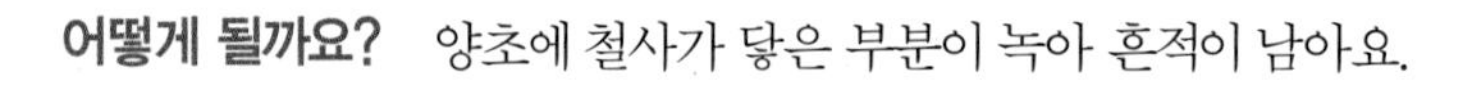

어떻게 될까요? 양초에 철사가 닿은 부분이 녹아 흔적이 남아요.

잠깐!
철사 옷걸이를 펴거나 자르는 것은 어른에게 도와 달라고 하세요.

왜 그럴까요? 빠른 속도로 계속해서 철사를 구부렸다가 펴면 열이 발생해요. 이렇게 생긴 열이 양초를 변형하거나 부분적으로 녹입니다. 이 현상은 마치 땅속의 압력과 열이 암석을 녹이고 변형을 가하는 것과 같습니다.

땅속의 지층이 압력을 받으면 습곡이 생겨요. **습곡**은 물결 모양으로 휘어진 지층을 말해요. 열을 만들고 암석의 구성도 바꿉니다. 이렇게 생긴 암석을 **변성암**이라고 합니다. 그 예로는 대리석과 석영이 있어요.

교과서 5학년 2학기 5단원 산과 염기 심화 | 핵심 용어 산성, 염기성, 석회암 동굴 | 실험 완료 ☐

간이 석회암 동굴 실험

석회암 동굴은 산성비가 수천 년에 걸쳐 부드러운 암석을 조금씩 침식해 만들어져요.

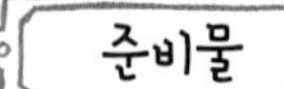

준비물

- 분필
- 식초 $\frac{1}{2}$컵
- 작은 유리병

이렇게 해 보세요

1 식초가 든 유리병 속에 분필을 5분 동안 담가 두세요.

어떻게 될까요? 분필이 식초 속에서 녹습니다.

왜 그럴까요? 학교에서 쓰는 분필의 주성분은 석회석(탄산칼슘)이에요. 조개껍데기와 방해석의 입자로 구성되어 석회암 동굴의 부드러운 암석과 유사하지요. 분필이 아세트산인 식초 속에서 녹는 것처럼, 암석이 비에 포함된 산성 성분에 침식되면 석회암 동굴이 생겨요. 영국 도버 해협의 유명한 화이트 클리프는 분필과 같은 탄산칼슘 성분이 쌓여 생긴 거대한 흰 절벽입니다.

교과서 5학년 2학기 5단원 산과 염기 심화 | **핵심 용어** 산성, 염기성, 탄산칼슘 | **실험 완료** □

충격 받은 조개껍데기

이번엔 분필처럼 탄산칼슘과 석회암 성분으로 이루어진 조개껍데기로 실험해 보세요. 얼마나 빨리 완전히 녹는지 관찰하세요.

준비물

- 작은 조개껍데기
- 유리병 2개
- 식초 $\frac{1}{2}$컵
- 신문지
- 물 $\frac{1}{2}$컵
- 금속 숟가락

이렇게 해 보세요

1 유리병 하나에는 식초를 붓고 다른 유리병에는 물을 담습니다.

2 유리병 각각에 조개껍데기를 몇 개씩 넣습니다. 물을 담은 병은 비교 실험을 위해 대조군으로 쓸 거예요.

3 조개껍데기가 든 유리병들을 4일간 방치합니다. 그 후 각각의 유리병에서 조개껍데기를 꺼내 신문지 위에 놓고 책상에 올린 다음 숟가락으로 깨뜨려 보세요.

어떻게 될까요? 물에 담근 조개껍데기는 단단해서 꿈쩍도 않는 반면, 식초에 담근 조개껍데기는 흰 가루(탄산칼슘)로 덮여 있고 깨뜨렸을 때 쉽게 산산조각이 납니다.

왜 그럴까요? 물에 담근 조개껍데기는 식초에 의한 조개껍데기의 변화를 비교 관찰하기 위한 대조군이에요. 식초에 산성 성분이 있는 것처럼 비에도 산성 성분이 있어요. 산성은 동굴의 암석이건, 분필이건, 조개껍데기이건 형태와 상관없이 모든 탄산칼슘 성분을 녹입니다. 세상에는 식초처럼 강한 산성비가 내리는 곳도 있지요.

한 걸음 더

얼음은 얼마나 커질 수 있을까?

눈이 뭉치거나 단단히 눌리면 얼음덩어리가 됩니다. 이것을 **빙하**라고 부르지요. 겨울에 눈이 내리면 밖에 나가서 직접 해 보세요. 겨울이 아니라면 어른에게 믹서기나 푸드 프로세서로 얼음을 갈아 달라고 부탁해서 빙하 실험을 할 수 있어요.

눈이나 얼음 간 것을 뭉치거나 눌러서 단단한 공처럼 만듭니다. 이때 눈이 얼마나 단단해지는지 보세요. 눈이 약간 녹게 두었다가 냉동실에 30분간 넣어 둡니다. 눈덩이를 냉동실에서 꺼내 보면 단단한 얼음덩이로 변해 있을 거예요.

산에 내리는 눈이 매일 쌓여 겹겹이 압축된다고 생각해 보세요. 이제 빙하가 어떻게 만들어지는지 이해하겠죠?

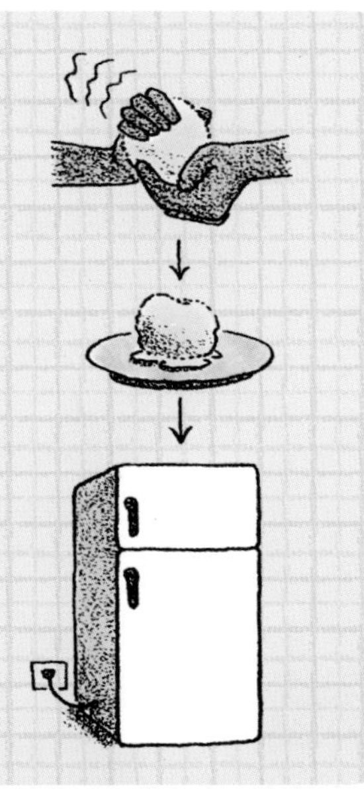

교과서 3학년 2학기 3단원 지표의 변화 심화 | 핵심 용어 빙하, 퇴적, 빙퇴석 | 실험 완료 ☐

빙하 녹이기

빙하 모형을 하나 만들 거예요. 바깥에서 하는 것이 가장 좋습니다.

준비물

- 작은 컵
- 모래
- 작은 자갈
- 물
- 경사판으로 쓸 나무 판자
- 망치
- 두꺼운 고무 밴드
- 못
- 시계

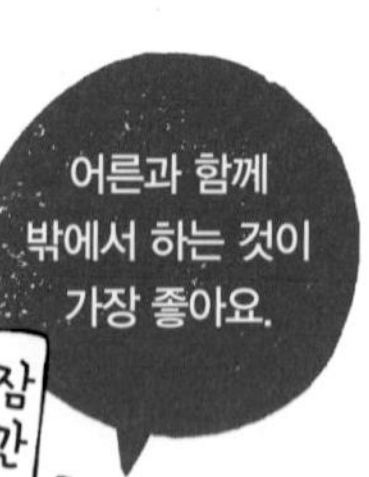

이렇게 해 보세요

1 모래와 자갈을 컵에 2.5cm 두께로 깔고 5cm 높이로 물을 부으세요.
2 물이 얼도록 컵을 냉동실에 넣어 둡니다.
3 물이 단단히 얼면 모래와 자갈층을 쌓고 물을 부은 다음 얼리는 과정을 반복합니다. 이렇게 해서 컵이 가득 차서 컵 속에 빙하 모형이 가득 쌓일 때까지 반복하세요.
4 판자의 한쪽 끝 중앙에 못을 박습니다.
5 못을 박은 판자의 끝을 정지한 물건에 기대어 경사면을 만듭니다.
6 냉동실에서 꺼낸 컵을 따뜻한 물로 녹여서 속에 든 빙하 모형이 빠지도록 하세요.
7 빙하 모형을 판자에서 제일 경사가 진 위쪽에 올립니다.
8 그림처럼 빙하 모형의 허리와 못의 허리에 고무 밴드를 걸칩니다.
9 빙하 모형이 녹으면서 자갈과 모래 퇴적물을 남기는 데 걸리는 시간을 재어 보세요.

어떻게 될까요? 날씨에 따라 빙하 모형이 금방 녹을 수도 있고 오래 걸릴 수도 있어요. 자갈과 모래 퇴적물은 덩어리져 떨어지고 일부는 경사판 밖으로 미끄러지기도 하며, 또 일부는 경사판 표면에 빙하가 남긴 돌무더기처럼 재미있는 흔적을 남길 거예요.

왜 그럴까요? **빙하**는 산의 경사면과 골짜기를 따라 움직이는 거대한 얼음 덩어리이며, 이 과정에서 바위와 땅을 깎아냅니다. 빙하가 움직이면서 만드는 퇴적물은 극지방, 핀란드, 그린란드 등지에서 볼 수 있답니다. 이 거대한 얼음 덩어리는 자체의 무게로 생기는 거대한 압력이 없다면 움직일 수 없을 거예요. 이러한 압력 때문에 빙하는 주기적으로 얼었다 녹기를 반복합니다. 얼음은 얼기도 하지만 녹기도 하기 때문에 미끄러지는 현상이 생겨요.

빙하는 움직이면서 깨지기도 하고, 엄청난 양의 돌과 흙을 품고 얼기도 해요. 그렇게 움직이면서 생긴 흔적이 퇴적물로 남아요. 이렇게 생긴 기암괴석이나 퇴적물을 **빙퇴석**이라고 부르지요. 빙하 모형이 경사판에 남긴 흔적이 빙하가 만들어지는 원리를 잘 보여 줍니다.

지구와 태양계

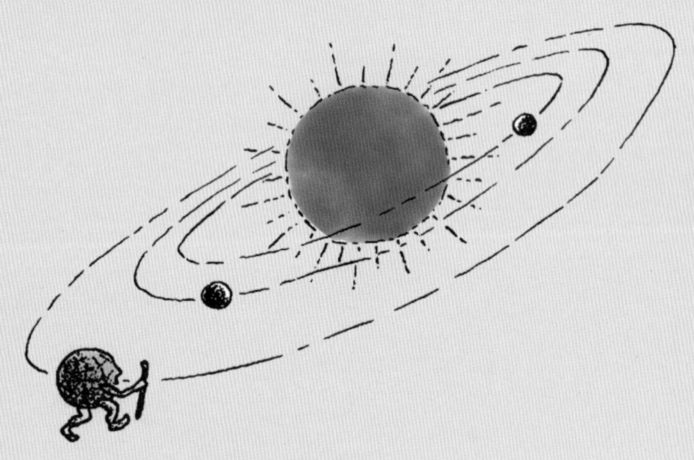

지구는 자전축을 중심으로 24시간에 한 바퀴씩 완전히 돌아요. 이렇게 자전하기 때문에 낮과 밤이 번갈아 나타나지요. 또한 자전축이 23.5도 기울어진 채 태양 주위를 돌며 공전하기 때문에 계절의 변화가 일어난답니다.

태양계 내에서의 위치 등 지구 상식도 배우고 시간, 공간 및 다양한 현상에 대해서도 알아보세요. 주변 물건으로 간단하지만 흥미롭고 시기에 딱 맞는 실험을 하면서 즐겁고 유익한 시간을 가져 보세요!

해시계 관찰

간단한 해시계를 만들어 중앙에 세운 막대의 그림자가 변하면서 시간이 바뀌는 것을 관찰하세요. 태양이 움직이면서 만드는 그림자의 각도는 지구가 자전과 공전을 하면서 바뀌고, 낮과 밤의 변화에 따라서도 달라져요.

준비물

- 30cm 막대
- 연필
- 종이
- 돌멩이

이 실험은 맑은 날에만 할 수 있어요.

잠깐!

이렇게 해 보세요

1 마당에서 해가 잘 비치는 곳을 찾아 막대를 꽂습니다.
2 한 시간마다 시간을 종이에 표시하고 그림자가 생긴 위치를 땅바닥 위에 돌멩이 등으로 표시합니다.
3 다시 한 시간 후에 시간을 기록하고 돌멩이 등으로 그림자의 위치를 표시합니다.
4 원이 한 바퀴를 다 돌아올 때까지 이 과정을 반복합니다.

어떻게 될까요? 해가 동쪽에서 서쪽으로 지면서 막대가 드리우는 그림자의 각도와 길이가 변합니다.

왜 그럴까요? 해가 동쪽에서 떠서 서쪽으로 지는 것처럼 보이는 것은 지구가 태양을 중심으로 도는 공전을 하기 때문이랍니다. 공전 외에도 지구는 축을 중심으로 팽이처럼 도는 자전을 해요. 시간을 기록하고 낮과 밤의 구분이 가능한 것도 모두 이 공전과 자전 때문이랍니다. 하루 중 특정 시간에 태양이 해시계 바늘의 그림자를 만드는 위치는 내일도, 그다음 날도 똑같아요.

오전에는 그림자가 길고 좁으며 서쪽을 향해요. 해가 가장 높이 뜨는 정오에는 그림자가 짧고 북반구에서는 북쪽(남반구에서는 남쪽)을 가리키지요. 오후에는 그림자가 동쪽을 향합니다.

교과서 6학년 2학기 2단원 계절의 변화 | 핵심 용어 자전축, 공전, 자전, 해시계 | 실험 완료 □

내 손안의 시계

모든 실험은 그 결과를 확인하고 또 확인해서 여러분이 설정한 가설이나 과학적인 추측이 맞는지 알아보는 것이 중요해요. 매일 특정한 시각에 그림자가 항상 같은지 알아볼까요? 앞서 했던 실험을 다시 하되 이번에는 실제 사용하는 연필을 해시계 막대로 써서 앞 실험에서 했던 해시계 막대의 그림자 결과와 비교하세요. 이것은 짧은 연필의 그림자와 긴 막대의 그림자 위치를 비교하는 '대조' 실험이에요.

준비물

- 찰흙
- 연필 2개
- 연필
- 종이

이렇게 해 보세요

1 찰흙을 납작하게 밀어 지름 5cm 정도의 원반을 만듭니다. 찰흙 원반은 해시계 바늘의 받침대가 될 거예요.

2 연필의 심 부분을 찰흙 원반에 꽂습니다. 이제 간단한 소형 해시계의 바늘이 생겼어요.

3 큰 해시계의 그림자에 맞추어 소형 해시계 바늘을 놓습니다. 소형 해시계 바늘을 두는 정확한 위치를 기록해 매번 눈금을 읽거나 실험을 할 때마다 변화가 없도록 하세요. 즉 찰흙 원반에 꽂힌 연필의 그림자와 큰 해시계의 막대 그림자가 나란히 평행을 이루도록 둡니다.

4 두 개의 그림자가 늘 평행을 이루고 이전과 같은 위치에 오나요? 소형 해시계 바늘의 찰흙 원반에 그림자가 드리우는 곳을 다른 연필로 꾹 눌러 표시하세요. 소형 해시계 바늘의 위치와 큰 해시계 바늘의 위치를 지속적으로 비교합니다. 한 시간마다 돌 등으로 그림자의 위치를 표시하세요. 비슷한 점은 무엇이고, 다른 점은 무엇인가요? 그림자의 위치가 동일하게 변하나요? 막대의 그림자가 더 길어지거나 짧아지나요? 만약 그렇다면 언제 그런지 알아보세요.

햇빛의 흔적 따라가기

이 실험은 맑은 날에 해야 해요.

준비물

- 정사각형 판지 (가로, 세로 각 10cm)
- 시계
- 가위
- 테이프
- 종이 20장
- 연필

이렇게 해 보세요

1 정사각형 판지의 중앙에 지름 2cm의 구멍을 뚫습니다.
2 정사각형 판지를 남향의 창문에 둡니다. 판지를 통해 들어오는 햇빛이 장애물이 없는 바닥에 비치도록 위치를 조정하세요.
3 햇빛이 바닥에 비치는 위치에 종이를 놓습니다.
4 종이 위에는 바닥에 비친 햇빛의 모양을 따라 원을 그리고 그 옆에 시간을 적습니다.
5 바닥에 비치는 햇빛의 움직임을 30분 간격으로 계속 관찰합니다.
6 계속해서 원의 움직임을 다른 종이에 그리고 그 시간을 기록합니다.

어떻게 될까요? 시간이 가면서 햇빛을 표시한 원이 왼쪽에서 오른쪽으로 움직이며 위치도 바뀝니다.

왜 그럴까요? 지구는 태양 주위를 24시간 동안 서쪽에서 동쪽으로 돌아요. 이러한 지구의 움직임 때문에 태양이 뜨고 지지요. 그래서 햇빛의 흔적도 종이 한 장에서 다른 종이로 옮겨가는 거예요.

한 걸음 더

사계절 실험

여름 오전 8시와 겨울 오전 8시에 햇빛이 같은 자리에 비칠까요? 장기간 실험하는 것도 좋아한다면, 그리고 공간이 충분한 남향의 방이 있다면 한번 실험해 보세요! 바닥이 넓은 침실 같은 공간이면 아주 좋아요. 앞서 했던 실험을 반복할 거예요.

연중 다른 시기에 같은 시간대마다 햇빛이 닿는 바닥에 정사각형 종이를 테이프로 붙입니다. 예를 들어 10월 1일 오전 8시, 12월 22일 오전 8시처럼 말이에요. 계절이 바뀔 때마다 종이의 위치도 달라질까요? 결과를 기록해 보세요.

내 위치의 위도

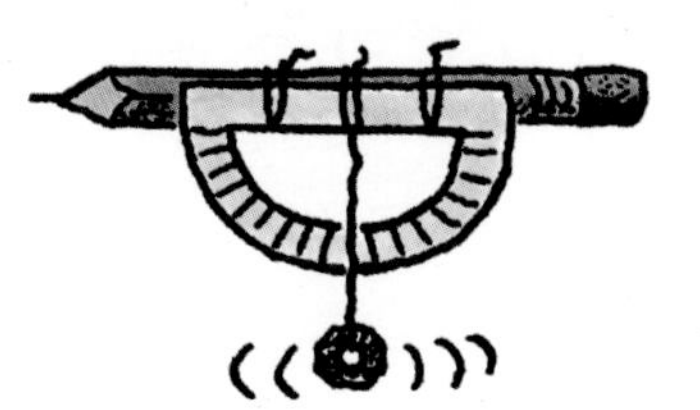

초기 탐험가와 항해사는 '아스트롤라베'라는 간단한 천문 관측기로 망망대해에서 방향을 찾았어요. 여러분도 주변 재료로 손쉽게 만들 수 있답니다.

준비물

- 끈
- 가위
- 각도기 (가운데가 뚫린 것)
- 못 (또는 볼트나 너츠 등)
- 긴 연필

이렇게 해 보세요

1 각도기 직선 면의 중앙에 끈을 묶습니다. 이때 끈을 약간 남겨서 끈의 한쪽 끝에 추 역할을 할 못을 묶으세요.

2 연필에 각도기의 직선 면을 묶습니다. 이제 아스트롤라베가 완성되었습니다.

3 구름이 없고 별이 잘 보이는 밤에 밖으로 나가 방금 만든 기구의 연필심 끝을 북극성을 향해 맞춥니다.

4 못이 달린 끈이 각도기 옆으로 늘어지면서 여러분이 서 있는 곳의 위도를 알려 줍니다. 정확한 측정을 위해서 인내심을 가지고 여러 번 반복하세요.

어떻게 될까요? 연필심 끝이 북극성을 향할 때 현 위치의 위도를 알 수 있어요. 위도는 지구 자전축과 수직으로 그은 가상의 선인 적도와 평행하게 지구상에 가로로 그은 선으로, 특정 지점을 편의상 숫자로 표현한 것입니다.

왜 그럴까요? 연필심 끝을 북극성을 향해 맞추면 못이 매달린 끈이 저절로 기구의 각도를 표시해요. 이 각도가 바로 여러분이 지구상에 서 있는 곳의 위도입니다.

한 걸음 더

북극성 찾기

계절마다 별자리가 바뀐다는 얘기를 들은 적 있죠? 지구가 자전하기 때문에 별의 위치는 시간과 계절에 따라 바뀐답니다. 반면에 북극성은 지구 자전축의 연장선 바로 위에 있기 때문에 위치가 거의 같아요.
북극성은 북반구에서만 찾을 수 있는데, 지구에서 400광년 떨어져 있기 때문에 매우 희미하게 보여요.

북극성은 큰 국자 모양으로 알려진 큰곰자리 반대편에 있어요. 큰곰자리를 이루는 일곱 개의 별들을 이으면 긴 손잡이가 달린 국자 모양이 나오거든요. 국자 모양을 이루는 별들 중 손잡이에서 가장 멀리 떨어져 있는 별에서 직선을 그으면 북극성을 찾을 수 있어요.

남십자성을 찾을 수 있나요?

북반구에서는 북극성이 거의 같은 위치에 있기 때문에 항해를 할 때 북극성을 기준으로 방위를 가늠했어요. 그런데 적도 아래 남반구에 사는 사람들도 북반구 사람들이 보는 북극성과 다른 별을 볼 수 있을까요?

남반구에서 북반구의 모든 별을 볼 수는 없답니다. 북반구에서도 남반구에서 보이는 모든 별을 볼 수 없어요. 지구를 정확히 가로로 절반으로 나누는 가상의 선인 적도나 적도의 근처에 산다면, 지구에서 보이는 모든 별을 볼 수 있겠지만요.

그래서 북반구에서는 북극성을 지표로 삼을 수 있지만, 남반구에서는 그런 지표가 없어요. 대신 남반구 하늘에는 십자가 모양을 이룬 4개의 별로 이루어진 남십자성이 있지요. 하지만 남십자성은 그다지 좋은 지표가 못 된답니다. 항상 십자가 모양으로 나타나는 것도 아니고, 보통 눈에 잘 띄지도 않거든요. 게다가 남극의 하늘에는 '남극성'이라고 할 만한 것이 없어서 더 찾기가 어려워요.

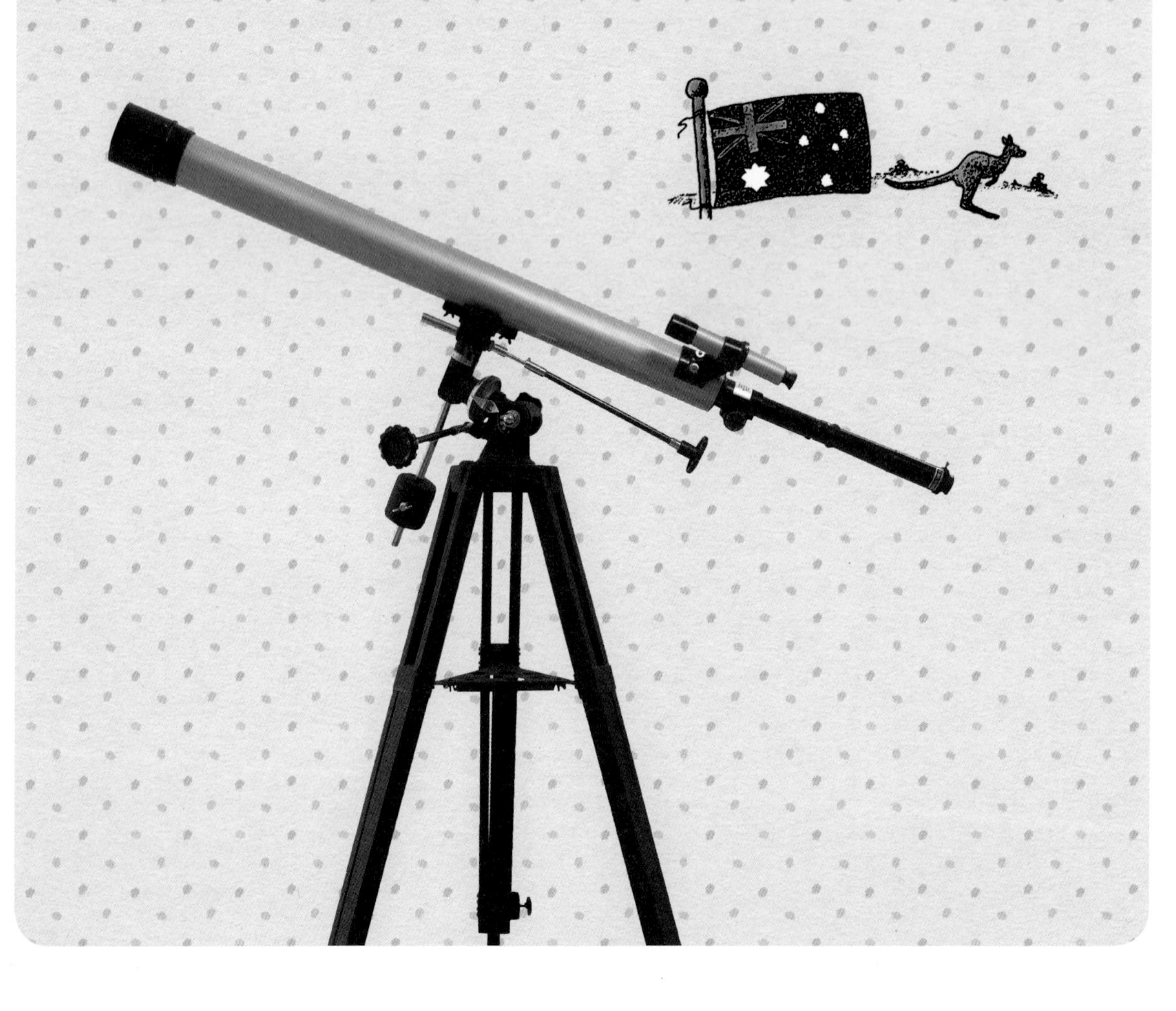

교과서 5학년 1학기 3단원 태양계와 별 | 핵심 용어 유성, 연소 | 실험 완료 ☐

유성 재현하기

유성은 작은 돌 같은 파편이 혜성이나 소행성에서 떨어져 나와 태양 주위 궤도를 도는 것을 말해요. 유성이 지구 대기권으로 들어와 연소하는 현상을 실험으로 알아봐요.

준비물

- 큰 음료수 병
- 발포 비타민 $\frac{1}{2}$알
- 물

이렇게 해 보세요

1 큰 음료수병에 물을 담고 발포 비타민을 넣습니다.

2 비타민이 녹으면서 바닥으로 떨어지는 모습을 관찰합니다.

어떻게 될까요? 알약이 녹거나 여러 조각으로 깨지면서 서서히 바닥으로 내려가 완전히 녹아 없어집니다.

왜 그럴까요? 물은 지구의 대기권이고 발포 비타민은 유성입니다. 발포 비타민은 유성이 떨어지듯이 병의 바닥(지표면)으로 떨어지면서 여러 개의 조각으로 부서져요. 단, 실제로 유성은 발포 비타민과 달리 엄청난 속도로 우주에서 날아와요. 지구 인력에 끌려와 지구 대기권의 공기와 부딪치며 강력한 마찰이 발생해 뜨거워지면서, 부서지고 폭발하여 우주 먼지가 됩니다. 대부분의 유성은 그 크기가 작은 돌만 하지만, 가끔 좀 더 크기가 큰 운석이 지구 표면으로 날아오기도 해요.

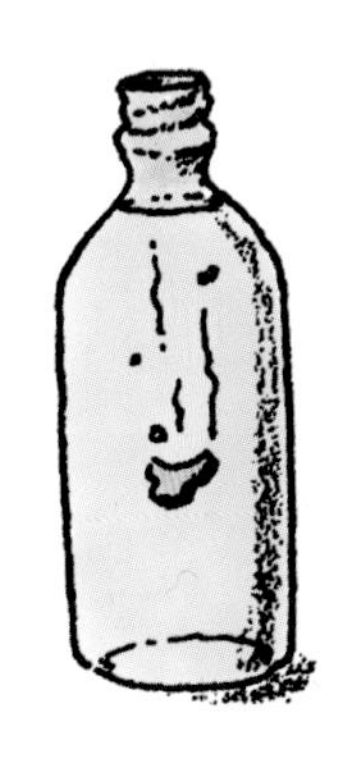

내 손안의 별자리

별빛을 비추는 라이트박스를 만들어 별자리에 대해 알아봐요.

준비물

- 뚜껑이 있는 원통형 과자 상자
- 못
- 손전등
- 연필

이렇게 해 보세요

1 상자 뚜껑에 못으로 '별자리' 구멍을 뚫습니다. 별자리 책을 참고하거나, 집 주변 하늘에서 잘 보이는 별자리를 찾아 뚫으면 돼요.

2 상자 뚜껑을 열고 상자 밑면 가운데에 구멍을 뚫어 손전등의 손잡이를 끼웁니다. 손전등 손잡이부터 밀어 넣으면 돼요.

3 이제 친구들에게 여러분이 만든 별자리 라이트박스를 자랑할 시간입니다. 어두운 방으로 가서 라이트박스를 천장이나 벽에 대고 손전등을 켜서 별자리 쇼를 감상하세요. 뚜껑이나 상자를 돌려 별자리를 움직일 수 있어요.

어떻게 될까요? 여러분이 만든 라이트박스에서 작은 별처럼 보이는 빛의 점들이 천장이나 벽에 비칩니다.

왜 그럴까요? 밤하늘에 가득한 다양한 별자리는 각각 1년 중 특정한 시점에만 보여요. 별은 서쪽으로 조금씩 이동하기 때문에 매주 매일 밤 같은 시간에도 별자리의 위치가 바뀌어요. 태양 주위를 도는 지구 궤도와 지구의 1년 중 특정한 위치 때문에 연중 별자리를 볼 수 있는 시기도 달라지는 것이지요. 겨울에는 여름 별자리들이 태양빛에 가려서 보이지 않는 반면, 겨울에는 여름 별자리들이 태양빛에 가려서 보이지 않습니다.

움직이는 연필

과학자들은 지구에서 별까지 거리를 수학적으로 계산하거나 알아낼 수 있어요. 여러분도 별을 관측하면 별들이 특정한 위치에 자리하며 매우 멀리 떨어져 있다는 것을 알게 돼요. 하지만 눈에 보이는 것과 생각하는 것이 정확하지 않을 수도 있답니다. 예를 들어 집을 지나쳐 걸을 때 집 자체는 움직이지 않지만 보이는 집의 위치가 달라지는 이유는 집을 지나친 후 우리가 바라보는 각도가 달라지기 때문입니다. 같은 원리로 천체의 위치도 관측 위치에 따라 달라져요.

준비물

• 연필

이렇게 해 보세요

1 눈 바로 앞에 연필을 세워서 잡습니다.

2 왼쪽 눈을 재빨리 떴다 감고 다음에는 오른쪽 눈을 재빨리 떴다 감습니다. 이런 식으로 양쪽 눈을 하나씩 재빨리 떴다 감았다 반복하면서 눈앞의 연필이 어떻게 움직이는지 보세요.

어떻게 될까요? 연필이 이쪽저쪽으로 움직입니다! 연필은 실제로 어디에 있을까요? 정확히 어디에 있는지 알 수 있을까요? 다음 실험으로 알아보세요.

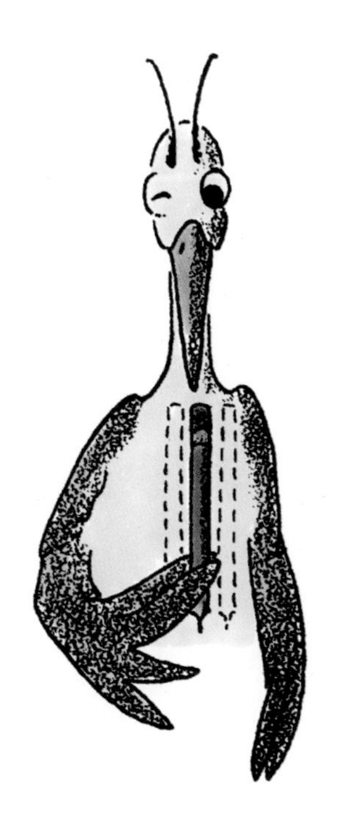

시차 퍼즐

앞 실험에서 연필이 움직이는 것처럼 보였던 이유도 알 수 있어요.

이렇게 해 보세요

1 전등이나 책상 등 먼 곳에 있는 물체와 가까이 있는 연필을 동시에 봅니다. 무엇이 보이나요? 한 물체의 위치가 다른 물체보다 더 많이 움직이나요?

어떻게 될까요? 연필은 먼저 했던 실험처럼 이쪽저쪽 움직이는 것처럼 보이지만, 멀리 있는 물체는 그렇지 않아요.

왜 그럴까요? 실제로 움직인 것은 연필이 아니라 보는 각도입니다. 연필과 여러분의 눈이 만드는 각도가 바뀌었기 때문에 연필의 위치가 움직인 것이며, 이것은 실제 움직임이 아니라 눈과 머리가 만들어 낸 움직임입니다. 이러한 차이를 **시차**(視差)라고 하며 이를 통해 거리를 알아낼 수 있어요.

실험 결과와 마찬가지로 가까이 있는 별은 이동하는 것 같고 멀리 있는 별은 고정된 것처럼 보이지만 이것은 실제 움직임이 아니에요.

별의 움직임을 관찰하기 위해 천문학자들(태양계에서 먼 은하계까지 우주를 연구하고 관찰하는 과학자들)은 지구가 태양 주위를 공전하는 1년 중 2회에 걸쳐 다양한 별의 위치를 측정합니다. 이런 방식으로 지구에서 별까지 정확한 거리를 측정할 수 있어요.

별의 색

태양도 별일까요? 일상에서는 보통 하늘에 떠 있는 것을 별이라고 하지만, 엄격히 따지면 '스스로 빛을 내는 것'만 별이라고 구분합니다. 따라서 빛을 내는 태양은 별이에요. 햇빛의 파장을 추적해 태양에 대해 알아보세요. 맑은 날 야외에서 쉽게 할 수 있는 실험입니다.

준비물

- 종이
- 물을 반쯤 채운 유리컵

이렇게 해 보세요

1 야외에서 햇빛이 잘 드는 곳을 선택해 종이를 벤치나 바닥에 깝니다.

2 물이 든 컵을 그림처럼 엄지와 검지로 조심스럽게 종이 위로 듭니다. 컵을 종이 위 7~10cm 높이로 드세요. 유리컵을 평소처럼 감싸 쥐면 안 됩니다. 손가락으로 잡아서 손이 유리컵의 측면을 막지 않도록 하세요.

3 유리컵을 위아래로 움직이거나 옆으로 살짝 기울여 종이 위에 반사된 빛이 다양한 색상의 띠로 보이도록 하세요.

어떻게 될까요? 종이 위에 무지개가 생겨요.

왜 그럴까요? 유리컵의 물이 프리즘 역할을 합니다. 빛이 물을 통과하면 백광 속에 들어 있는 여러 색상이 모두 나타나요. 빛의 파장이 나뉘고 변화하면서 색상이 드러나지요. 천문학자들은 별빛에서 나오는 색상 띠나 스펙트럼을 연구해 별을 구성하는 성분이나 가스 종류를 알아낸답니다.

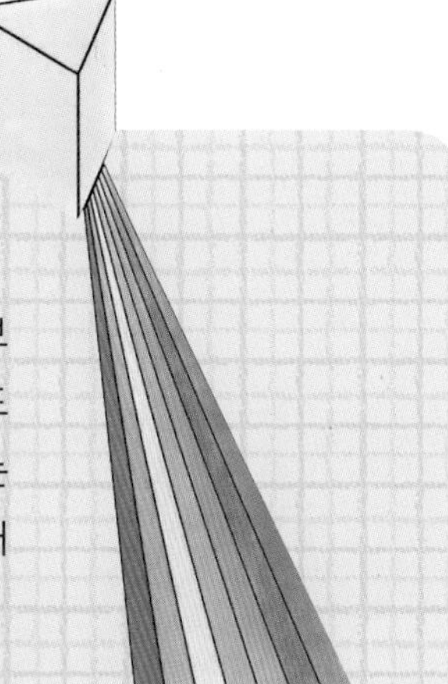

한 걸음 더

유리 무지개

유리의 종류에 따라서 종이에 생기는 무지개도 달라질까요? 크기가 다른 유리도 써 보고, 모양이 다른 유리도 써 보면서 같은 실험을 해 봅니다. 색유리는 어떨까요? 색유리도 빛을 굴절 또는 분산시킬까요? 무지개 색을 만들어 보려면 유리컵에 물을 가득 채우는 것이 좋을까요, 아니면 물을 절반만 채우는 게 좋을까요? 다양한 실험을 해 보고 관찰 내용과 결과를 기록하세요. 끝나면 어떤 유리가 더 무지개 색을 잘 내는지 알게 될 거예요.

손전등으로 알아보는 계절 변화

계절의 변화는 어떻게 생길까요?

준비물

- 온도계
- 종이
- 연필
- 손전등
- 시계
- 깡통 등 온도계를 받칠 물건

이렇게 해 보세요

1 온도계가 잘 작동하는지 확인합니다. 온도계를 찬물에 담가 원하는 곳의 온도를 재면 기록하기가 더 좋아요. 아래 그림처럼 온도계를 깡통 같은 다른 물체에 맞붙여 바닥과 수직으로 세웁니다. 3분 후 최종 온도를 측정해 기록하세요.

2 온도계를 찬물에 식혀 실험 전 온도까지 낮춥니다. 이번에는 온도계를 깡통 같은 다른 물체에 기대어 비스듬히 세우고 손전등과 마주 보도록 한 후 빛을 비춥니다. 다시 3분이 지난 후 온도를 측정합니다.

어떻게 될까요? 바닥에 수직으로 세워 놓았던 온도계는 열을 더 집중적으로 강하게 쬐었기 때문에 비스듬히 기울여 측정한 온도계보다 온도가 조금 더 높아요.

왜 그럴까요? 온도계를 비스듬히 기울여 손전등을 비추면 빛이 닿는 면적은 커지지만 빛이 한곳에 집중적으로 내리쬐지 않고 넓게 퍼지기 때문에 온도 변화가 전혀 없거나 있다 해도 미미해요. 즉, 같은 빛이 닿는 면적이 작을수록 집중적으로 열을 얻어 온도가 더 높아져요.

이 실험으로 계절 변화의 원리를 알 수 있어요. 손전등은 태양을, 온도계는 지구 역할을 한답니다. 지구는 자전축이 23.5도 기울어진 채 태양 주위를 돌면서 공전해요. 이 때문에 햇빛이 얼마나 집중적으로 내리쬐는지에 따라 한 지역의 계절이 달라집니다. 햇빛이 집중적으로 내리쬐는 지역은 여름이 되고, 햇빛이 넓게 내리쬐는 지역은 겨울이 돼요.

지구를 북반구와 남반구로 나누어서 계절 변화를 알아볼까요? 지구를 자전축과 수직으로 지구의 중심을 지나는 선, 즉 적도를 기준으로 나누었을 때 북쪽 부분을 북반구, 남쪽 부분을 남반구라고 불러요. 북반구는 12월에 태양에서 오는 빛의 각도가 작기 때문에 빛이 더 넓게 퍼져 오는 반면, 적도 아래에 해당하는 남반구는 태양에서 오는 빛의 각도가 수직에 가까운 정도로 커지기 때문에 빛이 더 강하게 집중됩니다. 그렇기 때문에 12월에 미국 뉴욕은 겨울인 반면, 호주 시드니는 여름이 돼요.

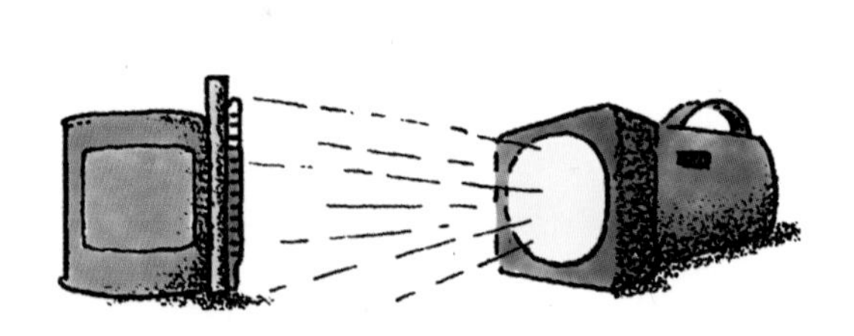

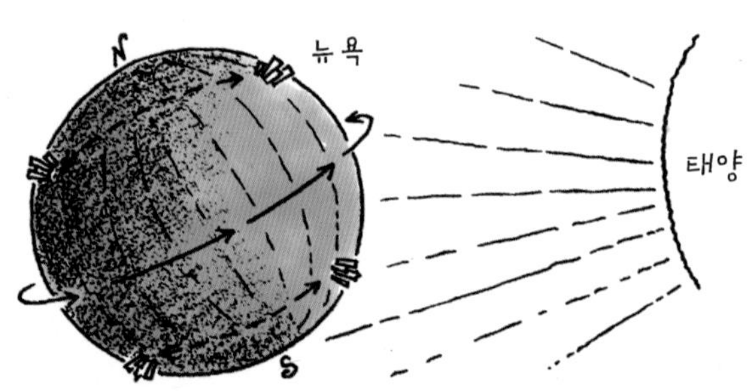

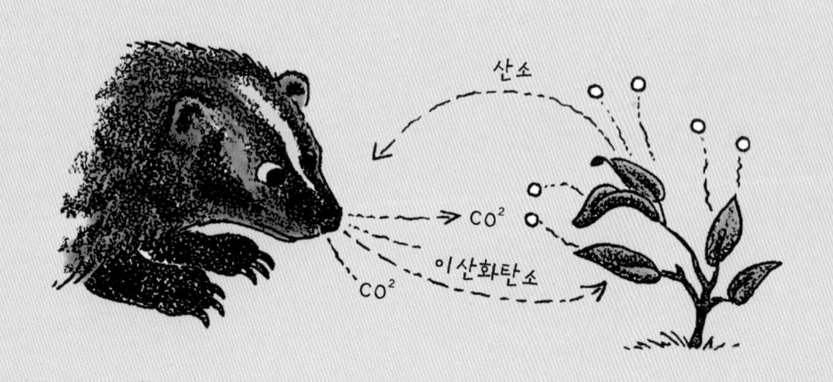

사람과 동물, 식물이 공기에 미치는 영향을 알아볼까요? 식물은 광합성을 하면서 이산화탄소를 마시고 산소를 배출하며, 스스로 양분을 생산해요. 증산 작용으로 매일 수백만 톤의 물을 대기 중에방출하지요. 반대로 사람과 동물은 산소를 마시고 이산화탄소를 배출하지요. 또한 식물을 먹어서 몸에 필요한 포도당과 녹말을 섭취합니다.

과학자들은 숲이 파괴되거나 사람과 동물의 호흡 작용이 증가하면 대기 내 이산화탄소 농도가 높아져 결국 지구온난화가 빨라질 것이라고 주장하기도 해요.

다양한 실험으로 식물의 성장하는 과정에 대해 배우고, 식물이 우리의 삶에 얼마나 중요한지 알아봐요.

산소의 탈출

산소가 어떻게 탈출을 하냐고요? 도대체 어디 갇혔기에 탈출한다는 건지 모르겠다고요? 걱정 마세요. 이 실험을 해 보면 곧 알게 될 테니까요. 그리고 식물에 관한 두 가지 중요한 용어인 기공(숨구멍)과 광합성을 배우는 것은 덤이에요!

준비물

- 입구가 넓고 깨끗한 유리병 1개
- 물
- 나뭇잎 1개
- 돋보기

이렇게 해 보세요

1 유리병에 물을 채우고 나뭇잎을 넣습니다.

2 유리병을 양지바른 곳에 놓고 따뜻해질 때까지 한 시간 이상 둡니다. 그런 후에 돋보기로 병 속을 관찰하세요.

어떻게 될까요? 수천 개의 작은 공기 방울이 잎사귀와 유리병 안에 생겼어요.

왜 그럴까요? 이 물방울들은 잎사귀가 내보낸 산소입니다. 녹색 식물은 물과 이산화탄소를 재료로 빛 에너지를 이용해 생장에 필요한 포도당을 만들어요. 이 과정을 **광합성**(光合成)이라고 하지요. 한자어로 광(光)은 '빛'을, 합성(合成)은 '무엇인가를 합쳐서 만든다'라는 뜻이에요. 녹색 식물은 기체의 일종인 이산화탄소를 잎의 뒷면에 있는 작은 구멍인 **기공**으로 흡수하고, 조건이 갖추어지면 광합성을 해요. 이 과정에서 부산물로 산소가 배출된답니다. 이제 왜 유리병과 나뭇잎에 물방울이 맺혔는지 이해하겠지요?

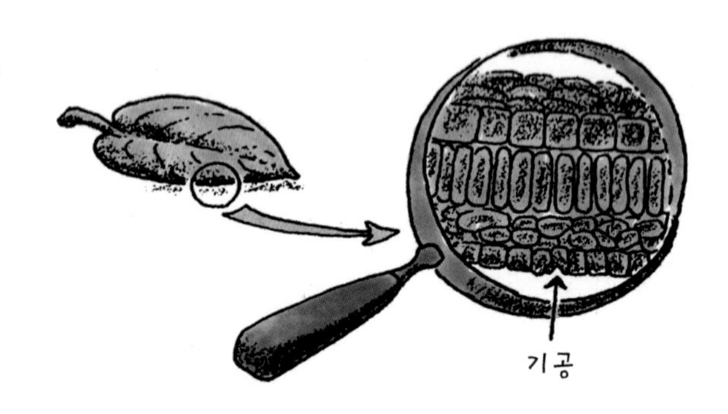

한 걸음 더

광합성과 빛의 관계

이제 같은 실험을 그늘에서 하고 그 결과를 앞 실험 결과와 비교해 보세요. 이전에는 나뭇잎이 햇빛을 받건 안 받건 별로 신경 쓰지 않았죠? 그 다음에는 유리병 2개를 준비해 하나는 실외 햇빛 속에 자라던 나뭇잎을 따다가 넣고, 다른 하나는 실내에서 자라던 나뭇잎을 따다가 넣으세요. 두 개의 유리병을 모두 양지바른 곳에 두고 실험 결과에 차이가 있는지 관찰합니다. 마지막으로 같은 실험을 실내에서 해 봅니다. 잎사귀나 유리병에 물방울이 생겼나요? 모든 관찰 내용과 실험 결과는 항상 꼼꼼하게 기록해 두는 것을 잊지 마세요!

굴광성

식물은 항상 햇빛을 향해 자라나요. 옆으로 뉘어 놓아도 다시 햇빛을 향해 꼿꼿이 일어선답니다.

준비물

- 종이 냅킨
- 잡초 (뿌리가 튼튼하고 잎과 줄기가 풍성한 것)
- 고무 밴드 2개
- 얇은 플라스틱 그릇 2개
- 물
- 연필
- 종이
- 가위

이렇게 해 보세요

1. 냅킨을 접어 그릇 크기에 맞게 깐 다음 잡초 뿌리를 위에 올립니다.
2. 잡초 뿌리를 올린 그릇 위에 다른 그릇을 마치 샌드위치를 만들듯 위에 덮어 줍니다. 단, 줄기와 잎사귀가 그릇 밖으로 나오게 하세요.
3. 두 개의 그릇과 잡초가 움직이지 않도록 고무 밴드로 잘 고정합니다.
4. 그릇에 물을 붓습니다. 이제 '잡초 샌드위치'가 완성되었어요.
5. 잡초 샌드위치를 양지바른 곳에 잘 놓아둡니다. 최소한 나흘은 기다려야 결과를 볼 수 있어요. 항상 용기 안에 1~2.5cm 정도 물이 차도록 물을 보충해 주세요. 매일 식물의 모습을 그림으로 그려 변화를 관찰하세요.

어떻게 될까요? 눕혀 두었던 잡초의 잎과 줄기가 햇빛을 향해 꼿꼿이 일어납니다.

왜 그럴까요? 식물의 잎과 줄기는 옆으로 뉘어 놓거나 심지어 뒤집어 놓아도 항상 햇빛을 향해 자랍니다. 식물이 빛을 찾아 구부러지기도 하고 빙빙 돌기도 하면서 자라는 성질을 **굴광성**이라고 해요.

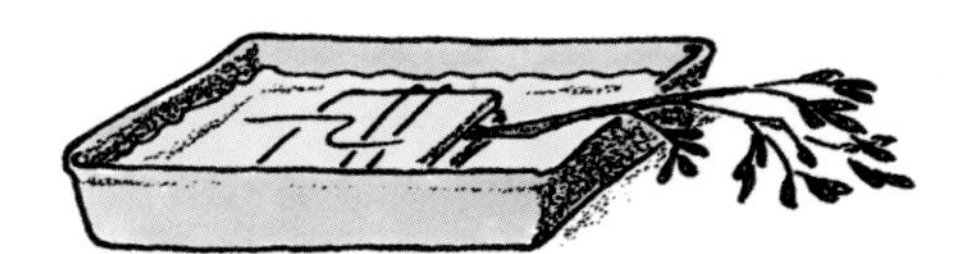

한 걸음 더

실험용 병 속 물기 없애기

실험을 위해 페트병 속을 완전히 말려야 하는데 방법을 몰라 난감한 적이 있지요? 키친타월을 한두 장 집어넣고 꼬챙이처럼 길고 가느다란 것을 넣어 바닥과 옆면을 닦아 보세요. 그리고 병을 기울여 다 닦고 난 키친타월만 밖으로 꺼내면 준비 끝이에요!

식물도 땀을 흘려요

식물도 사람처럼 땀을 흘린답니다. 어떤 원리일까요?

준비물

- 찰흙 덩어리
- 작고 투명한 음료수 병 2개
- 연필(또는 못)
- 햇빛을 쬔 넓은 잎사귀(또는 작은 잎들이 달린 줄기)
- 돋보기

이렇게 해 보세요

1. 찰흙을 손으로 굴려 4cm 길이의 마개를 만듭니다.
2. 찰흙 마개에 연필로 구멍을 뚫고 잎사귀를 조심스럽게 꽂아 넣어 고정합니다. 잎자루가 찰흙 마개를 통과해 반대편으로 뚫고 나오게 하세요.
3. 병 하나에 물을 채웁니다. 잎사귀를 꽂은 찰흙 마개를 병 입구 아래 2cm까지 넣어 병 입구를 막습니다. 찰흙 마개의 윗부분을 2cm 정도 밖으로 드러나도록 남겨 두세요. 찰흙 마개는 병 속의 물에 닿지 않고 잎사귀의 잎자루만 물에 잠기도록 하세요. 잎사귀에도 물기가 있으면 안 돼요. 마개에 물기가 있으면 위에 얹을 병 속에 물이 들어가서 실험 결과가 잘못될 수 있어요.
4. 다른 병을 뒤집어서 잎사귀가 병 속에 들어가도록 마개에 조심스럽게 꽂아 줍니다.
5. 마주 본 병 입구에 빈틈이 없도록 찰흙을 손으로 매만져 채워 줍니다. 한 시간이 경과한 후 돋보기로 실험 결과를 자세히 관찰하세요.

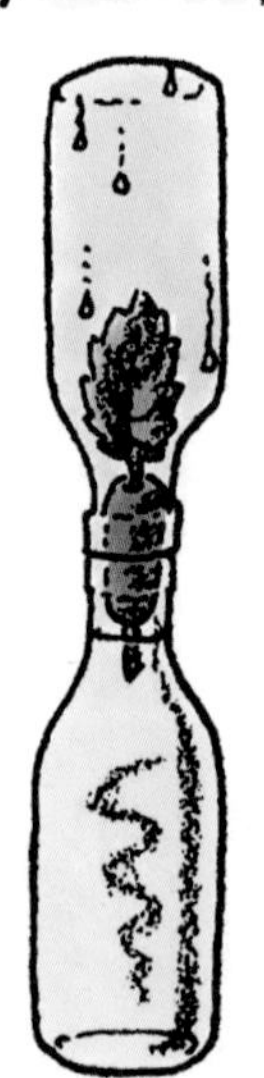

어떻게 될까요? '마른' 병을 뒤집어 세웠는데도 불구하고, 적지만 눈에 띌 정도의 습기(작은 물방울과 뿌연 수증기)가 맺힌 것을 볼 수 있어요.

왜 그럴까요? 식물은 식물 잎의 뒷면에 있는 **기공**이라고 불리는 숨구멍으로 습기를 배출해요. 이렇게 기공으로 물이 기체 상태로 식물체 밖으로 빠져나가는 것을 **증산 작용**이라고 합니다. 식물의 증산 작용은 마치 사람이 땀을 흘리는 것과 비슷하지요. 증발은 액체가 기체로 변하는 현상을 가리키기 때문에 기공을 이용하는 식물의 증산 작용과는 달라요. 식물은 뿌리가 물을 너무 많이 빨아들였을 때에도 기공으로 수분을 배출한답니다.

세상에 있는 물의 총량은 항상 같아요. 어떤 것도 그냥 사라지는 것은 없답니다. 지구상의 물은 비, 구름, 호수, 바다, 특히 식물의 증산 작용을 통해 자연 순환해요. 비록 눈에 보이지 않을지라도 식물은 매일 몇 리터씩 물을 배출하고 있답니다. 식물의 잎은 매일 수백만 톤의 수증기를 배출해요. 우리는 무심코 지나치지만, 식물의 증산 작용이 없다면 우리는 지구에서 살아갈 수 없어요.

증산 작용의 조건

앞 실험에서 병 속에 넓은 잎사귀를 넣었을 때 물방울이 맺히고 습기가 차는 것을 관찰했죠? 만약 잎사귀의 종류가 다르면 증산 작용도 달라질까요? 병을 더 준비해 넓은 잎, 좁은 잎, 작은 잎, 고사리 잎 등 종류를 더 다양하게 실험해 보세요. 같은 병을 2개 준비해 하나는 햇볕이 드는 바깥에, 또 하나는 실내에 두어 봅니다. 어느 병의 수증기가 더 많거나 적은가요? 혹은 모두 같은가요? 여러분은 어떤 가설을 세우셨나요?

잎사귀를 넣지 않은 병을 대조군으로 이용해 실험해 보면, 잎사귀가 들어 있지 않은 병은 물방울이 맺히지 않는다는 사실을 알게 될 거예요.

교과서 4학년 1학기 3단원 식물의 한살이 | **핵심 용어** 씨, 싹 | **실험 완료** ☐

화분 없이 싹 틔우기

새 모이, 무씨, 양파씨 등 모든 씨앗을 물을 적신 스펀지에 올려놓으면 싹이 튼답니다.

준비물

- 스펀지
- 접시
- 물
- 씨앗
- 돋보기

이렇게 해 보세요

1 접시에 스펀지를 놓고 스펀지가 촉촉이 젖도록 물을 붓습니다. 단, 스펀지가 물에 잠기면 안 돼요. 실험하는 동안 스펀지가 마르지 않도록 수시로 물을 보충하세요.

2 스펀지 위에 약간의 씨앗을 흩뿌린 다음 손으로 가볍게 눌러 들뜨지 않게 합니다.

3 용기를 햇볕이 잘 드는 창가나 양지바른 곳에 두고 2~3일 후 관찰합니다. 필요하면 돋보기를 이용하세요.

4 2~3일 후 씨앗이 갈라지면서 싹이 틀 거예요. 5~7일이면 완전히 모종으로 자랍니다.

왜 그럴까요? 마른 씨앗을 물에 젖은 스펀지 위에 올리면 씨앗이 물에 불면서 벌어져요. 그러면 씨앗이 발아해 자라기 시작해요. 물은 씨앗의 겉을 싸고 있는 외피를 부드럽게 하거든요. 이 시기에 씨앗이 자라려면 물, 양분, 공기만 있으면 돼요. 싹은 씨앗을 양분으로 해서 트지만 나중에는 땅과 햇볕이 있어야 자체적으로 양분을 생산할 수 있답니다.

이것도 궁금해요 싹이 트는 과정을 빠르고 쉽게 관찰해 보았습니다. 씨앗이 발아한 후에는 스펀지에서 조심스럽게 떼어 낸 다음 배양토나 질석 등을 담은 화분에 옮겨 심으세요(자세한 설명은 다음 실험을 참조하세요).

수경 재배

흙이 없어도 식물을 기를 수 있을까요? 수경 재배는 식물 생장에 꼭 필요한 흙 없이도 식물을 키우는 방법이랍니다. 정말 가능할까 의심스럽다고요? 손에 흙 한 톨 안 묻히고 그 원리를 알아봐요.

준비물

- 화분(바닥에 배수 구멍이 있는 것)
- 배수 구멍을 막을 돌
- 쟁반이나 접시
- 분무기
- 씨앗
- 물을 흡수하는 화분 재료(질석, 펄라이트나 피트모스 등)
- 비료

이렇게 해 보세요

1. 화분의 배수 구멍을 돌 등으로 막습니다. 화분을 쟁반이나 얕은 접시로 받치고 준비한 화분 재료를 채우세요.
2. 분무기로 물을 골고루 줍니다. 너무 흠뻑 젖지 않게 주의하세요.
3. 화분 재료 위에 씨앗을 고루 흩뿌린 다음 잘 눌러 줍니다. 씨앗 종류가 여러 가지라면 화분도 씨앗에 따라 달리해 주세요.
4. 화분을 햇볕이 잘 드는 창가에 두고 마르지 않게 수분을 보충해 줍니다.
5. 싹이 트고 나면 물과 비료를 섞어(희석 비율은 비료 포장지의 설명 참조) 수시로 보충해 줍니다. 물을 너무 많이 주지는 마세요.

어떻게 될까요? 흙 한 톨 없이도 싹이 트고 잘 자랍니다.

왜 그럴까요? 식물은 공기, 물, 빛이 있어야 자라지만 반드시 흙이 필요한 것은 아니에요. 흙에서 얻는 무기물을 액상이나 건조 상태의 비료에서 얻기만 하면 식물은 자랄 수 있어요. 수경 재배가 앞으로 식물을 재배하는 대안이 될 수 있는 것도 이런 이유에서랍니다.

교과서 4학년 1학기 3단원 식물의 한살이 | 핵심 용어 덩굴 식물, 줄기, 뿌리 | 실험 완료 ☐

필로덴드론 대가족 만들기

필로덴드론이 누구냐고요? 필로덴드론은 흔히 볼 수 있는 덩굴 식물로, 공기를 깨끗이 해 주는 작용을 한답니다. 집에 필로덴드론이 있다면 이번 기회에 필로덴드론에게 대가족을 만들어 주세요. 만약 없다면 다른 식물도 괜찮아요. 잘라 낸 줄기에서 뿌리가 자라 나와 금세 대가족으로 불어날 거예요.

준비물

- 필로덴드론 (또는 다른 덩굴 식물의 줄기를 약 8cm 길이로 잘라 준비)
- 물이 든 유리병

이렇게 해 보세요

1. 잎이 떨어진 뒤에 줄기에 남아 있는, 잎이 붙어 있던 흔적이나 불룩한 마디 아래에서 줄기를 꺾습니다. 꺾은 줄기에서 잎사귀를 떼어 내세요.
2. 준비한 식물 줄기를 물이 든 유리병에 넣습니다. 잎사귀를 떼어 낸 자리가 물에 잠기도록 하세요.
3. 인내심을 가지고 새 뿌리가 나오기를 기다립니다. 뿌리가 제대로 자라 나오려면 몇 주가 걸릴 수도 있어요.

어떻게 될까요? 잎사귀를 떼어 낸 자리에서 긴 갈색의 실 같은 뿌리가 자라 납니다.

왜 그럴까요? 식물에 따라 뿌리, 잎사귀, 줄기 등 자라 나오는 자리가 다를 수 있어요. 필로덴드론의 줄기를 잘라서 물에 담가 두면 불룩 튀어나온 마디 주변에서 뿌리가 자라 나와요. 제라늄 같은 식물로도 가능하니까, 이번 실험에서 실패했다고 포기하지 말고 재도전하세요!

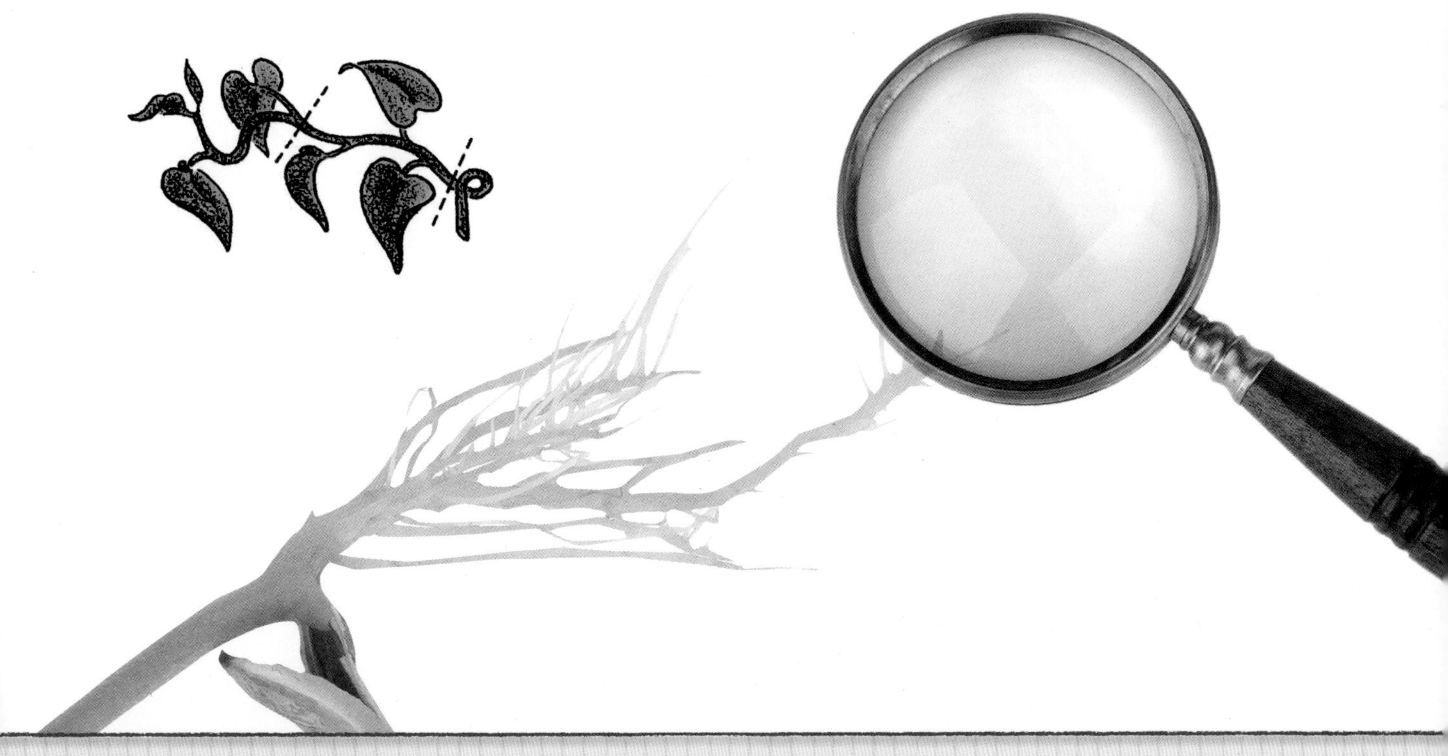

교과서 4학년 1학기 3단원 식물의 한살이 | **핵심 용어** 싹, 씨앗 | **실험 완료** □

온실 토마토

온실은 식물을 키우는 따뜻하고 폐쇄된 공간입니다. 온실을 활용해 토마토 싹을 틔우고 열매도 한번 수확해 보기로 해요. 재밌는 실험도 하고, 유기농 토마토까지 먹는다면 일석이조겠지요?

준비물

- 화분
- 배양토
- 신선한 토마토나 시판되는 토마토 씨앗
- 랩
- 고무 밴드
- 햇볕이 드는 창가

이렇게 해 보세요

1 화분에 배양토를 넣고 꾹꾹 다져 준비합니다.

2 신선한 토마토에서 파낸 씨앗이나 시판되는 씨앗을 뭉치지 않게 배양토에 골고루 흩뿌려 줍니다.

3 그런 다음 흙으로 가볍게 덮어 줍니다.

4 물을 충분히 준 다음 화분을 모두 투명한 랩으로 덮어 고무 밴드로 밀봉합니다.

5 화분을 햇볕이 잘 드는 창가에 놓고 예쁜 싹이 트기를 기다리기만 하면 됩니다.

씨앗과 모종 심기

씨앗과 모종으로 식물을 키우기도 하지만, 이미 자란 식물을 꺾꽂이해도 식물은 번식할 수 있어요. 단, 몇 가지 간단한 규칙만 지켜 주세요.

씨앗이 싹트고 식물이 잘 자라게 하려면 먼저 물이 필요해요. 그러나 물을 너무 많이 주면 공기가 잘 통하지 않아 죽고, 너무 건조해도 말라죽으니 주의하세요. 햇볕이 잘 드는 장소와 무기물이 풍부한 토양도 필요하답니다.

먼저 식물에서 꺾꽂이할 부위와 씨앗, 모종을 바닥에 배수 구멍이 있는 화분에 심습니다. 달걀판이나 우유팩 바닥에 구멍을 뚫어 사용해도 훌륭한 화분이 돼요. 흙에 깨진 장독 조각이나 자갈, 돌멩이를 섞어도 배수에 도움이 됩니다. 배양토는 피트모스, 모래, 나무껍질, 나뭇조각과 질소 및 철분이 같은 비율로 골고루 섞인 것을 이용하세요.

배양토를 화분에 가득 채우고 씨앗이나 식물을 심을 때는 너무 빽빽하지 않게 여유 공간을 두어야 잘 자랍니다. 씨앗이나 모종의 뿌리에 약 1cm 높이의 흙을 덮고 꾹꾹 눌러 줍니다. 햇볕이 잘 드는 남향에 화분을 두고 흙이 마르지 않게 물을 주세요. 물뿌리개나 스포이트를 이용하면 물의 양을 조절하기 쉬울 거예요.

식물을 잘 다룰 자신이 없다면 어른에게 도와 달라고 하세요. 그럼 모두 예쁜 식물 키우세요!

화석 연료의 탄생

수억 년 전, 습지에서 살던 이끼나 고사리 같은 원시 식물은 죽어서 쌓여 층을 이루었어요. 이런 과정이 수 세기에 걸쳐 반복되면서 썩은 식물층 위에 진흙, 바위, 퇴적물도 쌓인답니다. 이러한 층에 강한 압력이 가해지면 내부의 열과 압력에 따라 변성을 일으켜 석탄이나 천연가스가 돼요.

원유도 이와 비슷하게 만들어져요. 작은 해양 생물이 열과 거대한 압력에 의해 화학적 변화를 거쳐 원유가 됩니다. 이런 화학적 변화는 대부분 고대의 바다에서 일어났어요. 고대 바다 중 일부는 현재 없어졌고요.

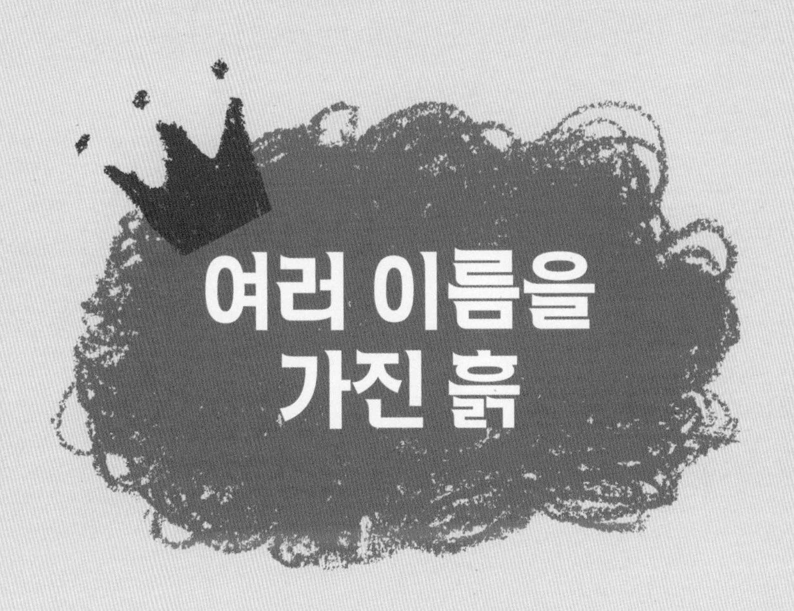

여러 이름을 가진 흙

앞 장에서 화분에 흙을 채울 때 흙의 겉모습, 촉감, 냄새를 느껴 보았나요? 흙 속에 든 성분과 생물 등 흙의 특성에 대해 생각해 보세요. 흙을 자세히 들여다보면 그 속에 벌레, 나뭇잎, 자갈, 돌멩이들이 들어 있어요. 하지만 그건 빙산의 일각에 불과하답니다. 눈으로는 볼 수 없는 수십억 마리의 동식물들이 흙속에 살면서 흙을 건강하고 기름지게 만들어 주지요. 이번 장에서는 흙, 모래, 부엽토와 진흙에 대해 알아보고, 특정 조건에서 다양한 흙들이 어떻게 반응하는지도 알아볼 거예요. 손에 흙이 좀 묻더라도 재미있게 배워요!

흙은 무엇으로 이루어져 있을까?

모든 흙은 다 같을까요, 아니면 차이가 있을까요? 식물이 자라는 데 가장 좋은 흙은 어떤 흙일까요?

먼저 다음 설명을 꼼꼼히 읽고 실험을 해 보면, 땅속 깊숙이 숨겨진 놀라운 흙의 비밀을 새롭게 알게 될 거예요. 흙은 암석 조각, 무기물, 죽은 동식물의 사체와 미생물인 박테리아로 이루어져 있어요. 단세포 식물인 박테리아는 너무 작아서 우리 눈에 보이지 않지만, 모든 흙 속에 살면서 중요한 역할을 한답니다. 작은 동물과 벌레들, 산소와 물도 흙에 꼭 필요해요. 더 큰 동물들의 도움으로 박테리아는 공기와 물을 이용해 흙을 분해하고 화학 변화를 일으켜요. 그 결과 척박한 땅이 질소가 풍부한 흙으로 바뀌어 식물이 잘 자랄 수 있게 된답니다.

흙의 종류

흙은 입자와 성분에 따라 모래흙(사토), 모래참흙(사양토), 참흙(양토), 질참흙(식양토), 네 가지로 분류됩니다. 앞으로 갈수록 모래의 비율이 높고, 뒤로 갈수록 진흙의 비율이 높아요. 모래는 깨진 조개껍데기, 풍화된 암석, 석영과 화산석인 현무암 같은 무기물의 부스러기가 모였어요. 좋은 흙에는 어느 정도 모래가 있어야 하지만, 너무 많으면 물이 다 빠져 버려서 뿌리가 마르고 시들어요.

모래는 사막, 해안가와 강바닥에 많아요. 더 입자가 굵은 모래는 자갈이라고 합니다. 찰흙은 미세한 입자의 흙으로, 모든 흙에 꼭 필요한 성분입니다. 진흙이 없다면 수분과 비료는 모두 흘러가 버릴 거예요. 그러나 흙 속에 찰흙 성분이 많으면 물이 잘 빠질 수 없어, 물이 고여 결국 뿌리가 썩지요. 식물 생장에 가장 좋은 흙은 양토, 즉 참흙입니다. 참흙은 식물이 자라기에 좋은 영양이 풍부한 흙이에요.

흙 칵테일

흙 칵테일을 만들면서 다양한 종류의 흙 입자로 구성된 퇴적물이 떠다니고 쌓이는 과정을 알아보세요.

준비물

- 뚜껑이 있는 유리병*
- 흙 3종류 이상 각 $\frac{1}{2}$컵**
- 물
- 돋보기
- 종이
- 연필

이렇게 해 보세요

1 유리병에 흙 한 종류를 절반쯤 채우고 물을 붓습니다. 흙과 물이 유리병 높이의 $\frac{3}{4}$을 채우도록 하세요.

2 유리병 뚜껑을 꽉 닫고 잘 흔듭니다.

3 다른 종류의 흙도 같은 방법으로 반복한 후 약 2시간 정도 흙이 가라앉기를 기다립니다. 앉아서 지켜볼 필요까지는 없어요.

4 흙이 가라앉은 후 후 돋보기로 흙 표본에 어떤 변화가 일어났는지 관찰합니다.

5 각 유리병에 자리 잡은 퇴적물의 모습을 그림으로 기록합니다.

어떻게 될까요? 흙이 성분별로 띠 모양의 층을 이루고 있습니다.

왜 그럴까요? 모래 성분이 많은 흙은 더 무거운 암석에 가까운 성분이 가장 아래에 가라앉고 그 위로 색이 옅은 모래가 쌓여요. 원예용으로 사용하는 표토는 대부분 무거운 자갈 성분이 바닥에 가라앉고, 색이 어둡고 무게가 가벼운 부엽토는 유리병의 위로 떠올라요. 이런 식으로 영양이 풍부하고 좋은 표토를 가릴 수 있어요.

*실험하고자 하는 흙의 종류만큼 준비하세요.
**여러 장소와 깊이에서 채취해 준비하세요.

여행 기념품

차를 타고 멀리 나가거나 휴가를 갔다면 여행 기념품으로 각 지역의 다양한 흙을 채취해 오세요. 이렇게 채취해 온 토양으로 실험을 해 각 표본별로 함유된 부엽토 및 다양한 흙의 종류와 양을 알아볼 수 있습니다. 단, 해외에서는 흙을 갖고 오면 안 되니 주의하세요.

교과서 6학년 1학기 3단원 여러 가지 기체 | 핵심 용어 기체의 부피 | 실험 완료 ☐

공기를 만드는 흙

흙 속에도 공기가 있을까요?

준비물

- 작은 유리병
- 흙 $\frac{1}{2}$컵
- 끓여서 식힌 물 1컵
- 돋보기

이렇게 해 보세요

1 유리병 안에 흙을 넣습니다.

2 끓였다 식힌 물을 서서히 흙 위에 붓고 흙을 관찰합니다.

어떻게 될까요? 공기 방울이 생겨 흙 위에 맺힙니다.

왜 그럴까요? 마른 흙은 모두 입자 속과 주변에 공기를 품고 있어요. 흙 입자 사이에 물이 들어가면 공기 방울이 밀려 나와 흙 표면으로 솟아올라요. 그런데 이 공기가 물 자체가 가진 공기인지 어떻게 구분하냐고요? 물을 끓이면 물속의 공기가 가열되어 날아가요. 이처럼 끓여서 식힌 물을 사용하면 물속의 공기와 흙 속의 공기가 혼동되지 않지요. 이번 실험에서 본 공기 방울은 모두 흙에서 나온 것이랍니다.

교과서 6학년 1학기 3단원 여러 가지 기체 | 핵심 용어 기체의 부피 | 실험 완료 ☐

공기를 만드는 돌

구멍이 많은 돌(구멍이나 빈 공간이 있는 가벼운 돌)을 구해 물을 채운 쟁반에 넣으면 공기 방울 제조기가 된답니다.

준비물

- 구멍이 많은 돌 (또는 깨진 벽돌이나 도자기 조각)
- 깊은 쟁반
- 끓여서 식힌 물 1컵
- 돋보기

이렇게 해 보세요

1 쟁반에 돌을 넣습니다.

2 끓였다 식힌 물을 돌이 푹 잠길 만큼 붓습니다. 이제 돋보기로 관찰하세요.

어떻게 될까요? 돌에서 공기 방울이 줄지어 올라옵니다. 돌에 구멍이 많을수록 공기 방울도 더 많이 생겨요. 돌에서 빠져나오는 공기 방울의 힘 때문에 돌이 들썩거리면서 쟁반에서 달그락대는 소리가 납니다.

왜 그럴까요? 앞 실험에서 흙 속에 공기가 있는 것을 증명했죠? 공기는 돌 속에도 있답니다. 돌을 구성하는 물질 사이 공간에서 공기 방울이 생성되어 물 표면으로 솟아오르는 것이에요.

교과서 3학년 2학기 3단원 지표의 변화 | 핵심 용어 모래 | 실험 완료 ☐

모래 구덩이 함정

모래 구덩이는 굵은 모래자갈이 물과 섞여 언뜻 보기에는 마르고 단단한 표면인 것처럼 보여요. 언뜻 걸어도 될 것처럼 단단해 보이지만 무게를 견딜 만큼 단단하지 않아 매우 위험해요. 모래 구덩이에 빠져 죽은 사람들도 있지요. 그럼 이제 단 1분만 버틸 수 있는 끈끈한 모래 구덩이를 만들어 보세요.

준비물

- 신문지
- 양푼
- 계량컵
- 옥수수 전분 $1\frac{1}{4}$컵
- 주걱
- 커피 가루 2큰술

이렇게 해 보세요

1 바닥이 더러워지지 않도록 신문지를 깔아 둡니다.

2 양푼에 옥수수 전분과 물을 넣고 섞어 걸쭉해질 때까지 주걱으로 잘 저어 줍니다. 옥수수 전분 반죽은 빽빽하고 끈끈해 젓기도 힘들고 그릇에 달라붙을 거예요.

3 반죽 표면에 커피 가루를 고르게 뿌려 잘 말립니다.

4 지금부터가 재미있답니다. 주먹을 쥐고 표면을 가볍게 내리치세요. 어떤 일이 벌어지나요? 또 어떤 느낌인가요?

5 반죽을 손가락으로 가볍게 눌러 봅니다. 이번에도 어떤 일이 벌어지는지 관찰하세요.

어떻게 될까요? 반죽을 주먹으로 내리치자 신기하게도 주먹이 표면에 붙어 더 이상 아래로 내려가지 않습니다. 하지만 손을 반죽 속으로 뻗어 보면 그릇 바닥까지 쑥 들어갑니다.

왜 그럴까요? 옥수수 전분 반죽의 분자 구조는 실제 모래 구덩이와 같아요. 물 분자와는 달리 반죽의 분자는 더 크지요. 끈적끈적한 반죽은 부풀고 서로를 잡아당겨 마치 액체보다는 고체처럼 보입니다. 게다가 표면의 커피 가루 때문에 언뜻 보기에는 뽀송뽀송한 것 같아, 실제 모래 구덩이와 더 비슷합니다.

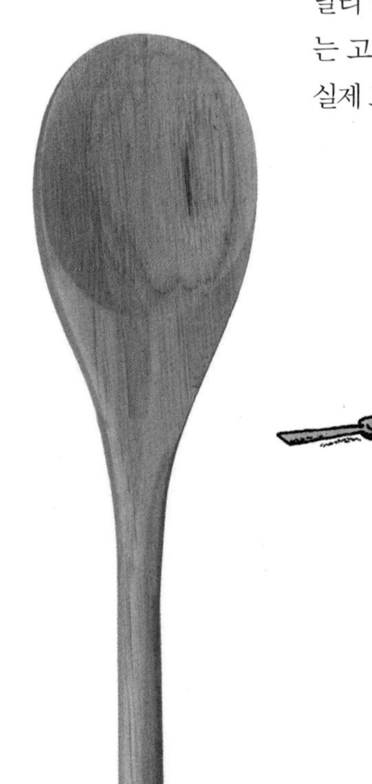

화분 정수기

집에서 마시는 물이 어떤 정수 과정을 거치는지 생각해 본 적 있나요? 화분으로 정수기를 만들어 직접 알아봅시다. 실험하는 동안 유용한 정보를 많이 얻을 거예요. 그렇다고 이 실험으로 정수한 물을 마시면 큰일 나요. 화분 정수기는 정수기의 원리를 알아보려는 것이지 제대로 된 정수기는 아닌 데다가 상한 물은 몇 방울만 마셔도 배탈이 나기 때문입니다. 깨끗한 모래와 자갈은 꽃 가게에서 작은 용량으로 구매할 수 있어요.

준비물

- 중간 크기의 화분 (또는 우유팩 바닥에 구멍을 뚫어 준비)
- 키친타월 (또는 거름종이)
- 뚜껑이 있는 페트병
- 쟁반(또는 얕은 용기) 2개
- 자갈 (또는 작은 돌멩이)
- 모래
- 깔때기
- 흙
- 물

이렇게 해 보세요

1. 키친타월을 화분 바닥에 깔아 줍니다.
2. 키친타월 위에 자갈을 5cm 높이로 깔아 줍니다.
3. 모래를 화분의 $\frac{2}{3}$까지 차도록 모래를 부어 줍니다. 이제 화분 정수기가 완성되었어요!
4. 깔때기로 흙 1컵을 페트병에 넣고 물을 가득 채웁니다.
5. 뚜껑을 닫고 잘 흔든 후, 흙이 섞인 물 약간을 쟁반 하나에 붓습니다. 이것은 화분 정수기의 대조군 실험이에요.
6. 화분 정수기를 다른 쟁반에 놓고 그 위로 페트병의 흙물을 붓습니다. 처음부터 아주 맑은 물을 얻을 수는 없으니 인내심을 가지고 완전히 맑은 물이 나올 때까지 몇 번이고 반복하세요. 이렇게 해서 거른 물을 처음에 쟁반에 부어 두었던 대조군과 비교해 보세요.

어떻게 될까요? 화분 정수기를 거쳐 처음에 흘러나오는 물은 매우 더러울 거예요. 하지만 그 물을 다시 정수기로 계속 거르는 동안 점점 맑아지기 시작합니다. 비록 침전물은 다소 남아 있지만요.

왜 그럴까요? 비슷한 점은 있겠지만, 여러분이 만든 화분 정수기는 도시의 거대한 정수처리장과는 다릅니다. 정수처리장에서는 원래 물을 공기 중으로 뿌려 유해 가스를 날린 다음 약품을 넣어 물속에서 떠다니는 물질을 엉기게 해 정수하기 쉽게 만들어요. 우리가 만든 화분 정수기처럼 정수처리장의 물도 여러 층의 모래와 자갈을 통과합니다. 그다음 숯을 통과하고, 염소 가스에 소독돼요. 염소 가스는 물속의 각종 세균을 없애는 역할을 합니다. 물의 정수 과정은 매우 복잡하지요. 이제 정수 원리는 물론, 왜 여러분이 직접 정수한 물을 마시면 안 되는지도 잘 알겠죠?

교과서 3학년 2학기 3단원 지표의 변화 | 핵심 용어 찰흙, 배수 | 실험 완료 ☐

흙의 물 빠짐

물이 잘 빠지는 땅은 '배수가 잘 된다'고 해요. 물이 잘 빠지는 흙의 종류는 무엇일까요? 어떤 흙에서 물이 가장 많이 또는 적게 빠질까요?

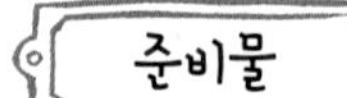

- 못
- 흙 4종류 각 $\frac{1}{2}$컵 (찰흙, 모래, 배양토, 정원용 참흙 등)
- 종이컵 4개 (또는 우유팩 위를 잘라 내 준비)
- 받침으로 쓸 작은 용기 4개
- 물
- 종이
- 연필
- 계량컵

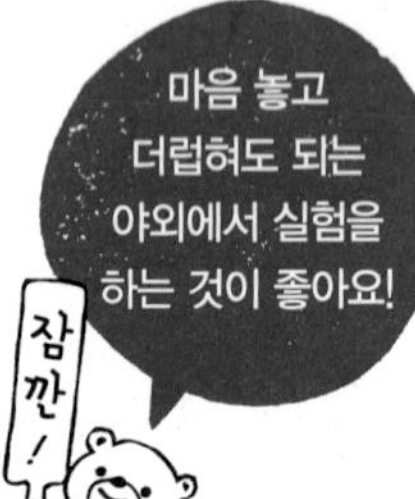

이렇게 해 보세요

1 종이컵 바닥에 못으로 여섯 개 정도 구멍을 뚫습니다.

2 종이컵 4개에 각각 준비한 흙을 담습니다.

3 작은 용기 4개를 각각 종이컵의 아래에 받쳐 두고 물 $\frac{1}{2}$컵을 각각의 흙에 붓습니다.

4 받침 용기에 모인 물을 각각 계량컵에 부어 물의 양을 기록합니다.

어떻게 될까요? 유독 흙과 물이 바닥으로 많이 빠져나온 컵이 있을 거예요. 어떤 흙은 물이 더 빨리 빠져나온답니다.

왜 그럴까요? 찰흙은 수분을 많이 갖고 있는 반면 모래는 물이 아주 빨리 빠져나갑니다. 잔뿌리 주변에 수분이 너무 많으면 뿌리가 썩을 수 있고, 너무 적으면 말라서 시들어요. 식물이 자라기에 가장 좋은 흙은 동식물이 썩어서 된 부엽토입니다. 뿌리를 자극하면서도 식물이 건강하게 자랄 수 있는 충분한 물을 보유하고 있기 때문이지요. 그러나 잘 자라는 토양은 식물마다 다르답니다.

교과서 3학년 2학기 3단원 지표의 변화 | **핵심 용어** 풍화, 침식 | **실험 완료** ☐

모래 언덕의 지표 변화

오랜 세월 파도가 치면서 해안선과 모래사장의 모습은 점점 변화해요. 지구의 침식 현상과 그에 따른 점진적인 지표면의 변화를 알아보세요.

준비물

- 모래
  (또는 입자가 고운 흙)
- 금속 쟁반
- 물

이렇게 해 보세요

1. 쟁반의 한쪽에는 모래를 언덕처럼 쌓고 반대쪽에는 평평하게 깔아서 모래사장이나 해안가의 모형을 만듭니다.
2. 모래사장의 일부가 물에 잠기도록 쟁반의 중간에 물을 붓습니다. 처음에는 조심조심 붓다가 점점 빠르게 부으세요.
3. 마치 파도가 치듯 쟁반을 옆으로 흔들어 해안의 모래를 흩뜨려 봅니다.

어떻게 될까요? 쟁반에서 만든 파도는 모래 언덕의 모래를 깎아서 해안의 모습을 점점 바꿉니다.

왜 그럴까요? 바다의 파도는 지속적으로 땅의 모습을 바꿔요. 파도는 거대한 바위 지형을 풍화시키거나 기암괴석을 만들기도 하고, 모래흙을 운반해 다른 지역에 퇴적하기도 합니다. 이러한 점진적이고 지속적인 파도의 작용을 **침식**이라고 해요. 바위가 물이나 바람 등에 의해 부서지는 과정은 **풍화**라고 하지요.

흙 상자로 배우는 경작법

어렸을 때 진흙탕 놀이를 즐겼다면 이 실험도 좋아할 거예요!

준비물

- 가위
- 1리터 우유팩 3개
- 원예용 상토
- 물
- 쟁반(또는 얕은 용기)
- 짧은 막대
- 계량컵
- 종이
- 연필

이렇게 해 보세요

1 우유팩의 긴 단면을 잘라 준비합니다. 우유팩 입구가 그림처럼 바닥에 가게 눕히세요.
2 단면을 자른 우유팩을 눕힌 다음 우유팩 용기와 같은 양의 흙을 넣습니다.
3 물을 흠뻑 적신 다음 고루 섞습니다. 흙이 너무 많이 젖었다면 마른 흙을 좀 더 넣고 손으로 고루 섞으세요.
4 젖은 흙을 손이나 막대로 다듬어 우유팩 입구와 먼 쪽이 더 높은 평평한 언덕이 되도록 만듭니다.
5 두 번째 팩과 세 번째 팩도 같은 방법으로 언덕을 만들되, 한 팩에는 울퉁불퉁한 고랑과 이랑이 있는 언덕 만들고, 다른 팩에는 계단 모양의 언덕을 만듭니다. 흙이 마르도록 30분간 두세요.
6 우유팩 입구 밑에 쟁반을 받칩니다. 흙이 다 마르면 첫 번째 팩을 움직이지 않게 기대어 약간 기울어지도록 합니다. 흘러나오는 물이 쟁반에 고이도록 하세요.
7 물 1컵을 계량해 천천히 첫 번째 우유팩의 언덕에 붓습니다. 몇 분간 흙이 제자리에 내려앉고 쟁반으로 물이 빠지기를 기다리세요. 쟁반에 받은 물을 다시 계량컵에 부어 양을 재고 기록하세요.
8 나머지 두 개의 팩도 마찬가지로 실험합니다. 물이 얼마나 맑고 흐린지, 그리고 쟁반에 물이 고이기까지 시간이 얼마나 걸리는지 꼼꼼히 비교하며 기록하세요.

어떻게 될까요? 계단과 평지로 된 팩에서는 1컵의 물이 고스란히 빠져나오지만, 고랑을 만든 팩에서는 반 컵만 흘러나옵니다.

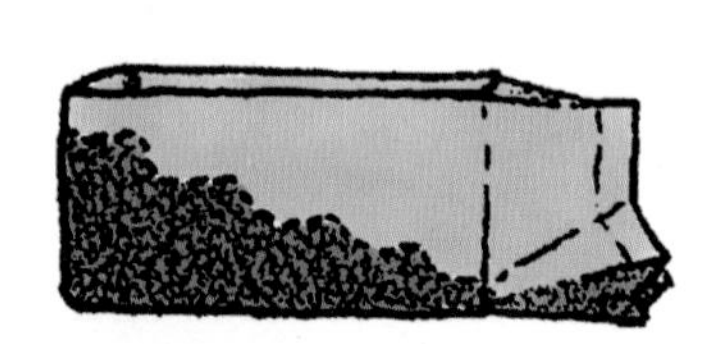

왜 그럴까요? 흙이 떠내려가 없어지지 않고 팩 속에 많이 남아 있을수록 좋은 흙입니다. 토양의 침식이나 표토의 유실은 농작물의 재배 방식이나 토양 보존 기법을 통해 막을 수 있어요. 우유팩 언덕 중 고랑과 이랑을 만든 것은 등고선식 경작법이며, 계단 또는 높고 평평한 땅을 만든 것은 계단식 경작법이랍니다.

주변이 온통 흙투성이가 될 수 있으니 버려도 되는 옷을 입고 야외에서 실험하세요.

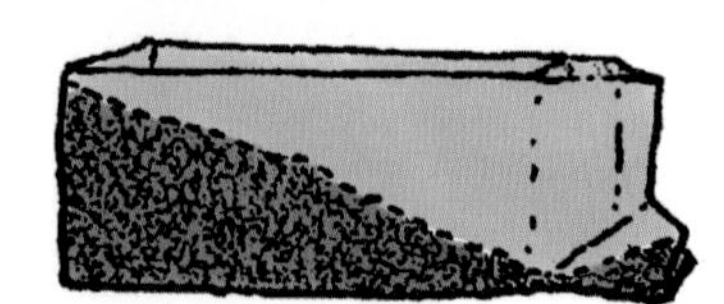

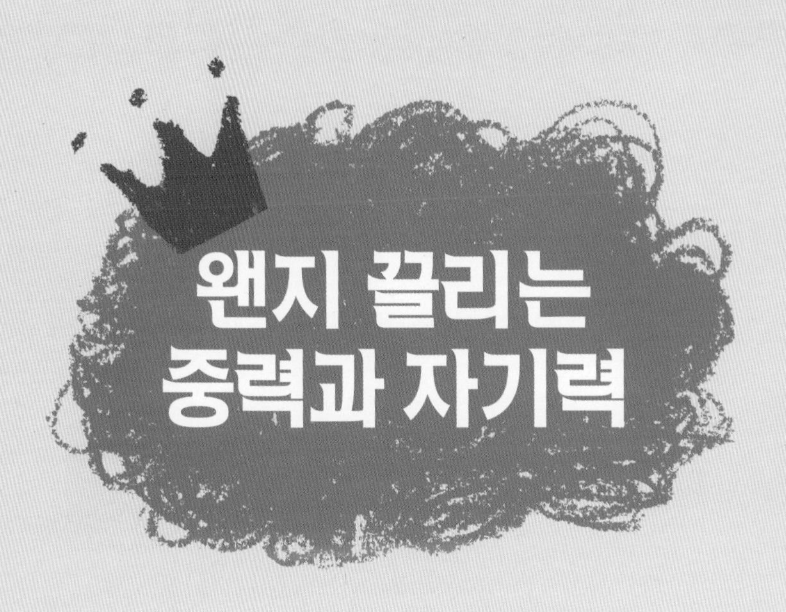

왠지 끌리는 중력과 자기력

중력과 자기력은 서로 다른 지구의 힘이지만, 둘 다 상당한 인력을 발생시켜요.

중력은 사람, 집, 공, 침대, 자동차 등 세상의 모든 것을 지구의 중심인 아래로 끌어당기는 힘이랍니다! 지구에서 여러분의 체중은 여러분에게 가해지는 중력의 힘과 같아요. 다른 행성, 태양과 달에도 중력이 있지만 그 크기는 다 다르답니다. 태양의 인력 때문에 지구와 다른 행성들이 태양 주위 궤도를 돌고, 달의 인력 때문에 지구에서는 밀물과 썰물이 생깁니다. 이러한 만유인력의 법칙을 최초로 발견한 사람은 영국의 과학자 아이작 뉴턴(Isaac Newton, 1642~1727)입니다.

반면, 자석은 서로 잡아당기는 인력이 더 강한 곳에서 극성을 띠거나 자기장을 형성합니다. 지구는 중심부인 핵이 철로 되어 있기 때문에 거대한 자석과 같아요.

이제부터 할 중력과 자기력 실험은 너무나 놀라워서, 마치 자석에 끌리듯 하던 일을 멈추고 빨려들 거예요!

용수철저울로 무게 재기

사람의 체중이나 물건의 무게는 사람이나 물건에 가해지는 중력의 크기랍니다. 실험을 통해 그 작용을 알아봐요.

준비물

- 못
- 우유팩 (윗면을 잘라 준비)
- 튼튼한 끈
- 클립
- 두꺼운 고무 밴드
- 30cm 자
- 고무찰흙
- 무게를 잴 물건들 (돌, 자갈, 콩, 쌀, 흙, 모래, 마시멜로 등)

이렇게 해 보세요

1. 우유팩 옆면에 바닥에서 2.5cm 정도 높이에 못으로 구멍을 뚫습니다. 마주 보는 면에도 똑같은 위치에 구멍을 뚫어주세요.
2. 뚫은 구멍으로 끈을 끼운 다음 단단히 묶어서 손잡이를 만듭니다.
3. 손잡이에 클립 한쪽을 연결하고, 클립의 다른 쪽에 고무 밴드를 끼웁니다. 이제 용수철저울이 완성되었어요.
4. 바닥에 30cm 자를 수직으로 세워 고무찰흙으로 고정합니다.
5. 친구에게 바닥에 세운 자의 위 가장자리와 우유팩 위 가장자리가 아래 그림처럼 나란하도록 고무 밴드를 잡아 달라고 합니다.
6. 준비한 자갈, 돌멩이, 쌀, 말린 콩 등 무게를 재고 싶은 물건을 하나 골라 우유팩에 넣습니다. 천천히 조심스럽게 우유팩을 채우세요.
7. 자의 맨 윗부분과 같은 높이에서 시작한 우유팩이 내용물을 채울 때마다 몇 cm나 아래로 내려가는지 꼼꼼하게 측정합니다.

어떻게 될까요? 여러분이 직접 만든 용수철저울은 각기 다른 내용물에 가해지는 중력의 힘을 측정하는 장치입니다. 우유팩의 내용물에 가해지는 중력의 크기만큼 자의 눈금이 내려가요.

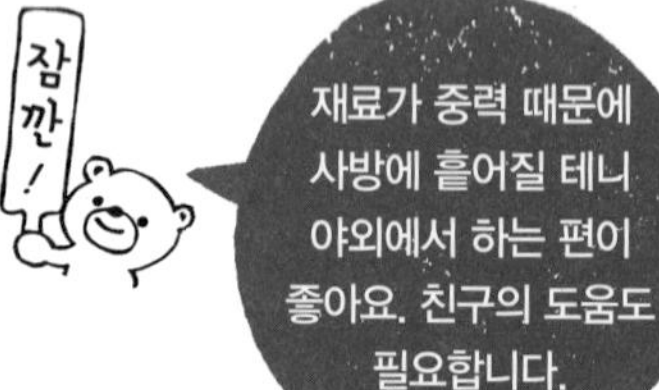

왜 그럴까요? 지구는 모든 물체를 아래로 잡아당겨요. 밀도나 질량에 따라 어떤 물체에 더 큰 중력이 가해질수록, 그 물체는 더 무겁습니다. 우유팩에 내용물이 더 많이 들어갈수록 고무 밴드는 더 늘어나며 용수철저울의 눈금으로 그 힘의 양을 측정할 수 있어요.

교과서 4학년 1학기 4단원 물체의 무게 | 핵심 용어 중력, 무게 중심 | 실험 완료 ☐

중력을 비웃는 깡통

깡통을 언덕 위로 굴려 지구에 존재하는 모든 사람과 물체에 작용하는 중요한 힘에 대해 알아보세요.

준비물

- 크고 두꺼운 책 2권 (양장본)
- 뚜껑이 있는 빈 커피 깡통
- 고무찰흙
- 연필

이렇게 해 보세요

1. 책의 한쪽을 다른 책에 기대어 경사면을 만듭니다.
2. 고무찰흙을 굴려 골프공 크기로 만든 뒤 그림처럼 깡통의 위아래 사이 가운데 지점 안쪽에 단단히 붙여 줍니다.
3. 찰흙의 무게가 집중된 부분을 쉽게 알아볼 수 있도록 깡통의 바깥쪽에 찰흙이 붙은 지점을 연필로 표시합니다.
4. 뚜껑을 닫은 깡통을 경사면의 아래에 놓고 경사면의 위로 굴려 봅니다. 중력을 비웃는 깡통의 묘기를 볼 수 있어요.

어떻게 될까요? 놀랍게도 깡통이 비스듬한 경사면을 따라 굴러 올라갑니다.

왜 그럴까요? 모든 물체는 중력이라는 강한 힘 때문에 지구의 중심으로 끌려가요. 물체의 무게 중심은 물체의 모든 무게가 집중된 지점이랍니다. 무게 중심에서 물체는 기울어지지 않고 균형을 이뤄요. 깡통 안에 붙인 찰흙 공은 깡통의 자연적인 무게 중심을 뒤집을 만큼 강력합니다. 이렇게 쏠린 무게 중심 때문에 중력이 깡통을 잡아당겨 깡통이 경사면 위로 굴러간 거예요.

한 걸음 더

평면 위를 달리는 깡통

앞서 했던 실험을 다른 조건에서 해 봅시다. 깡통의 '쏠린 무게 중심'은 그대로 유지하되 평면 위에 올려 굴리면 어떻게 될까요? 이처럼 다른 조건에서 실험하면서 뚜껑을 열고 내부의 찰흙 공에 어떤 일이 벌어지는지 관찰하세요. 깡통이 굴러가지 않을 때 깡통 내부의 무게는 한 지점에 집중됩니다.

무게 중심이 이동할 때 깡통은 그 무게에 끌려 움직여요. 이때 무게 중심은 어디일까요? 짧은 끈이나 종잇조각 약간을 찰흙 공 속에 붙이고 관찰하세요.

고속 전철

공이 얼마나 빨리 유리컵에서 튕겨 나가는지 관찰하면서 강력한 지구의 힘에 대해서도 알아봐요.

준비물

- 플라스틱 컵
- 작은 장난감 공 (또는 구슬이나 고무 찰흙 공)

이렇게 해 보세요

1 준비한 작은 공을 컵에 넣은 다음 컵을 재빨리 기울여 책상 위나 바닥에 가로로 뉘입니다.

2 컵을 기울이기를 갑자기 멈추고 속에 든 공의 변화를 관찰하세요.

어떻게 될까요? 컵을 기울이는 동작을 멈추었는데도 공은 컵 밖으로 굴러 나와 장애물을 만나야 멈춥니다. 또는 방향을 바꾸지 않는 한 계속 앞으로 굴러갑니다.

왜 그럴까요? 영국의 물리학자 뉴턴은 몇 가지 중력과 운동의 법칙을 발견했어요. 그중 하나가 **관성의 법칙**입니다. 정지 상태인 물체는 다른 힘이 가해지지 않는 한 정지 상태를 유지하려 하고, 운동 상태의 물체는 정지하는 힘이 가해지지 않는 한 계속 움직이려는 성질을 말하지요.

컵을 기울이는 힘은 컵 속에서 움직이는 공이 지닌 관성을 넘어서지 못하기 때문에 공은 컵 속에 머물러 있어요. 하지만 컵을 기울이는 동작을 갑자기 멈추었을 때 발생하는 힘은 이미 움직이기 시작한 공의 관성보다 작기 때문에, 컵은 정지한 컵 밖으로 계속 굴러가지요. 장애물이 나타나기 전까지 공은 계속 굴러갑니다.

교과서 3학년 1학기 4단원 자석의 이용 | 핵심 용어 자석의 힘 | 실험 완료 □

춤추는 코브라

침핀과 자석으로 하는 이 실험은 피리로 코브라를 불러내는 인도의 전통 코브라 춤을 떠올리게 해요.

준비물

- 면으로 된 실 (약 20cm)
- 침핀
- 말굽자석

이렇게 해 보세요

1. 실을 핀의 머리에 묶습니다.
2. 한 손에 자석을 들고 실이 묶인 핀을 들어 올립니다. 핀이 자석에 수직으로 붙으려 할 때 자석을 조심스레 들어 올려 공중에 떠 있게 만드세요.
3. 자석으로 천천히 원을 그립니다. 핀과 실이 마치 코브라처럼 자석을 따라서 원을 그리는 모습을 볼 수 있어요. 자석이 강하지 않다면 핀과 자석 사이 간격을 가깝게 해야 해요. 그렇지 않으면 핀과 실이 바닥으로 떨어질 것입니다.

어떻게 될까요? 핀과 실이 자석 아래 공중에 살짝 떠서 자석의 움직임을 따라 함께 춤을 춥니다.

왜 그럴까요? 핀이 자석에 끌리는 힘이 중력보다 약간 커서 손으로 잡지 않아도 자석 아래에 떠 있어요. 이것은 자석이 끌어당기는 힘이 공기를 통과할 수 있고, 적정한 거리에서 중력의 힘과 균형을 이룰 수 있다는 증거예요.

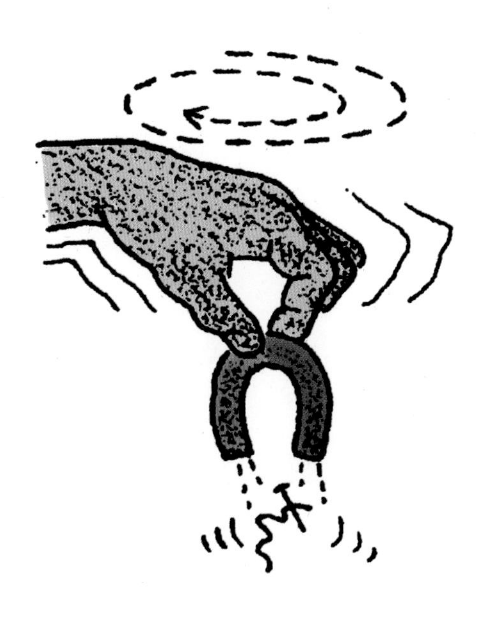

나침반의 시초

현대 항해사들은 지구 궤도를 도는 인공위성을 포함한 다양한 기구를 이용해 바다를 항해하지요. 콜럼버스와 초기 항해사들은 항해할 때 방향을 찾기 위해 매우 놀라운 기구를 사용했어요. 바로 사발에 담긴 물 위에 자력을 띤 바늘을 띄운 기구예요. 현대적인 나침반의 시초가 되었던 이 도구를 자세히 살펴보고 바늘이 어떻게 그런 역할을 해냈는지 알아봐요.

준비물

- 바늘
- 말굽자석
- 기름종이 약간
- 가위
- 물이 담긴 사발

이렇게 해 보세요

1 바늘의 한끝을 자석의 N극에 대고 50회 문질러 자력을 띠도록 만듭니다. 바늘의 다른 끝은 S극에 50회 문질러 자력을 띠도록 만드세요. 바늘 중심에서 끝으로 반드시 한 방향으로 바늘을 문지르고 문지를 때마다 자석을 떼어 냈다가 다시 문지르세요.

2 물이 담긴 사발을 책상이나 조리대 위에 올립니다.

3 기름종이로 지름 2.5cm의 작은 원반을 만듭니다.

4 마치 천을 꿰매듯이 조심스럽게 바늘을 기름종이 원반에 꿰어 기름종이를 사발의 가운데에 띄웁니다. 물 위에서 기름종이가 돌다가 정지했을 때 바늘 방향을 관찰합니다.

어떻게 될까요? 바늘이 여러 번 회전하더라도 움직임이 멈추면 바늘은 남과 북을 가리킵니다.

왜 그럴까요? 물에 뜬 바늘은 지구라는 거대한 자석에서 발생하는 지구 자기, 즉 눈에 보이지 않는 자기력에 반응한 것이랍니다.

자력과 자화

철로 된 물체를 자석에서 한 방향으로 문지르면 자석의 성질을 띠게 돼요. 자석의 성질을 **자력** 또는 **자성**이라고 부르고, 자석의 성질을 띠게 되는 것을 **자화**라고 합니다.

교과서 3학년 1학기 4단원 자석의 이용 | 핵심 용어 나침반, 자력 | 실험 완료 ☐

바늘 없는 나침반

상자도 바늘도 필요 없는 특이한 자기 나침반을 만들 거예요.

준비물

- 큰 고무찰흙 덩어리(받침대용)
- 지우개가 달린 연필
- 말굽자석

이렇게 해 보세요

1 고무찰흙을 잘 굴려 공 모양으로 만든 다음 단단한 받침대 모양을 만듭니다.

2 고무찰흙 받침대에 연필의 지우개 부분을 끼웁니다.

3 자석을 연필심 끝에 조심스럽게 올립니다.

어떻게 될까요? 자석이 점차 남북 방향으로 자리를 잡습니다.

왜 그럴까요? 지구는 N극과 S극을 가진 거대한 자석 공과 같아요. 지구의 중심을 이루는 핵 속에는 자력을 띤 금속과 액체가 있어요. 이 때문에 지구는 거대한 자석처럼 모든 나침반과 자석을 끌어당기고, 자석은 자동으로 남북 방향으로 자리를 잡아요. 하지만 나침반이 가리키는 남극(자남)과 북극(자북)은 우리가 보통 말하는 지리학적인 남극(진남)과 북극(진북)에 가깝기는 하지만 정확히 일치하지는 않아요.

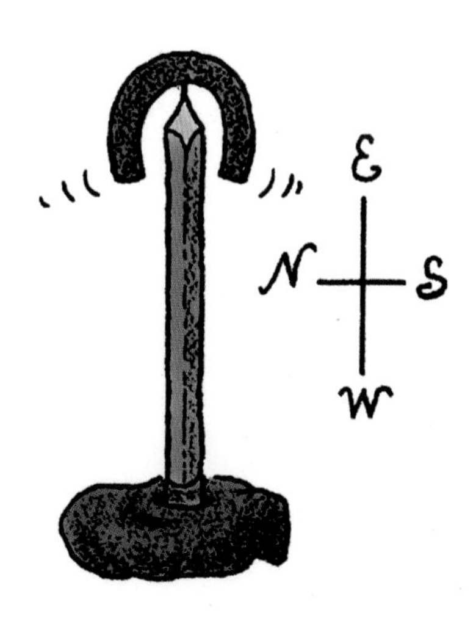

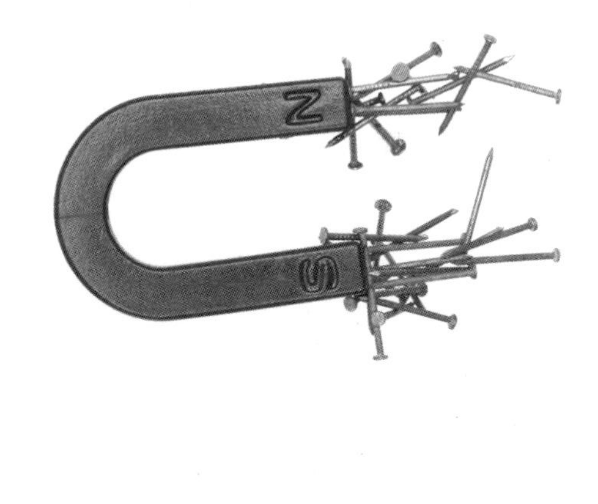

한 걸음 더

바늘도 바늘 나름!

모든 바늘은 저절로 남극과 북극을 가리킬까요? 대조가 될 나침반을 준비해 비교하면 된답니다. 앞서 한 실험을 동일하게 진행하되, 이제는 자성을 띠지 않는 바늘을 사용합니다. 자력을 띠지 않는 바늘을 기름종이에 꿰어 물 한가운데에 띄운 다음 빙빙 돌리세요. 인내심을 가지고 바늘이 멈추기를 기다립니다. 몇 번의 시도를 해 보고 나서 자화된 바늘과 자성이 되지 않은 바늘의 결과를 비교합니다.

교과서 3학년 1학기 4단원 자석의 이용 심화 | 핵심 용어 자화, 인력, 척력 | 실험 완료 ☐

자화된 침핀

침핀을 자화시켜 같은 극끼리는 서로 밀어내고 다른 극끼리는 서로 당기는지 확인해 볼까요?

준비물

- 침핀 2개
- N극과 S극을 가진 말굽자석
- 종이
- 연필
- 면사
- 클립 2개
- 무거운 책

이렇게 해 보세요

1. 침핀을 단단한 표면에 놓고 한쪽 끝을 자석의 N극으로 50회 문질러 자화시킵니다. 반대쪽도 마찬가지 방법으로 S극성을 띠게 만드세요. 핀에 N, S극을 표시하여 구분합니다. 나머지 핀 하나도 마찬가지로 N, S 극성을 띠게 자화시킵니다.
2. 25cm 길이의 실을 각 핀의 허리에 묶은 다음 반대편 끝에 클립을 묶습니다.
3. 클립을 무거운 책으로 누르고 클립에 실로 연결한 핀을 책상 위에 걸칩니다. 핀을 5cm 간격으로 책상에 걸쳐 공중에 매달리게 하세요. 그런 다음 핀 2개를 서로 밀어 봅니다.

어떻게 될까요? 핀의 어떤 끝은 서로 밀어내고 또 어떤 끝은 서로 끌어당기며 부딪혀요.

왜 그럴까요? 자석의 같은 극 사이에는 밀어내는 힘(척력)이 존재하고, 다른 극 사이에는 서로를 끌어당기는 힘(인력)이 존재하기 때문이에요.

교과서 3학년 1학기 4단원 자석의 이용 | 핵심 용어 자력 | 실험 완료 ☐

나침반이 된 막대자석

회전하는 막대자석에 관심을 기울여 보세요. 새로운 사실을 알 수 있답니다.

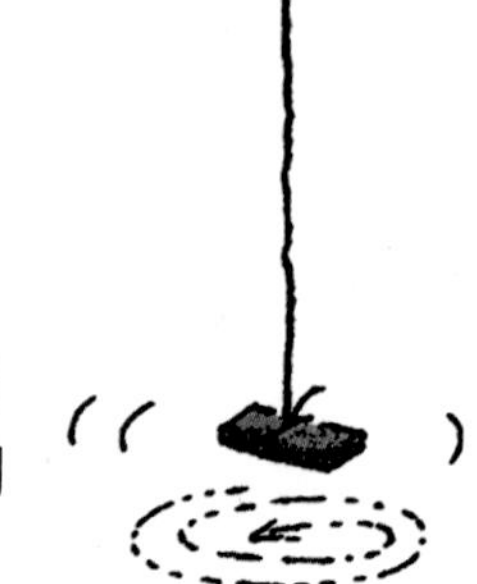

준비물

- 막대자석
- 긴 실
- 종이
- 연필

이렇게 해 보세요

1. 긴 실의 한끝을 막대자석의 허리에 묶습니다. 다른 한끝은 그림과 같이 전등갓 등에 고정하여 자유롭게 흔들리게 합니다.
2. 자석을 조정하여 한쪽으로 치우치지 않고 균형을 이루도록 합니다.
3. 자석을 돌리고 완전히 멈출 때까지 3분가량 기다립니다. 남극과 북극이 가리키는 방향을 그림으로 그립니다. 이것을 5, 6회 반복합니다. 자석이 매번 같은 방향의 극에서 움직임을 멈추나요?

어떻게 될까요? 막대자석은 아무리 여러 번 돌아도 매번 극 방향은 비슷합니다.

왜 그럴까요? 막대자석은 지구의 자력에 따라 움직이는 나침반이 되었기 때문이에요.

철수세미 가루의 움직임 변화

회전하는 막대자석에 관심을 기울여 보세요. 새로운 사실을 알 수 있답니다.

준비물

- 종이 2장
- 낡은 가위
- 철수세미
- 막대자석
- 돋보기

이렇게 해 보세요

1 종이를 깔고 그 위에서 낡은 가위로 철수세미를 가느다란 실처럼 잘라 줍니다.
2 자석을 바닥에 놓고 그 위에 다른 종이를 덮어 자석이 샌드위치처럼 종이 사이에 끼게 합니다.
3 잘라 놓은 철수세미 가루를 자석 위 종이에 솔솔 뿌려 줍니다.
4 주먹으로 종이 주변의 책상을 가볍게 탁탁 쳐서 돋보기로 철수세미 조각의 움직임을 잘 살펴보세요.

잠깐! 철수세미를 자를 때 파편에 주의하세요

어떻게 될까요? 가느다란 철수세미 조각이 자석을 중심으로 원을 그립니다.

왜 그럴까요? 철수세미 조각은 자석을 중심으로 원을 그립니다. 이 모양을 **자기장**이라고 해요. 철수세미는 자력이 더 강한 자석의 양 극에 더 많이 모이고 자력이 약한 가운데에서는 흩어집니다. 지구에 작용하는 지구 자기도 마찬가지 모양을 보인답니다. 지구는 거대한 자석과 같기 때문에 지구상의 모든 철과 쇠로 된 물체는 이런 모양으로 움직여요.

가짜 동전을 걸러 내는 자판기

자판기는 자석을 이용해 위조 동전이나 쇠고리 같은 것을 걸러 냅니다. 그 원리는 무엇일까요?

준비물

- 큰 책 3권(양장본)
- 막대자석
- 서로 다른 동전 4개
- 쇠고리 3개
  (또는 볼트나 너츠)

이렇게 해 보세요

1 책 2권을 겹쳐 쌓습니다. 책 1권은 쌓은 책 더미에 기울여 경사를 만듭니다.

2 기대어 놓은 책 한가운데에 막대자석을 올리고 그 옆으로 동전과 쇠고리를 하나씩 굴려 봅니다.

어떻게 될까요? 동전은 자석을 지나 굴러가지만 쇠고리는 자석에 달라붙어요.

왜 그럴까요? 철이나 쇠로 만든 물체는 막대자석에 붙지만 동전은 자석에 붙지 않는답니다. 동전은 보통 구리에 다른 금속을 섞은 합금으로 되어 있기 때문이에요. 구리가 자석에 붙지 않는 원리를 이용해 자판기에서 철이나 쇠로 만든 가짜 주화를 걸러 내는 거랍니다.

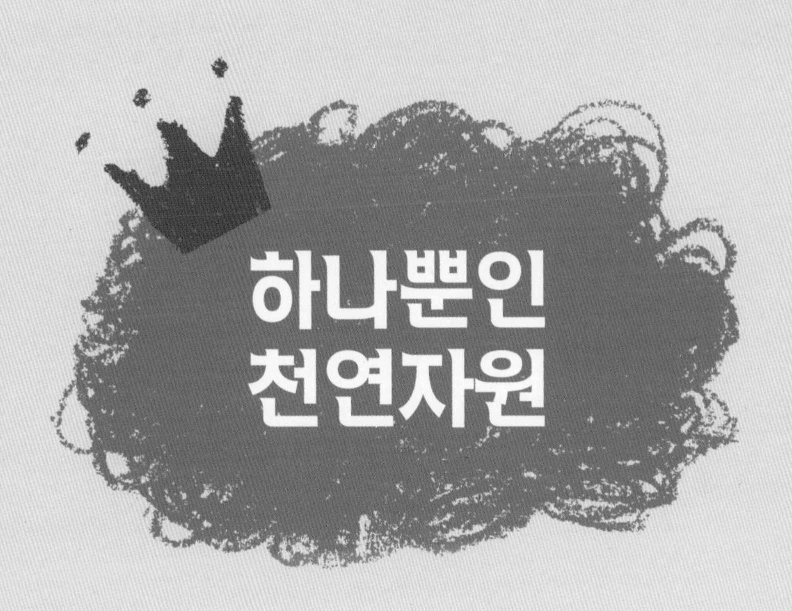

하나뿐인 천연자원

누구나 가끔씩 물이나 전기 같은 자원을 낭비하곤 하지요. 방에서 나갈 때 불 끄는 것을 깜빡하거나, 바깥 날씨가 그다지 덥거나 춥지 않은데도 에어컨이나 보일러를 켠 적이 한두 번 있을 거예요. 수도꼭지를 잠그는 것을 잊어 버리기도 하고, 알루미늄 캔, 종이, 유리와 플라스틱 병을 아무 생각 없이 분리수거하지 않고 버리기도 하지요.

그러나 우리가 에너지를 얻고 편리한 생활을 하기 위해 이용하는 지구의 천연자원은 빠른 속도로 고갈되고 있어요. 심지어 지구 자원이 우리가 살아 있는 50년 내에 고갈된다고 주장하는 과학자들도 있지요!

지구를 아끼고 지키며 환경을 보호하는 것은 모두 여러분의 노력에 달려 있다는 점을 명심하세요. 하나 뿐인 소중한 화석 연료, 함부로 쓰지 말고 아껴 보세요.

한정된 화석 연료와 환경 보호

냉난방, 발전, 자동차 연료 등에 사용되는 석탄, 석유 등의 천연자원은 동식물이 죽어서 오랜 세월이 지나 만들어지기 때문에 **화석 연료**라고 해요. 이런 화석 연료는 한 번 사라지고 나면 다시 만들 수 없답니다.

하지만 천연자원을 사용해 에너지를 만들어 내는 방법도 있어요. 물의 낙차를 이용해 만드는 수력 발전, 바람을 사용하는 풍력 발전 등이 있지요. 화석 연료 대신 이런 방법으로 에너지를 생산하지 못한다면, 지구의 화석 연료는 모두 고갈될지도 몰라요.

그렇다면 지구를 살리기 위해 우리는 무엇을 해야 할까요? 방을 나갈 때 불을 끄고, 보일러를 약하게 틀고, 추울 때는 내복을 입거나 담요를 덮으며, 더울 때는 시원한 물을 마시거나 옷을 가볍게 입어요. 또한 종이, 유리, 알루미늄, 플라스틱, 금속(재활용 표시가 있는 것은 무엇이든지) 등을 재활용합니다. 물도 아끼세요. 씻을 때 물을 적게 쓰고, 샤워도 짧게 끝내며, 불필요하게 변기 물을 내리지 마세요. 양치할 때는 수도꼭지를 잠가 두세요. 참고로 수도꼭지가 하나 샐 때마다 매년 수천 리터의 물이 낭비된다는 사실을 알아 두세요.

교과서 6학년 1학기 3단원 여러 가지 기체 | **핵심 용어** 이산화탄소 | **실험 완료** □

온실 만들기

주변에 온실은커녕 비닐하우스 하나 없다고 해도, 온실 효과가 무엇이고 또 여러분과 지구에 미치는 영향은 어떤지 알아보는 것은 매우 중요해요.

준비물

- 뚜껑이 있는 유리병
- 물 1작은술

이렇게 해 보세요

1. 물 1작은술을 유리병에 넣습니다.
2. 공기가 빠져나가지 않도록 뚜껑을 꽉 닫습니다.
3. 유리병을 햇볕이 잘 드는 바깥에 한 시간 정도 둡니다.

어떻게 될까요? 유리병 안에 물방울이 맺혀요.

왜 그럴까요? 햇빛이 유리병 속의 공기를 덥히면 물 분자의 활동이 더 활발해져요. 그 결과 수증기가 생기지만 빠져나갈 곳이 없기 때문에 차가운 유리병의 벽에 물방울로 응결되어 맺힌답니다. 뚜껑이 있는 유리병이 온실 효과를 일으킵니다. 이는 지구에 나타나는 온실 효과 현상의 원리를 보여 줘요.

한 걸음 더

온실 효과 예방법 찾기

똑같은 실험을 반복하되 이번에는 유리병 뚜껑을 닫지 않습니다. 뚜껑을 닫은 상태와 닫지 않은 상태를 비교하면서 크기가 다른 유리병에 물의 양도 달리해 실험합니다. 햇빛에 병이 데워지면서 수증기가 생기는 현상이 더 빨리 혹은 더 늦게 일어나는 차이가 보이나요? 이 실험을 통해 지구에 일어나는 어떤 현상을 알 수 있나요? 이 결과로 온실 효과를 예방하는 방법을 알 수 있나요?

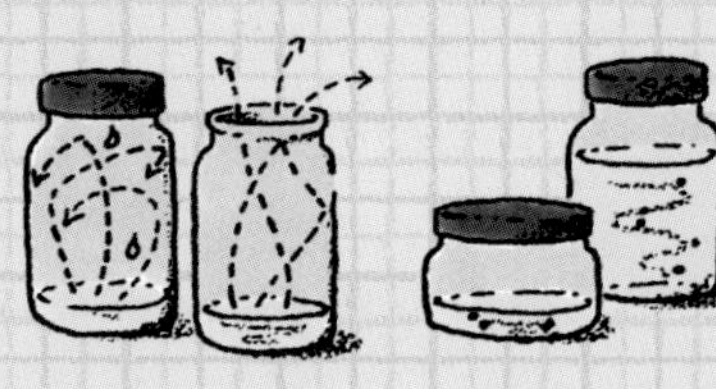

열을 가두는 유리병

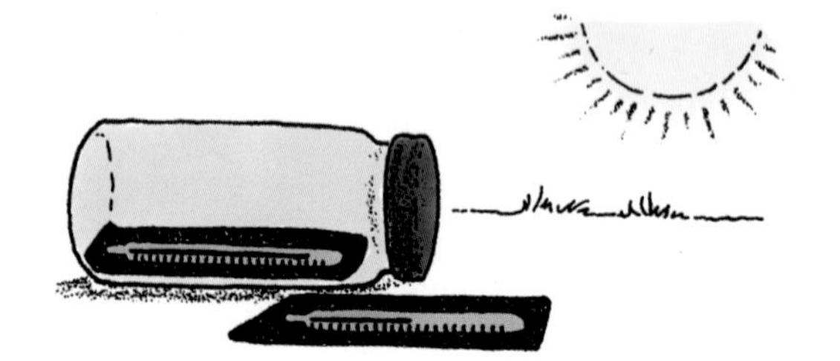

유리병에 갇힌 열에너지를 측정해 보면 온실 효과의 원리와 영향을 이해할 수 있어요.

준비물

- 온도계 2개
- 입구가 넓고 뚜껑이 있는 유리병
- 작은 돌멩이 2개
- 검은색 셀로판지 2장(5cm × 15cm)
- 종이
- 연필

이렇게 해 보세요

1 두 온도계의 온도를 야외의 상온 상태와 같아지도록 조절합니다. 따뜻하거나 차가운 물에 넣었다가 원하는 온도가 되었을 때 빼면 돼요.

2 그런 다음 야외로 나가 햇볕이 잘 드는 곳을 찾아 유리병을 눕힙니다. 작은 돌멩이를 유리병에 괴어 병이 굴러가지 않게 하세요.

3 검은색 셀로판지 하나를 깔고 그 위에 온도계를 올린 다음, 병 속으로 잘 밀어 넣습니다.

4 병 속에 넣은 온도계와 셀로판지가 움직이지 않게 조심하며 병뚜껑을 꽉 닫습니다.

5 다른 온도계도 검은색 셀로판지 위에 얹어 유리병 바깥에 가까이 둡니다. 10분 후 두 온도계의 온도를 측정하세요.

어떻게 될까요? 뚜껑을 닫은 유리병 속 온도계의 눈금이 유리병 바깥에 둔 온도계보다 더 높아요.

왜 그럴까요? 이 실험은 지구 대기권 내에 이산화탄소(CO_2), 즉 탄소가 많이 있을 때 대기에 미치는 영향을 알아보는 것입니다. 탄소가스는 마치 유리병처럼 열을 가두는 작용을 해요. 태양 광선을 흡수하고 열에너지를 발산하는 두 셀로판지에 쏟아지는 태양 광선의 양은 동일하지만, 유리병이 가로막는 상태에서는 복사열이 방출되는 것이 쉽지 않아요. 지구상에서는 동물이 호흡할 때에도 이산화탄소가 배출되지만 공장의 굴뚝과 자동차 배기가스처럼 산업 활동에 의한 이산화탄소 배출량이 훨씬 더 많아요. 이렇게 늘어난 이산화탄소는 대기를 오염시키고 온도도 높입니다. 이처럼 대기 내 증가하는 이산화탄소에 따른 '열 가둠' 현상을 온실 효과라고 해요.

한 걸음 더

온도계 진정시키기

이번에는 검은색 셀로판지를 대지 않고 똑같은 실험을 반복해 보세요. 온도에 차이가 있나요? 그다음에는 같은 실험을 실내에서 해 보세요. 온도계의 온도 변화 결과를 기록합니다. 유리병 속에 든 온도계와 유리병 밖에 둔 온도계 사이에 차이가 있습니까? 어느 온도계가 먼저, 또 얼마나 빨리 온도가 내려갔나요?

오존층 파괴범 찾기

이번에는 오존층 모형을 만들어 볼 거예요. 대기권의 위쪽에 있는 오존층은 태양에서 방출되는 자외선을 흡수하며 지구상의 생명체를 자외선으로부터 보호해 줘요. 우리 생활에서 편리하게 이용되지만 오존을 파괴하는 공해 물질인 프레온 가스에 대해서도 알아보세요. 우리가 만든 오존층 모형에 구멍이 뚫려 서서히 옅어지다가 마침내 사라지는 것을 관찰해 보세요!

준비물

- 풍선껌
- 작은 음료수 병
- 매우 뜨거운 물
- 돋보기

이렇게 해 보세요

1 풍선껌을 씹어 부드럽게 만든 다음 양 손가락으로 잡아당겨 원반 모양으로 넓게 펴 줍니다. 이렇게 만든 풍선껌은 음료수 병의 마개가 될 거예요.

2 병의 입구까지 아주 뜨거운 물을 가득 채우고 아까 만든 껌으로 병 입구를 막습니다. 껌 마개에 구멍이 생기지 않도록 조심하고, 껌 마개가 병 속에 든 물에 살짝 닿을 정도로 병 입구를 막으세요.

3 돋보기로 껌 마개에 일어나는 변화를 잘 관찰합니다.

어떻게 될까요? 껌 마개에 뜨거운 물이 닿으면서 껌 마개가 점차 탄력을 잃더니 하나둘 구멍이 생기기 시작해요. 결국 마개는 찢어집니다.

왜 그럴까요? 이 오존층 모형에서 병은 지구, 껌 마개는 오존층이에요. 껌 마개를 건드리는 뜨거운 물은 오존 분자를 파괴하는 프레온 가스입니다.

프레온 가스는 에어컨과 냉장고의 냉매로 쓰이며 패스트푸드점의 발포 플라스틱 포장용기에도 사용돼요. 프레온 가스에서 방출되는 염소 가스가 오존층을 파괴해요.

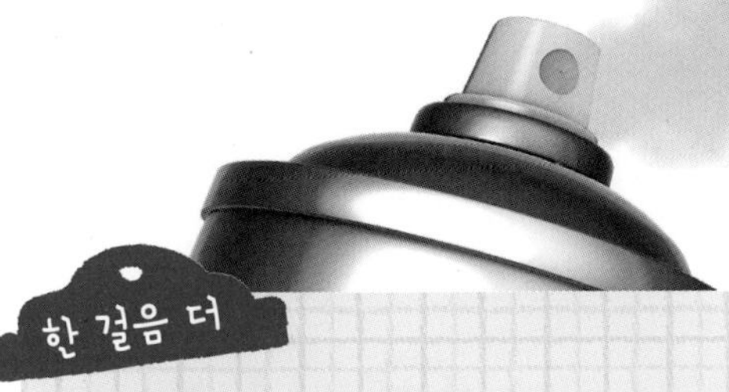

한 걸음 더

오존층 보호

어떻게 하면 대기 중 프레온 가스 농도를 낮출 수 있을까요? 물론 여러분 혼자 힘으로는 안 되겠지만 그래도 도움이 될 수는 있답니다. 우선 프레온 가스를 포함한 제품을 최대한 적게 구매하고, 에어컨 사용을 자제하며, 다른 사람들에게도 환경 보호에 대한 이야기를 많이 합니다. 모두 동참해야 소중한 지구를 지킬 수 있으니까요.

이제 아까 했던 오존층 실험을 반복하되, 뜨거운 물을 병의 절반까지만 채우고 해 보세요. 껌 마개가 이번에도 점점 얇아지나요? 앞 실험 결과와 차이가 있나요? 이제 대기 내 프레온 가스 배출을 줄이거나 아예 사용을 중단하지 않으면 오존층에 큰 변화가 있다는 것을 눈으로 확인할 수 있습니다.

태양열 집열병

태양열 온수기를 들어 본 적 있나요? 지구상에서 기온이 상대적으로 높은 지역에서는 건물과 주택의 지붕에 태양열 집열판을 설치해 태양열을 모아 그 에너지로 물을 데운답니다. 이제 여러분이 태양열 집열판을 만들어 물을 데워 볼 거예요. 실험 전에 페트병을 직사광선이 내리쬐는 곳에 약 30~60분가량 두어 미리 데워 두세요.

준비물

- 수족관용 고무관* (약 260cm)
- 고무 밴드
- 크고 입구가 넓은 유리병
- 알루미늄 포일
- 쟁반
- 큰 페트병
- 물

이렇게 해 보세요

1. 고무관의 양 끝을 48cm 정도 남기고 나머지는 아코디언처럼 지그재그로 감아 가운데를 고무 밴드로 느슨하게 묶습니다. 고무밴드의 묶은 부분을 유리병에 넣으세요.
2. 유리병을 알루미늄 포일로 둘러싼 후 쟁반 위에 얹습니다.
3. 실외에 책상을 놓고, 그 위에 쟁반에 얹은 유리병을 놓습니다. 한 시간 정도 두어 따뜻하게 만드세요. 이제 태양열 집열병이 완성되었어요.
4. 큰 페트병에 차가운 물을 담고 미리 예열해 둔 태양열 집열병 옆에 놓은 다음 고무관의 한 끝을 페트병에 넣습니다. 고무관의 나머지 한끝은 책상 아래로 늘어뜨리세요.
5. 물이 집열병에서 흘러나와 책상 아래로 늘어진 고무관으로 빠져나갈 수 있도록 늘어진 고무관의 끝을 가볍게 빨아 줍니다.

어떻게 될까요? 물이 찬물이 담긴 병에서 시작해 태양열 집열병을 지나 책상 아래 늘어진 고무관의 끝으로 똑똑 떨어져요. 물은 매우 느리지만 계속해서 똑똑 떨어집니다. 땅으로 떨어지는 물방울은 페트병에 든 찬물보다 조금 더 따뜻할 것입니다.

왜 그럴까요? 태양열 집열병은 지붕에 설치한 큰 태양열 집열판의 축소판이에요. 여러분이 만든 작은 모형은 큰 집열판처럼 태양 에너지를 가두어 고무관을 지나는 물을 데웁니다. 태양열 집열병을 지나는 물이 따뜻해지는 정도는 실험을 실시하는 계절, 시간, 외부의 기온, 집열병의 위치, 물이 지나가는 속도 및 집열병의 예열 시간에 따라 달라져요.

*수족관이나 애완용품점에서 구입 가능해요.

열 받은 병

태양열 집열병 실험으로 높은 곳에서 낮은 곳으로 액체를 이동시키는 사이펀의 원리도 알 수 있답니다. 사이펀은 바로 지구의 중요한 힘인 중력의 작용을 이용해 만든 거예요.

준비물

- 태양열 집열병
- 큰 페트병
- 물

이렇게 해 보세요

1 앞 실험에서 만든 집열병의 알루미늄 포일을 제거합니다.
2 고무관은 병 속에 그대로 두고 유리병에 매우 뜨거운 물을 가득 채웁니다.
3 페트병에는 매우 차가운 물을 채웁니다.
4 싱크대나 야외에서 페트병을 뜨거운 물이 든 유리병 옆에 놓습니다.
5 고무관의 한끝은 찬물이 든 병 속에 넣고 다른 한끝은 싱크대나 땅쪽으로 늘어뜨립니다.
6 이번에도 늘어진 고무관의 끝을 빨아서 물이 움직이게 합니다.

어떻게 될까요? 페트병 속 찬물에 작용하는 대기압이 물을 눌러 물이 고무관을 따라 위로 움직였다가 더 아래쪽으로 떨어져요.

이것도 알아보세요 뚝뚝 떨어지는 물방울이 태양열 집열병의 물보다 더 따뜻한가요? 무엇 때문에 집열병을 통해 나오는 물의 온도가 달라질까요? 이것과 비슷한 원리를 가진 기구가 집에도 있나요? 온수기는 어떨까요?

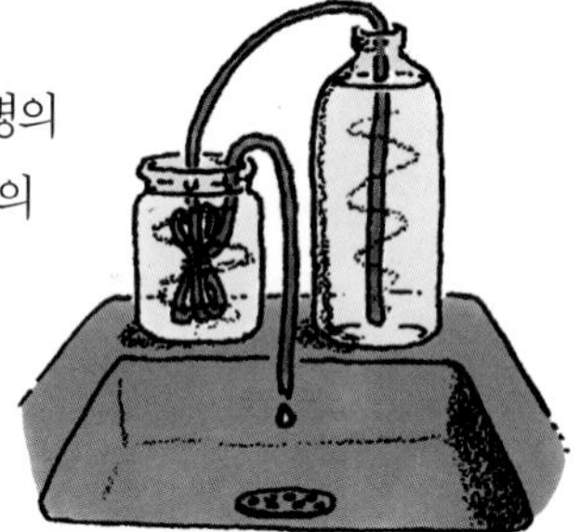

한 걸음 더

빗물의 농도

삼림 파괴의 주범이 산성비라고요? 네, 맞습니다. 대부분 과학자들은 식물에 영향을 주는 조건은 무엇이든 식물의 건강과 인류의 생존에 중요하다고 말해요. 질산과 황산을 포함한 산성비는 수은과 같은 독성 물질을 만들어 동식물에게 해를 입혀요. 식물의 양분이 되는 토양의 무기물을 오염시키고 우리가 먹는 채소에도 해를 끼치죠.

산성비와 산성 먼지에 포함된 질소와 황 성분은 다른 무생물에도 영향을 미쳐요. 예를 들면 건물, 자동차, 조각상 등을 여러 해에 걸쳐 부식시켜서 파괴하지요. 이렇게 유해한 산성 성분은 세계 곳곳에서 농도의 차이는 있지만 비, 눈, 안개는 물론 온갖 종류의 수증기 속에서 발견돼요. 유럽의 한 도시에는 레몬주스만큼의 산도(pH 2.3)를 가진 산성비가 온 적도 있다고 해요. 여러분이 살고 있는 곳은 어떤가요? 다음 실험으로 알아보세요.

온실 효과

온실은 태양열과 수분을 유리로 된 집 속에 가두어 식물을 기르는 공간을 말합니다. 과학자들은 오늘날의 지구가 일종의 온실과 같아졌다고 해요. 석탄, 석유 등 화석 연료를 연소하고 자동차를 타며 전기나 가스로 냉난방을 하면 이산화탄소와 그 외의 유해한 가스가 대기로 많이 방출돼요. 이런 가스들이 마치 지붕이나 뚜껑처럼 지구 대기권 위를 덮어 복사열이 우주로 배출되는 것을 막는 것을 **온실 효과**라고 해요.

열대우림과 같은 넓은 삼림지대가 파괴되면 수 톤의 이산화탄소(CO_2)가 호흡에 사용되는 산소(O_2)로 바뀌지 못하고 대기 내에 남아요. 태양열이 갇혀서 공기가 점점 더 뜨겁고 답답해지는 거대한 유리 찜기에 지구가 들어간 것과 같습니다.

강황 지시약 시험지

pH를 측정해 물질의 산도를 시험할 수 있어요(36쪽 참조). 지시약 시험지에 시험 용액을 몇 방울 떨어뜨려 나타나는 색상의 변화로 그 용액의 산성 혹은 염기성 정도를 알아볼 수 있지요. pH는 숫자로 표현돼요. 1은 산성이 가장 높고 14는 산성을 중화하는 염기성이 가장 높다는 것을 나타내요. 7은 중성입니다.

이제 매운 맛이 나는 강황이라는 향료를 이용해 지시약 시험지를 만들어 보세요. 강황은 색깔이 있는 물이 스며 나오기 때문에 먼저 신문지를 깔고 강황 가루를 작은 컵에 개어 물을 만드세요. 강황 가루 1큰술에 뜨거운 물 5큰술을 넣어 잘 개어 줍니다. 흰 색종이(또는 두꺼운 키친타월)를 작은 띠 모양으로 잘라 강황 물에 적셔 고루 물들이세요. 손가락에 물이 들지만 해롭지는 않아요. 황갈색으로 물든 강황 지시약 시험지를 신문지 위에 고루 펴 말립니다.

강황 지시약 시험지가 완전히 마르면 식초, 비눗물, 베이킹 소다, 레몬 주스 또는 세제를 푼 물에 각각 적시고 색깔을 관찰하세요. 용액이 산성이면 띠는 노랗게 변하고, 염기성이라면 적갈색으로 변해요. 강황 지시약 시험지로 물, 호수, 강물, 흙도 시험해 볼 수 있어요. 시험이 끝나면 지시약 시험지를 잘 말린 다음 어떤 용액에 담갔는지 기록해 두세요.

날씨

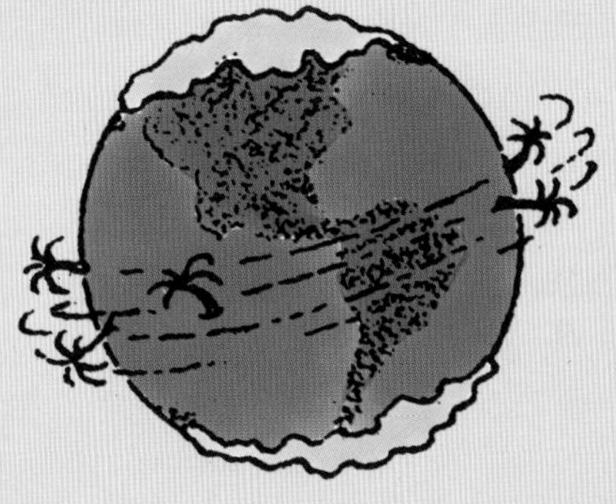

왜 북극이 적도보다 더 추울까요? 왜 태양이 지고 천둥과 번개가 칠까요? 앞으로 나오는 4개의 장에서는 기후 및 날씨와 관련된 신기한 현상을 알아볼 거예요.

기후와 날씨는 둘 다 지구와 태양이 상호 작용하며 만드는 현상으로 열, 바람, 물과 관계가 있어요. 기후는 장기간에 걸친 특정 지역의 평균적인 날씨를 말해요. 날씨는 지구를 둘러싸고 있는 공기층인 대기권의 하층부에서 매일 일어나는 변화를 말하고요.

앞으로 왜 특정한 지역 또는 특정한 시기가 더 따뜻한지도 배울 거예요. 단순히 태양에 가까워서 그런 게 아니란 걸 알면 놀라겠지요? 바람은 왜 불고, 또 어떤 바람은 왜 그렇게 파괴적인지도 알아보세요. 왜 차가운 공기는 보통 '고기압'과 함께 맑은 날씨가 따라오고, 따뜻한 공기는 '저기압'과 함께 악천후와 강풍을 동반하는지도 알 수 있어요.

눈, 진눈깨비, 우박, 번개와 천둥에 대해서도 배울 거예요. 기온, 기압, 풍향과 풍속, 습도, 강우량 등을 측정하는 여러분만의 기상 관측소도 세워 보세요.

우리를 따뜻하게 하는 것들

집과 학교 같은 건물 안에서는 가스나 전기 등으로 실내 난방을 하고 불도 밝힙니다. 그러나 실외에서는 무엇으로 난방을 하고 조명을 켤까요? 지구와 지구상의 물체를 따뜻하게 해 주는 것은 무엇일까요?

준비물

- 창문(블라인드나 커튼을 친 곳)

이렇게 해 보세요

1 블라인드를 친 창문 앞에서 한 손을 들고 10분간 기다립니다.
2 블라인드를 걷은 창문 앞에서 같은 손을 들고 10분간 기다립니다. 손의 온도 변화를 느껴 보세요.

어떻게 될까요? 손이 금세 따뜻해집니다.

왜 그럴까요? 블라인드를 걷은 창문 앞에서는 손으로 아무것도 건드리지 않아도 온기를 느낄 수 있어요. 이것은 지구에서 약 1억 5,000만km 떨어진 태양에서 오는 빛 때문입니다. 모든 별과 마찬가지로 태양도 엄청난 양의 열, 빛과 에너지를 내뿜는 뜨거운 가스들로 구성된 거대한 공과 같아요. 그중 아주 미미한 일부 에너지만이 지구에 도달하지만, 그것만으로도 지구를 데우고 밝히기에 충분하답니다.

교과서 5학년 1학기 2단원 온도와 열 | **핵심 용어** 온도 측정, 열에너지 | **실험 완료** ☐

봄이 오는 속도

같은 나라인데도 왜 어떤 지역은 봄이 빨리 와서 싹을 틔우고, 또 어떤 지역은 봄이 늦게 오는 걸까요? 이 실험이 그 이유를 알려 줄 거예요.

준비물

- 유리 쟁반
- 갓을 씌우지 않은 전등
- 검은 흙 1컵
- 흰 모래 1컵
- 온도계 2개
- 연필
- 종이

이렇게 해 보세요

1. 쟁반에 검은 흙과 흰 모래를 반반씩 채웁니다. 각각에 온도계를 꽂고 검은 흙과 흰 모래의 온도를 기록하세요.
2. 전등을 켜서 쟁반 가까이에 30분간 둡니다.
3. 검은 흙과 흰 모래의 온도 변화를 확인하여 비교하세요.

어떻게 될까요? 검은 흙의 온도가 더 높이 올라갑니다.

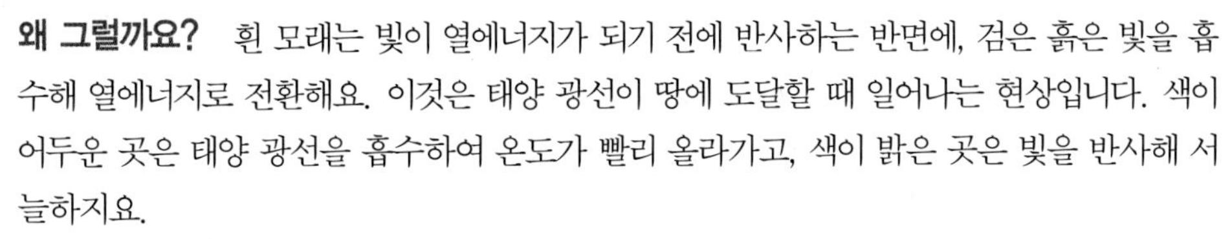

왜 그럴까요? 흰 모래는 빛이 열에너지가 되기 전에 반사하는 반면에, 검은 흙은 빛을 흡수해 열에너지로 전환해요. 이것은 태양 광선이 땅에 도달할 때 일어나는 현상입니다. 색이 어두운 곳은 태양 광선을 흡수하여 온도가 빨리 올라가고, 색이 밝은 곳은 빛을 반사해 서늘하지요.

땅 역시 균일하게 따뜻해지지 않아요. 어두운 흙이 있는 곳은 빨리 따뜻해지는 반면, 모래땅이나 눈이 덮인 산은 그렇지 않아요. 그래서 눈이 쌓인 곳에는 봄이 늦게 온답니다.

한 걸음 더

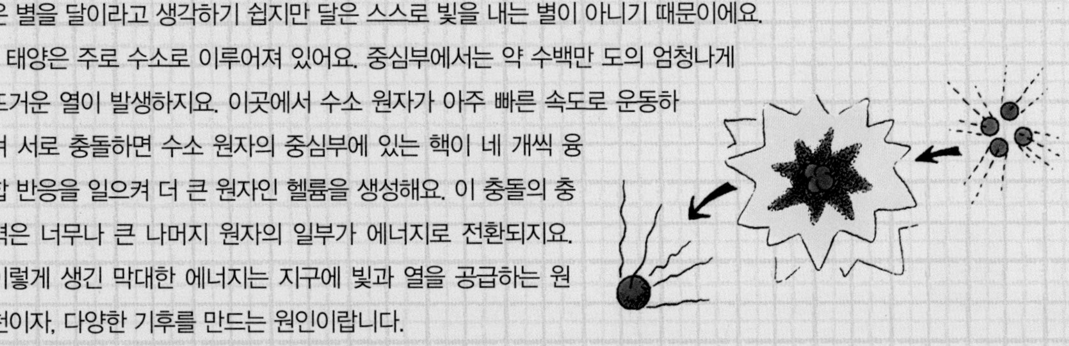

뜨거운 가스 덩어리, 태양

지구의 크기보다 109배 더 큰 태양은 지름이 약 140만km인 뜨거운 가스 덩어리입니다. 지구와 태양의 거리는 약 1억 5,000km이지요. 하지만 태양은 이렇게 먼 거리인데도 지구와 가장 가까운 별이랍니다. 얼핏 지구와 가장 가까운 별을 달이라고 생각하기 쉽지만 달은 스스로 빛을 내는 별이 아니기 때문이에요.

태양은 주로 수소로 이루어져 있어요. 중심부에서는 약 수백만 도의 엄청나게 뜨거운 열이 발생하지요. 이곳에서 수소 원자가 아주 빠른 속도로 운동하며 서로 충돌하면 수소 원자의 중심부에 있는 핵이 네 개씩 융합 반응을 일으켜 더 큰 원자인 헬륨을 생성해요. 이 충돌의 충격은 너무나 큰 나머지 원자의 일부가 에너지로 전환되지요. 이렇게 생긴 막대한 에너지는 지구에 빛과 열을 공급하는 원천이자, 다양한 기후를 만드는 원인이랍니다.

교과서 5학년 1학기 2단원 온도와 열 | 핵심 용어 태양열, 복사 에너지 | 실험 완료 ☐

열의 파동

태양열은 우리에게 어떻게 오는 걸까요?

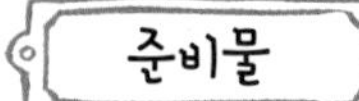

• 리본(약 20cm)

1 리본의 한끝을 잡고 흔듭니다.

어떻게 될까요? 긴 리본이 마치 파도가 치듯 움직입니다.

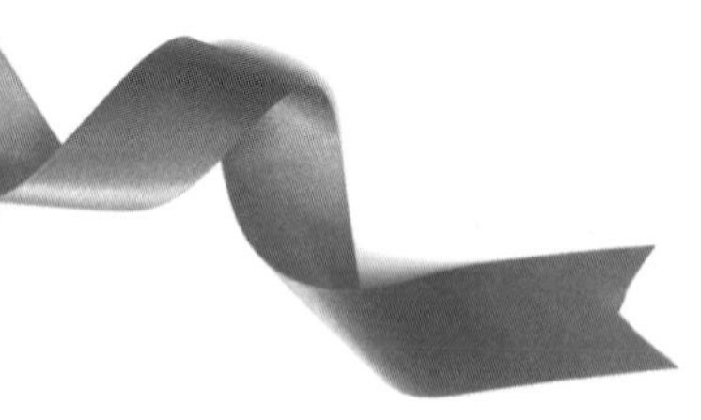

왜 그럴까요? 에너지는 보통 한곳에서 다른 곳으로 파도 모양으로 움직입니다. 짧은 파동은 태양의 빛과 열을 지구로 전달해요. 긴 파동은 에너지를 다른 형태로 전달하지요. 중간에 매개체 없이 파동 형태로 움직이는 열에너지를 **복사 에너지**라고 합니다.

교과서 5학년 1학기 2단원 온도와 열 | 핵심 용어 태양 에너지, 에너지 전환 | 실험 완료 ☐

어떤 색깔이 열을 잘 흡수할까

색상과 표면에 따라 달라지는 열의 영향을 계속 알아봐요.

준비물

• 빈 양철 깡통 3개
• 흰색과 검은색 물감 (또는 아크릴 물감)
• 따뜻한 물
• 온도계
• 종이
• 연필
• 인덱스카드 3장
• 쟁반
• 차가운 물

이렇게 해 보세요

1 깡통 하나는 안팎을 흰색으로 칠하고, 다른 하나는 검은색으로 칠합니다. 세 번째 깡통은 양철 그대로 두세요.

2 세 깡통에 같은 온도의 따뜻한 물을 채우고 온도를 측정합니다.

3 따뜻한 물을 채운 깡통을 모두 인덱스카드로 덮은 다음 쟁반에 얹어 차가운 곳에 둡니다. 물의 온도를 5분 간격으로 총 20분간 측정하세요.

4 세 깡통을 비워 잘 말린 다음 아주 차가운 물로 채웁니다. 각각 물의 온도를 측정하세요.

5 차가운 물을 채운 깡통들을 각각 인덱스카드로 덮고 이번에는 양지바른 곳에 둡니다. 물의 온도를 5분 간격으로 총 20분간 측정하세요.

어떻게 될까요? 깡통에 따뜻한 물을 채웠을 때와 차가운 물을 채웠을 때 모두, 검은색으로 칠한 깡통에 담긴 물의 온도가 가장 높이 올라갑니다. 아무 물감도 칠하지 않은 깡통은 가장 온도가 덜 올라가요.

왜 그럴까요? 색이 어두울수록 빛을 많이 흡수해 빛을 열로 전환해요. 다른 깡통들은 빛이 열로 전환되기 전에 반사해 버립니다.

교과서 5학년 1학기 2단원 온도와 열 | **핵심 용어** 열에너지, 전환 | **실험 완료** ☐

눈을 녹이는 검은 천

야외에 쌓인 눈 위에서 할 수 있는 실험이에요.

준비물

- 알루미늄 포일
- 검은 천

이렇게 해 보세요

1 알루미늄 포일과 검은 천을 각각 같은 크기의 정사각형으로 자릅니다.

2 눈이 내리면 그치기를 기다렸다가, 알루미늄 포일과 검은 천을 눈 위에 올려놓고 햇볕이 잘 드는 곳에 한 시간 동안 둡니다.

3 한 시간 후, 어느 것이 더 눈 속으로 깊이 들어갔는지 확인해 보세요.

어떻게 될까요? 검은 천이 포일보다 눈 속에 더 깊이 묻혀요.

왜 그럴까요? 색이 어두운 검은 천은 빛을 더 많이 흡수해 열로 전환하기 때문에 그 아래의 눈이 더 많이 녹아요. 포일은 빛을 반사해 버리기 때문에 열로 바뀔 틈이 없답니다.

교과서 5학년 1학기 2단원 온도와 열 | **핵심 용어** 열에너지 | **실험 완료** ☐

흙과 물의 온도 대결

흙과 물 중 어떤 것이 더 빨리 뜨거워질까요?

준비물

- 플라스틱 컵 2개
- 물 $\frac{1}{2}$컵
- 온도계
- 흙 $\frac{1}{2}$컵

이렇게 해 보세요

1 플라스틱 컵 하나에는 물을 붓고 다른 하나에는 흙을 담습니다.

2 두 컵을 10분간 냉장고에 넣어 둡니다.

3 두 컵을 냉장고에서 꺼내 15분간 햇빛 아래에 두었다가 물과 흙의 온도를 측정하세요.

어떻게 될까요? 물은 여전히 차가운 반면 흙은 따뜻해요.

왜 그럴까요? 햇빛을 받으면 흙이 물보다 더 빨리 데워져요. 흙이 물보다 색이 어두워서 열을 보존하는 이유도 있지만, 물에서는 열이 훨씬 더 아래까지 내려가서 퍼지기 때문이랍니다. 반면에 흙은 열을 표면에 보존해요. 뜨거운 백사장을 깊이 파 보면 아래에 묻힌 모래가 차가운 이유도 여기에 있지요. 햇빛은 모래 속으로 깊숙이 침투하지 못하기 때문에 모래사장은 표면만 매우 뜨거운 거예요. 반면에 물은 열용량도 더 높아요. 즉, 물과 흙의 양이 같을 때 물의 온도를 높이려면 흙의 온도를 높이는 데 드는 열보다 더 많은 열이 필요하다는 뜻이에요. 이런 이유로 맑은 날에는 물보다 땅이 더 따뜻하게 느껴집니다.

교과서 5학년 1학기 2단원 온도와 열, 5학년 2학기 3단원 날씨와 우리 생활 심화 | 핵심 용어 기온 | 실험 완료 ☐

따뜻하고 시원한 해안 도시

왜 해안가에 있는 도시는 여름에 내륙보다 더 시원하고 겨울에 더 따뜻할까요?

준비물

- 유리컵 2개
- 온도계

이렇게 해 보세요

1 유리컵 하나는 비워 두고, 다른 유리컵은 물을 채웁니다.

2 두 유리컵을 냉장고에 15분 동안 넣어 두었다가 꺼내 온도계로 온도를 비교하세요.

어떻게 될까요? 물을 채운 유리컵이 빈 컵보다 온도가 높아요.

왜 그럴까요? '빈' 컵은 그냥 빈 것이 아니라 공기가 차 있어요. 공기와 유리는 둘 다 물보다 빨리 열을 잃어요. 컵에 채운 물은 차가운 공기가 컵 속에 들어오지 못하게 막고, 유리의 온기를 더 오래 유지시킵니다. 같은 이유로 바다가 햇빛의 온기를 더 잘 보존하지요. 겨울에는 육지보다 바다가 더 천천히 차가워지므로, 해안 도시는 내륙 도시보다 더 따뜻하답니다. 여름에도 바다는 육지보다 더 천천히 더워져서, 해안 도시는 내륙 도시보다 더 선선해요.

교과서 6학년 2학기 2단원 계절의 변화 | 핵심 용어 남중 고도 | 실험 완료 ☐

여름과 겨울의 기온차 이유 1

준비물

- 검은 색종이

이렇게 해 보세요

1 검은 색종이를 햇빛 아래 1분간 둔 후 손을 대어 온도를 느껴 봅니다.

2 검은 색종이를 5분간 더 두었다가 손을 대어 온도를 느껴 봅니다.

어떻게 될까요? 햇빛 아래 오래 둘수록 종이가 더 따뜻해져요.

왜 그럴까요? 검은 색종이는 햇빛을 흡수해 보존하므로 열의 양이 증가해요. 여름에 겨울보다 기온이 높은 이유 중 하나는 한여름인 7월에는 태양이 조금 더 일찍 뜨고 조금 더 늦게 져서 열다섯 시간 동안 비추지만, 한겨울인 12월에는 아홉 시간밖에 비추지 않기 때문이지요. 반면에 남반구에서는 12월의 일조 시간이 가장 길고 7월 일조 시간이 가장 짧아요.

여름과 겨울의 기온차 이유 2

준비물

- 양철 깡통 뚜껑 2개
- 검은색 물감

이렇게 해 보세요

1 양철 깡통 뚜껑의 양면을 모두 검은색 물감으로 칠하고 잘 말립니다.
2 뚜껑 하나는 수직으로 세워 햇빛을 직접 받게 하고, 다른 뚜껑은 바닥에 눕혀 놓아서 햇빛이 비스듬히 비치게 합니다.
3 두 뚜껑 모두 10분간 그대로 둔 뒤 손을 대어 온도를 비교해 봅니다.

어떻게 될까요? 햇빛을 수직으로 받은 뚜껑이 다른 뚜껑보다 훨씬 뜨거워요.

왜 그럴까요? 물체가 햇빛을 수직으로 받으면 열이 한곳에 집중적으로 내리쬐고, 햇빛을 비스듬하게 받으면 열이 골고루 퍼져요. 즉, 햇빛을 수직으로 받을 때 열을 더 많이 받을 수 있죠.

이 실험에서 뚜껑과 바닥 사이의 기울기는 태양의 고도를, 뚜껑이 받는 온도는 **기온**을 뜻해요. 지구가 자전축이 기울어진 채로 태양 주위를 돌기 때문에 계절마다 태양이 지나가는 길은 달라져요. 태양이 남쪽 하늘에 떠서 고도가 가장 높은 때를 가리키는 **남중 고도** 역시 달라지고요. 태양은 겨울보다 여름에 남중 고도가 높아서 태양 광선이 더 수직으로 내리쬔답니다. 여름에 겨울보다 온도가 더 높은 이유 중 하나지요.

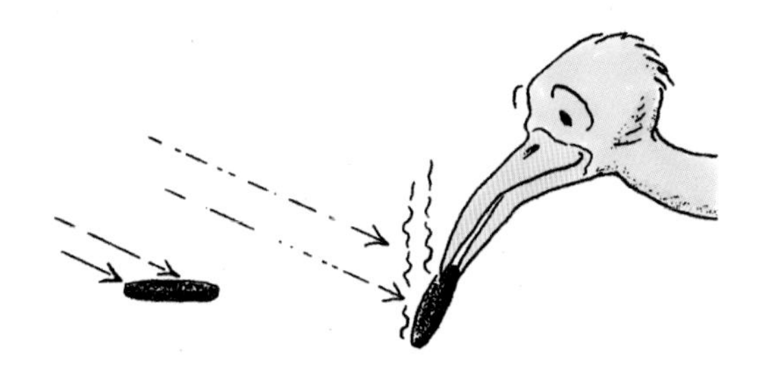

교과서 4학년 2학기 3단원 그림자와 거울, 6학년 2학기 2단원 계절의 변화 | **핵심 용어** 남중 고도, 그림자 | **실험 완료** ☐

그림자 온도계 만들기

태양이 하늘에 더 높이 떠 있을수록 지구에 닿는 태양 광선은 더 수직으로 내리쬐고 더 뜨거워요. 그림자의 길이를 재면 하늘에 태양이 얼마나 높이 떠 있는지 간단히 알아볼 수 있답니다.

준비물

- 줄자
- 공책
- 연필

이렇게 해 보세요

1. 밖으로 나가 그림자 길이를 잴 가로등이나 담장 기둥, 나무 등을 하나 선택합니다.
2. 가을부터 시작해서 매주 정오에 그림자 길이를 관찰하고 측정합니다. 공책에 표를 그려 날짜와 함께 그림자 길이를 기록하세요.

어떻게 될까요? 측정할 때마다 그림자가 길어집니다.

왜 그럴까요? 정오처럼 하늘에 해가 높이 뜰수록 그림자의 길이가 짧아져요. 반대로 해가 낮게 뜰수록 그림자는 길어져요. 가을에서 겨울로 가면서 매일 태양은 점점 더 낮아지고 더 아래쪽으로 내려가며, 태양 광선은 지구에 점점 더 비스듬히 내리쬔답니다. 그 결과 지구의 온도도 점점 낮아져요. 다시 말해 태양 광선은 따뜻한 계절에 더 수직으로 내리쬐는 반면, 추운 계절에는 더 비스듬히 비쳐요. 물론 이 실험을 겨울이나 봄에 시작했다면 태양 고도가 점점 더 높아져서 태양 광선이 더 수직으로 내리쬐기 때문에 그림자는 짧아지겠죠?

교과서 4학년 2학기 3단원 그림자와 거울, 6학년 2학기 2단원 계절의 변화 | 핵심 용어 그림자 | 실험 완료 ☐

적도는 왜 북극보다 더울까요?

수직으로 내리쬐는 빛이 왜 비스듬히 비치는 빛보다 더 뜨거운지 다음 실험으로 알아봅시다.

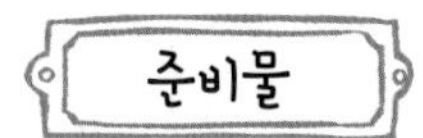

- 손전등
- 종이

이렇게 해 보세요

1 그림처럼 손전등 빛을 종이에 수직으로 비춰 봅니다. 종이에 생기는 원의 모양을 관찰하세요.

2 손전등을 기울여 종이에 빛을 비스듬히 쬐어 봅니다. 종이에 생기는 원의 모양을 비교하세요.

어떻게 될까요? 손전등 빛을 수직으로 비추었을 때는 종이에 작은 원 모양의 그림자가 생기는 반면, 비스듬히 비추면 더 크고 흐린 타원형 그림자가 생겨요.

왜 그럴까요? 그림자는 모두 동일한 광원인 손전등 때문에 생겨요. 따라서 타원형에 쏟아지는 빛의 양은 원형에 쏟아지는 빛의 양과 같아요. 그러나 타원형은 그 크기가 더 크기 때문에 그 속의 빛은 더 엷게 퍼져요. 마찬가지로 비스듬히 비치는 태양빛도 수직으로 내리쬐는 태양빛보다 더 엷게 지구 표면에 퍼집니다. 두 가지 광선 모두 동일한 양의 태양열을 전달하므로, 비스듬히 비치는 빛이 운반하는 열은 넓게 퍼져 강도도 약합니다. 따라서 태양열이 집중되는 적도와 부근 지역은 태양열이 간접적으로 내리쬐는 북극이나 남극보다 약 2.5배 더 많은 열을 받는답니다.

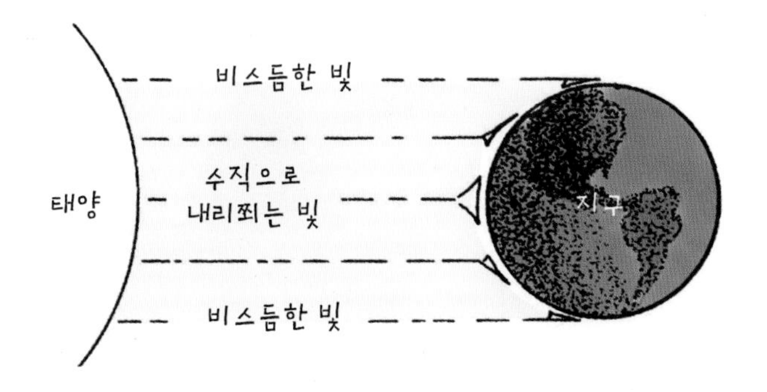

교과서 4학년 2학기 3단원 그림자와 거울, 6학년 2학기 2단원 계절의 변화 | **핵심 용어** 태양의 고도, 그림자의 길이 | **실험 완료** □

그림자 길이의 변화

광원의 위치 변동에 따라 그림자의 길이가 어떻게 변하는지 알아봐요.

준비물

- 연필 2자루
- 원통형 실패*
- A4 용지(또는 흰색 종이)
- 손전등
- 줄자

이렇게 해 보세요

1 A4 용지 위에 실패를 세우고 실패 구멍에 연필 한 자루를 꽂습니다.

2 방을 어둡게 하고 연필 위에서 손전등을 비춰 봅니다. 손전등을 비추는 각도를 바꾸며 그림자의 길이를 측정해 비교하세요.

어떻게 될까요? 손전등을 높이 들고 수직으로 비추면 연필 그림자는 짧아져요. 반면에 손전등을 낮추고 비스듬히 기울이면, 그림자가 길어져요.

왜 그럴까요? 이 실험으로 태양의 고도에 따른 그림자 길이 변화를 알 수 있어요. 손전등을 수직으로 비출 때, 즉 태양의 고도가 가장 높을 때 그림자의 길이는 반대로 짧아집니다. 태양의 고도가 낮아질수록 그림자의 길이는 길어져요.

*실패 가운데 구멍이 연필을 꽂을 수 있는 크기인 것으로 준비하세요.

교과서 6학년 2학기 2단원 계절의 변화 | **핵심 용어** 자전 | **실험 완료** □

집이 움직여요!

구름이 없는 저녁에 밖으로 나가 지구가 자전하는 것을 보세요.

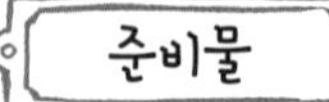

- 검은 색종이

이렇게 해 보세요

1 집 밖에 의자를 내놓고 앉거나 드러누워 여러분 집의 모서리 부분이 오른쪽에 오도록 해서 남쪽 하늘을 바라봅니다.

2 여러분의 집과 가장 가까운 별 하나를 골라 계속 관찰하세요.

어떻게 될까요? 1~2분 내로 별이 집 뒤쪽으로 사라집니다.

왜 그럴까요? 하늘이 움직이는 것처럼 보이지만 사실은 지구 위에 있는 여러분의 집이 움직이는 거랍니다. 지구가 축을 중심으로 자전하기 때문이에요.

교과서 6학년 2학기 2단원 계절의 변화 | 핵심 용어 낮과 밤 | 실험 완료 ☐

정말 아침에 해가 뜰까요?

낮과 밤은 왜 생길까요? 우리 눈에 보이는 것과는 달리 태양은 아침에 뜨고 저녁에 지는 것이 아니에요. 실제로 일어나는 현상을 실험으로 확인해 봐요.

준비물

- 갓을 씌우지 않은 전등
- 오렌지
- 대바늘

이렇게 해 보세요

1 어두운 방 가운데에 갓을 씌우지 않은 전등을 놓고 켭니다.

2 대바늘을 오렌지 한가운데에 꽂습니다. 오렌지에 꽂은 대바늘을 잡고 시계 반대 방향으로 돌리면서 전등 주변을 빙빙 돌아 보세요.

어떻게 될까요? 전등 주변을 도는 오렌지는 전등 빛이 닿는 위치에 따라 빛을 받고 따뜻해집니다.

왜 그럴까요? 오렌지만 움직이고 전등은 움직이지 않았어요. 오렌지는 지구를, 전등은 태양을 뜻해요. 실험처럼 실제 태양도 뜨고 지는 것이 아니라 지구가 움직인답니다. 지구가 동쪽으로 자전하기 때문에 지표면의 일부는 태양을 향했다가 다시 태양에서 멀어져요.

오렌지가 돌면서 그늘지는 부분이 생기듯이 지구에 그늘지는 부분은 밤이 되고, 다시 햇빛이 비추는 곳은 낮이 돼요. 지구는 24시간을 주기로 한 바퀴를 돌아요. 지구가 이렇게 자전하면서 지구 상 한 지역이 태양과 멀어지면 마치 태양이 지는 것 같고, 태양 쪽과 가까워지면 태양이 뜨는 것처럼 보여요.

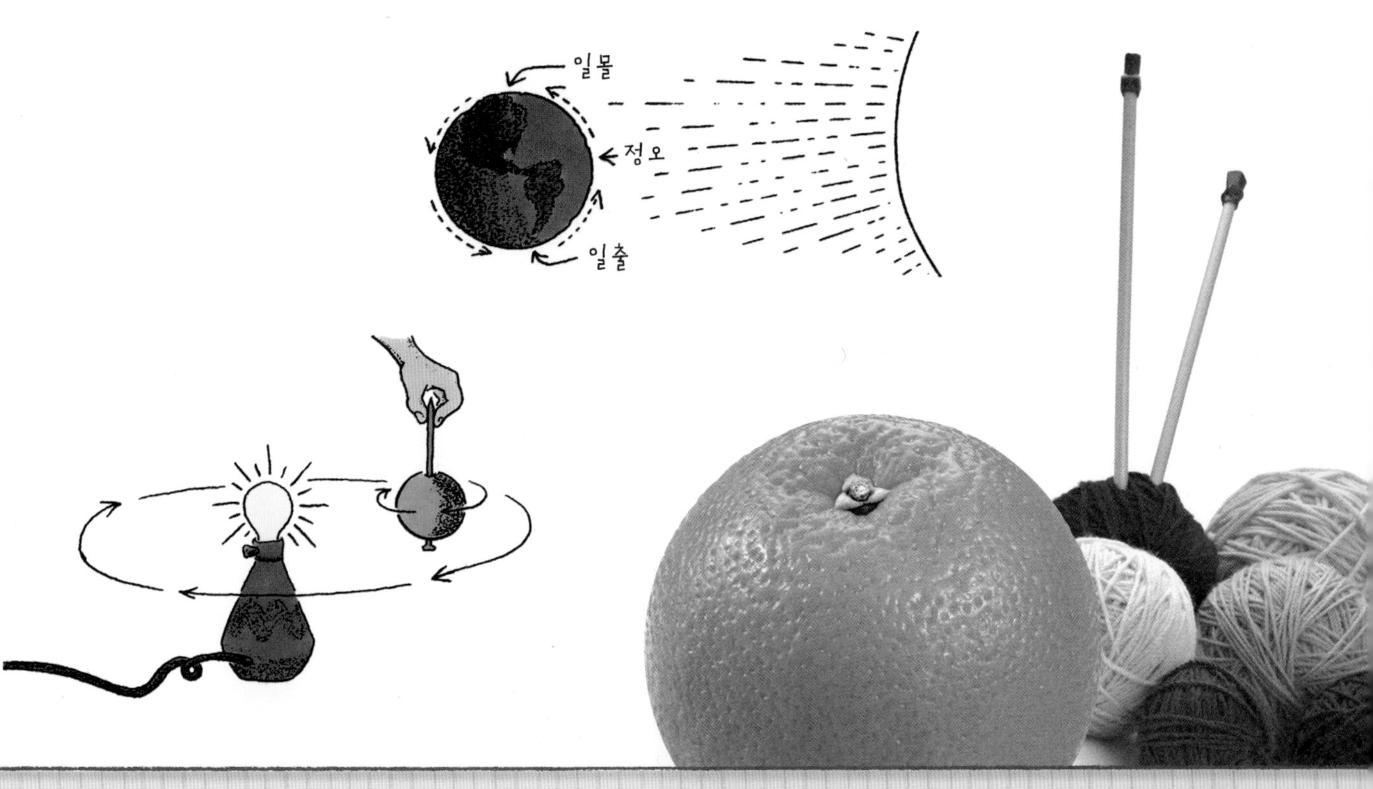

푸코의 진자

지구의 자전을 증명하고 싶다면 1851년에 프랑스의 물리학자 레옹 푸코가 했던 실험을 따라 해 볼 수 있어요. 푸코는 파리의 거대한 공공건물인 판테온의 돔 중앙에 67m의 철선을 고정하고 추를 달아 진자를 만들었어요. 추는 지구의 자전에 따라 움직이며 바닥에 쌓은 모래 둑에 자국을 낸답니다. 여러분도 거실에 진자를 만들어 자전 실험을 해 볼 수 있어요. 모래가 없어도 돼요.

준비물

- 대바늘
- 고무찰흙
- 얇고 튼튼한 철사 3m (또는 나일론 낚싯줄)
- 테이프
- 큰 인덱스카드
- 크레용

이렇게 해 보세요

1 고무찰흙으로 지름 3cm의 공을 만듭니다.

2 공에 대바늘을 꽂은 다음 바늘 끝에 철사를 연결합니다. 이제 실험에 사용할 추가 완성되었어요. 철사의 다른 끝을 천장에 고정해 추를 매답니다.

3 인덱스카드에 크레용으로 선을 길게 그은 후, 추 바로 아랫바닥에 테이프로 고정합니다.

4 바닥에 그린 크레용 선을 따라 추를 흔들기 시작합니다. 두 시간 후에 추가 흔들리는 방향을 관찰하세요.

어떻게 될까요? 추가 좌우로 흔들리는 움직임은 그대로이지만, 그 궤도는 크레용 선을 벗어나요.

왜 그럴까요? 관성의 법칙에 따라 추는 계속 같은 운동을 하고 있어요. 그러나 방이 움직였기 때문에 더 이상 같은 궤적을 그리지 않는답니다! 즉, 지구의 자전 때문에 추가 흔들리는 방향이 바뀐 거예요. 지구의 자전을 보여 주는 큰 진자는 뉴욕시의 UN 건물에도 있어요.

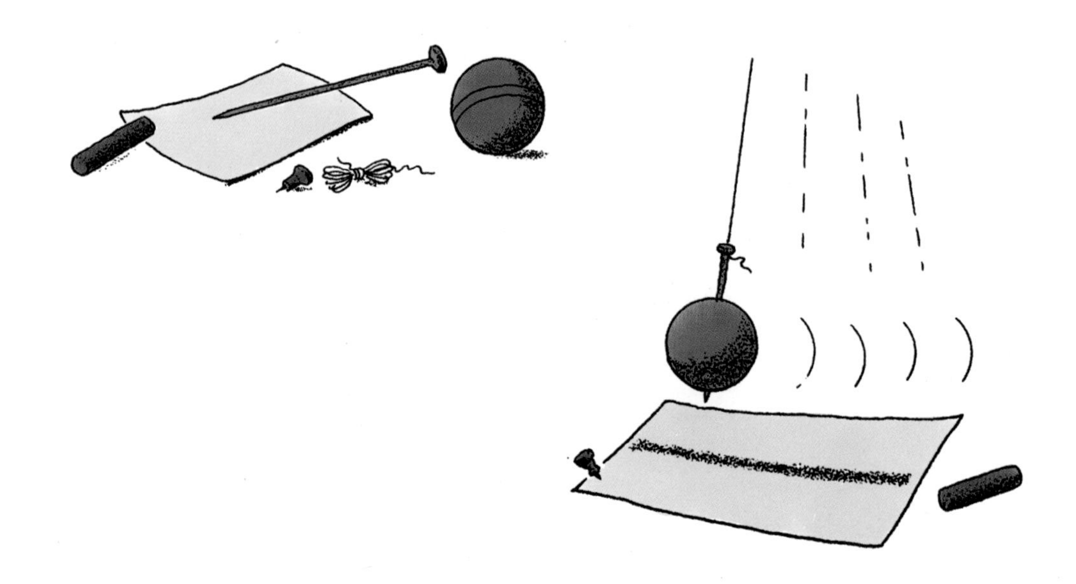

지고 난 후에도 보이는 태양

수평선에서 떠오르기 전과 지고 난 후에도 태양은 몇 분간 눈에 보입니다. 왜 그런지 알아보아요!

준비물

- 물을 넣고 꽉 닫은 유리병
- 책 몇 권
- 갓을 씌우지 않은 전등

이렇게 해 보세요

1 책상 위에 책을 쌓고 전등을 책상의 맞은편에 두세요.

2 아까 쌓은 책 뒤에 책을 쌓아서 눈높이에 전등이 보이지 않게 합니다. 그런 다음 물을 넣고 꽉 닫은 유리병을 쌓아 그림처럼 놓은 책 뒤에 눕히세요.

어떻게 될까요? 쌓은 책보다 유리병이 아래에 있지만 책 너머 전등의 빛이 보여요.

왜 그럴까요? 유리병의 곡면은 지구의 대기권과 같이 전등의 광선을 굴절시켜 빛의 상이 보이게 해요. 마치 바다, 사막, 뜨거운 포장도로와 하늘에서 보이는 신기루와 같은 상을 만들어 내는 것이지요. 지거나 뜨는 해는 정오의 태양보다 더 두터운 지구의 대기권을 지납니다. 이 과정에서 태양 광선이 굴절되어 해가 뜰 때 실제로 태양이 수평선에 도착하기도 전에 그 상이 우리 눈에 보이는 것입니다. 해가 질 때에도 마찬가지로 굴절하는 빛 때문에 태양이 실제로 수평선을 지나 떨어진 후에도 그 잔상이 보이는 것입니다.

돌고 도는 세상

몇 세기 동안 사람들은 태양이 지구 주위를 돈다고 믿었어요. 그러나 오늘날은 지구가 자전하는 것은 물론, 태양 주위의 궤도를 돌며 공전한다는 사실도 알게 되었죠. 가벼운 의자 하나면 할 수 있는 재미난 실험을 해 보아요.

준비물

- 의자

이렇게 해 보세요

1 의자를 방 한가운데에 놓고 의자 주위를 빙빙 돕니다.

어떻게 될까요? 의자 주위를 돌 때마다 의자와 일직선을 이루는 방 안의 다른 물체들이 달라져요.

왜 그럴까요? 의자를 중심으로 보면 방 안의 물체들이 마치 움직이는 것처럼 느껴져요. 사실 움직이는 것은 여러분인데도 말이죠. 이와 마찬가지로 사실은 지구가 그 주변을 돌기 때문에 태양이 움직이는 것처럼 보인답니다. 지구가 초당 약 29.76km의 속도로 태양 주위의 약 9억 6,500만km 궤도를 한 바퀴 도는 데에는 약 365일이 걸려요. 태양 주위 궤도는 타원형 모양이며, 돌아가는 속도는 매번 조금씩 다르답니다. 지구가 태양에 가까울수록 공전 속도는 빨라져요.

움직이는 창문 그림자

지구가 자전한다는 것을 알아보는 또 하나의 실험을 해 볼 거예요. 방법은 간단하지만 관찰하는 데 1년은 걸리니 각오하세요!

준비물

- 분필
- 종이
- 테이프
- 펜(또는 연필)

이렇게 해 보세요

1. 방 안에 비치는 창문 그림자에 맞추어 바닥이나 벽에 스카치테이프로 종이를 붙이고 종이에 펜으로 선을 그립니다. 그린 자리에 정확한 월, 일, 시간을 기록하세요.
2. 일주일 후, 하루 중 같은 시간에 같은 방법으로 그림자 선을 그리고 월, 일, 시간을 기록합니다. 이 작업을 1년간 매주 실시하세요.

어떻게 될까요? 일주일마다 방 안에 비치는 창문 그림자 위치가 바뀌어요.

왜 그럴까요? 태양 둘레를 도는 지구의 공전 때문에 월마다, 일주일마다 그림자 위치가 바뀝니다.

사계절이 생기는 이유

적도 부근은 일 년 내내 덥습니다. 반면에 북극과 남극은 늘 겨울이지요. 대부분 지역에는 사계절이 있고요. 왜 지역마다 계절이 다를까요?

준비물

- 오렌지
- 대바늘
- 갓을 씌우지 않은 키가 큰 전등
- 판지
- 매직펜

이렇게 해 보세요

1 아래 그림처럼 대바늘을 오렌지에 꽂아 지구와 가상 축의 모형을 만듭니다.
2 매직펜으로 판지에 지구의 궤도 역할을 할 타원형을 지름 약 25cm로 그린 다음 동서남북을 표시합니다.
3 태양 역할을 할 전등을 켠 다음 판지의 중앙에 세웁니다.
4 오렌지에 꽂은 대바늘을 수직으로 들고 전등 주위의 네 방향으로 이동시킵니다. 오렌지의 어느 부분에 빛이 비치는지 관찰하세요.
5 이번에는 그림처럼 오렌지를 수직에서 약 23.5도 기울입니다. 그 각도를 유지하면서 오렌지를 역시 네 방향으로 움직여 어느 부분에 빛이 비치는지 관찰합니다. 각 위치마다 수직으로 빛을 받는 부분과 비스듬히 빛을 받는 부분이 각각 어디인지 비교하세요.

어떻게 될까요? 대바늘이 수직인 상태에서 움직일 때에는 오렌지의 위치에 상관없이 빛이 비치는 위치가 같아요. 그러나 23.5도 기울였을 때에는 전등 쪽으로 기울었는지, 전등 반대로 기울었는지에 따라 빛이 비치는 위치가 달라져요.

왜 그럴까요? 첫 번째 실험의 오렌지처럼 지구가 수직으로 서 있다면 계절이 생기지 않을 거예요. 그러나 지구는 북극성 쪽으로 23.5° 기울어져 있기 때문에 태양 주위를 공전하면서

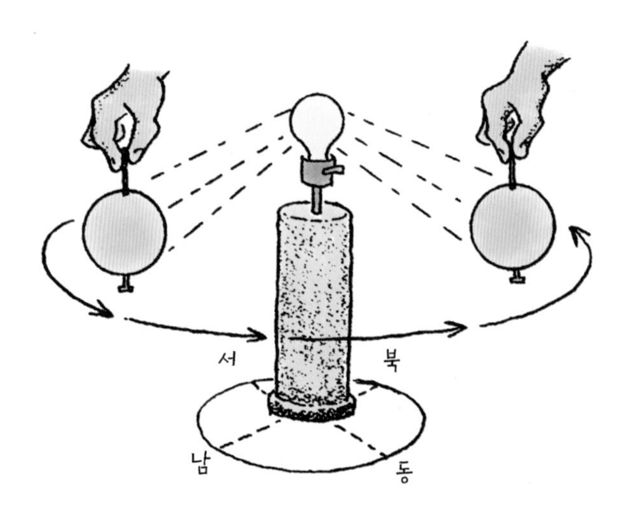

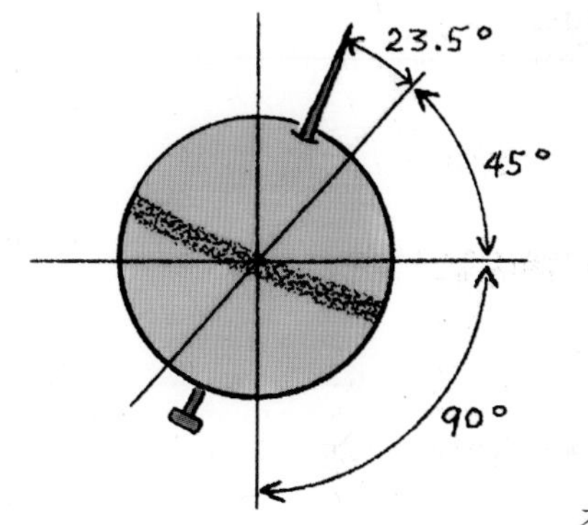

사계절이 생겨요. 우리가 살고 있는 지구의 면이 태양을 향해 기울어지면 태양빛이 거의 수직으로 내리쬐기 때문에 여름이 돼요. 반대로 6개월 후 지구가 태양에서 멀어지는 방향으로 기울면 태양빛이 비스듬히 비치고 지표면이 덜 더워져 겨울이 됩니다.

적도에서는 태양 광선이 항상 수직으로 내리쬡니다. 그래서 계절이 없어요. 반대로 극지방에서는 항상 비스듬히 비치죠. 계절은 태양과 지구의 거리 때문에 생기는 것이 아니란 것을 알 수 있겠죠? 사실 북반구는 6월보다 1월에 더 태양에 가까이 있답니다.

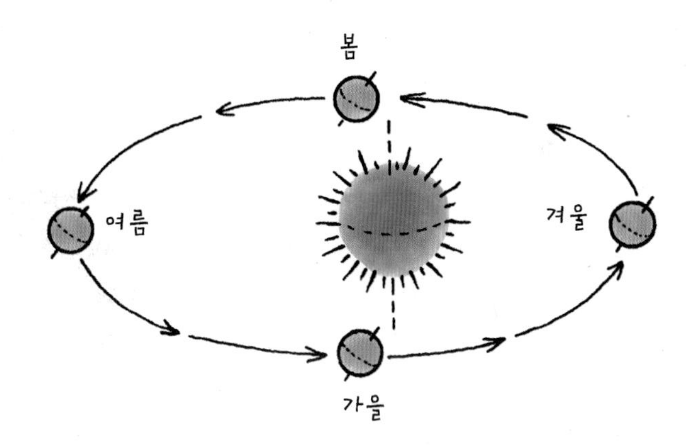

타원 그리기

태양 주위를 도는 지구의 궤도는 타원형이지요. 이것을 쉽게 그리는 방법을 알려 줄게요. 흰 종이 위에 압정이나 핀 두 개를 5cm 간격을 두고 꽂습니다. 15cm 길이의 줄을 묶어 압정에 걸어 줍니다. 두 줄 사이에 연필을 끼워 팽팽하게 잡아당기세요. 줄을 계속 팽팽하게 당기면서 연필을 압정 주변으로 돌려 그리면 타원형을 그릴 수 있어요.

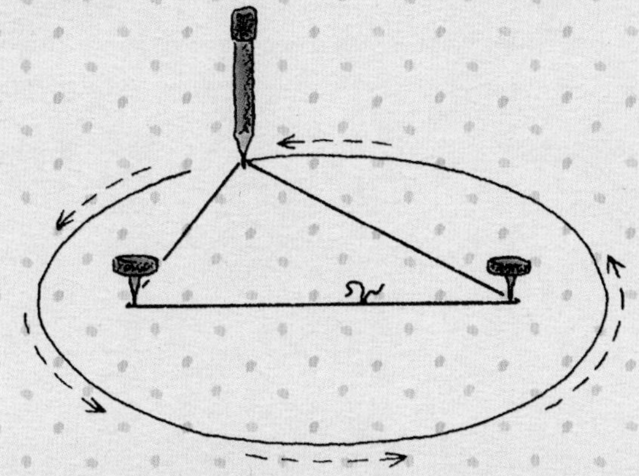

교과서 6학년 1학기 3단원 여러 가지 기체 | 핵심 용어 이산화탄소 | 실험 완료 ☐

온실 효과

온실 효과로 지구 전체가 더워지고 있어요. 왜 그럴까요?

준비물

- 투명한 비닐봉지
- 온도계 2개

이렇게 해 보세요

1 온도계 하나를 비닐봉지 안에 넣습니다. 봉지를 묶어 햇빛이 잘 드는 창가에 두세요.

2 다른 온도계는 그대로 창가에 둡니다. 10분 뒤에 두 온도계를 비교하세요.

어떻게 될까요? 비닐봉지에 넣어 둔 온도계가 그냥 둔 온도계보다 몇 도 더 높아요.

왜 그럴까요? 태양 광선은 비닐봉지를 쉽게 투과해요. 그러나 일단 봉지 안으로 들어온 다음에는 열로 바뀌기 때문에 쉽게 빠져나가지 못하고 갇혀요. 그래서 비닐봉지 안의 온도가 올라가지요. 마치 식물이 자라는 온실처럼 비닐봉지 안이 데워지는 것입니다.

마찬가지로 태양 광선은 지구의 대기권을 쉽게 통과해요. 하지만 복사열로 전환되고 나면 쉽게 빠져나가지 못하고 지표면에 흡수되어 거대한 온실처럼 지구를 덥히지요. 그런데 석탄과 석유 같은 화석 연료를 사용하면 이 물질들이 연소되며 대기 중에 이산화탄소를 배출해요. 그 양이 늘어나면 지구의 복사열이 우주로 나가지 못하고 지구 속에 갇히는 현상이 심해집니다. 그 결과 지구가 점점 더워져 남극과 북극의 빙하가 녹고 있어요. 과학자들은 이러한 현상과 더불어 해수면이 상승하고, 침수 지역이 발생하는 등 각종 문제가 생길 것이라고 우려해요. 반대로 지구 기후가 차가워질 것을 걱정하는 과학자들도 있어요. 대기 오염이 태양의 복사열을 차단해 자연적인 온실 효과조차 방해해 지구 온도가 떨어질 거라고 예측하기 때문이지요.

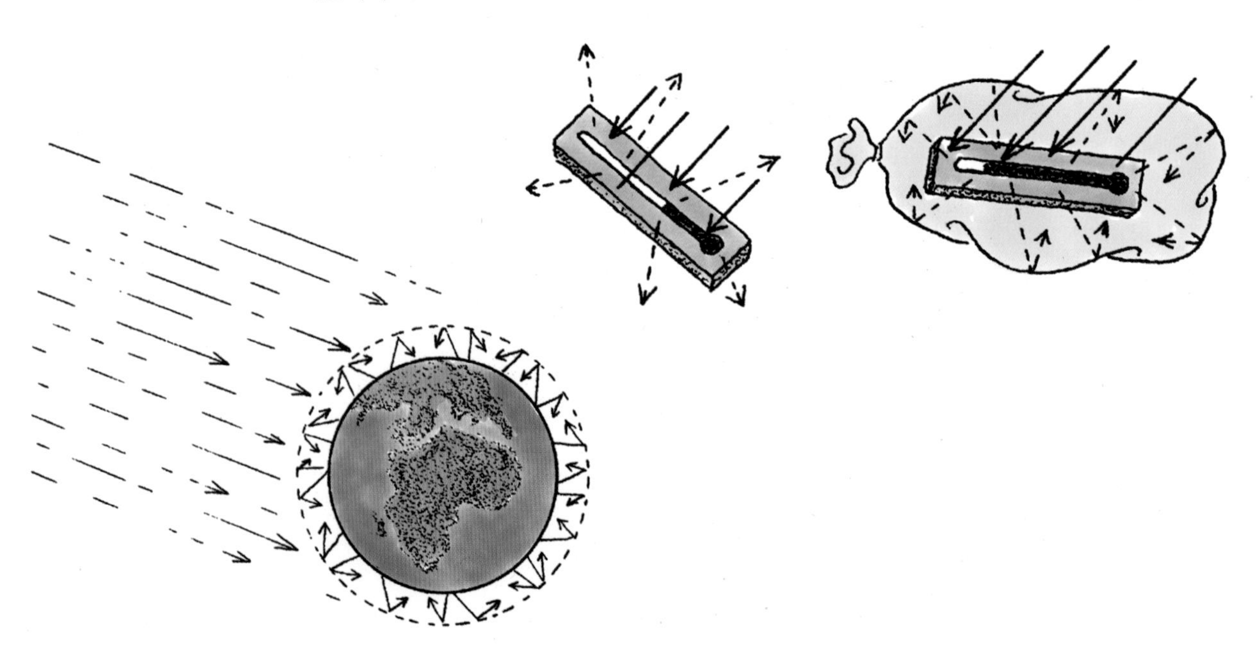

회오리바람과 산들바람

우리는 '대기권'이라는 공기층의 아래쪽에 살고 있어요. 기상 현상은 대부분 이 대기권 아래쪽, 지상에서 약 10km 이내에서 벌어진답니다. 기상 현상을 일으키는 주요한 요인은 태양열을 따뜻한 지역에서 차가운 지역으로 퍼뜨리는 바람이에요.

바람은 움직이는 공기랍니다. 그렇다면 공기는 무엇이며, 어떻게 움직이는 것일까요? 그리고 왜 가끔은 그렇게 파괴적일까요?

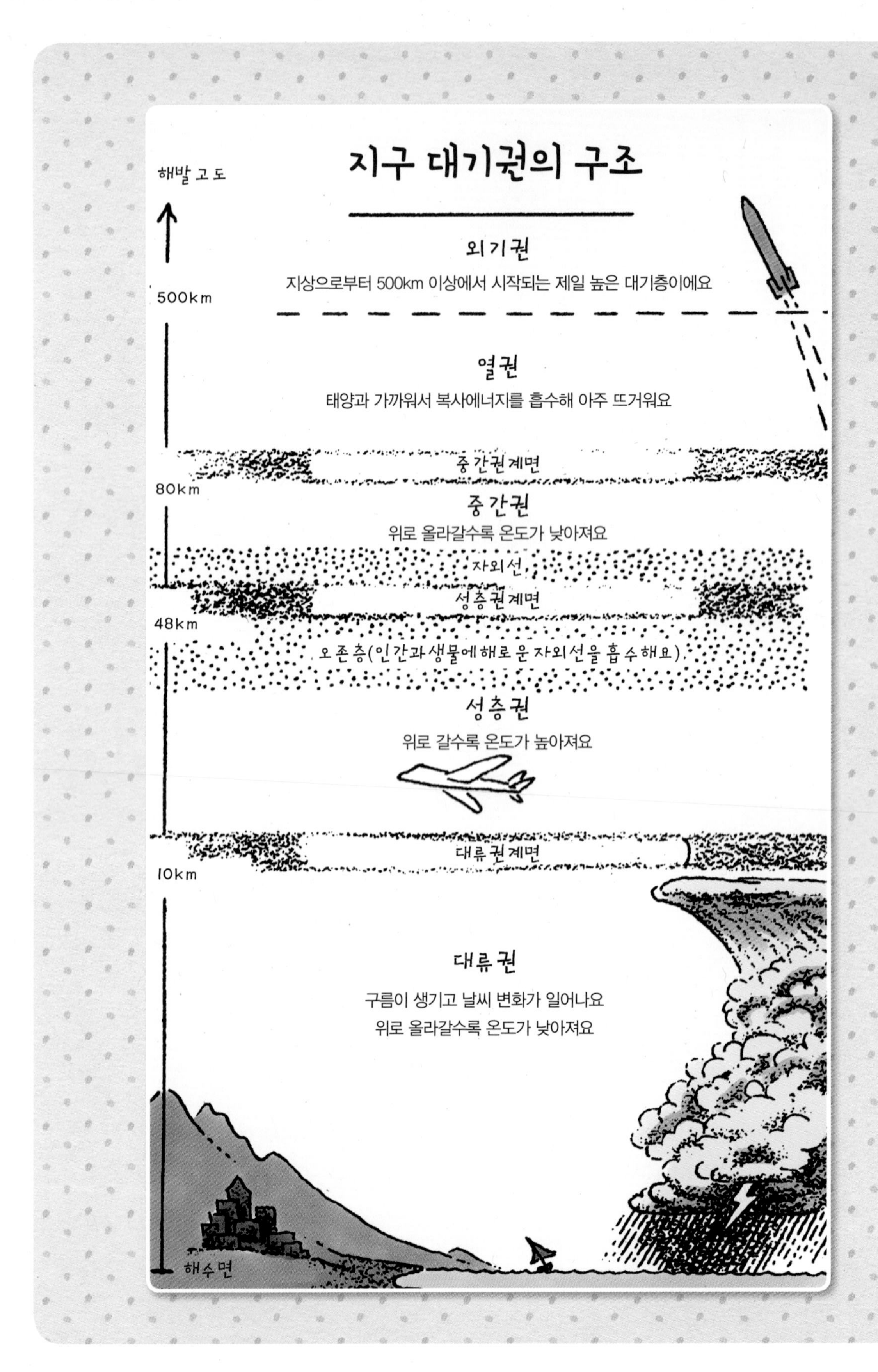
지구 대기권의 구조
해발 고도
외기권
지상으로부터 500km 이상에서 시작되는 제일 높은 대기층이에요
500km
열권
태양과 가까워서 복사에너지를 흡수해 아주 뜨거워요
중간권계면
80km
중간권
위로 올라갈수록 온도가 낮아져요
자외선
성층권계면
48km
오존층(인간과 생물에 해로운 자외선을 흡수해요)
성층권
위로 갈수록 온도가 높아져요
대류권계면
10km
대류권
구름이 생기고 날씨 변화가 일어나요
위로 올라갈수록 온도가 낮아져요
해수면

교과서 6학년 1학기 3단원 여러 가지 기체 | 핵심 용어 기체의 부피 | 실험 완료 ☐

공기가 머문 자리

공기가 정말 존재한다는 것을 어떻게 알 수 있을까요?

준비물

- 깔때기
- 빈 음료수 병
- 고무찰흙(또는 폭이 넓은 마스킹 테이프)
- 물

이렇게 해 보세요

1. 음료수 병 입구에 깔때기를 끼우고 고무찰흙이나 테이프를 붙여 빈틈없이 고정합니다.
2. 깔때기에 물을 붓습니다.

어떻게 될까요? 물이 병 안으로 흘러들어 가지 않고 깔때기 안에 고여요.

왜 그럴까요? '빈' 병은 이미 공기로 가득 차 있어요. 공기도 공간을 차지하기 때문에 물이 병 속으로 들어오지 못한답니다. 찰흙이나 마스킹 테이프를 제거하면 그 사이로 공기가 빠져나갈 수 있기 때문에 결과는 완전히 달라져요.

교과서 6학년 1학기 3단원 여러 가지 기체 | 핵심 용어 기체의 부피 | 실험 완료 ☐

공기의 무게

공기도 하나의 물질이에요. 공간을 차지할 뿐 아니라 무게도 나가지요. 못 믿겠다면 증거를 보여 줄게요.

준비물

- 자
- 옷걸이
- 풍선 2개
- 테이프
- 끈

이렇게 해 보세요

1. 옷걸이에 끈을 묶습니다. 끈의 다른 끝을 자의 한가운데에 묶고 자를 늘어뜨리세요.
2. 풍선 두 개를 각각 자 양 끝의 같은 거리에 매달고 자의 균형을 정확히 맞춥니다.
3. 풍선 하나를 터뜨립니다. 터진 부분을 잘 묶은 다음 자에 다시 매달아 자의 균형을 관찰하세요.

어떻게 될까요? 바람이 든 풍선 쪽으로 자가 기울어져요.

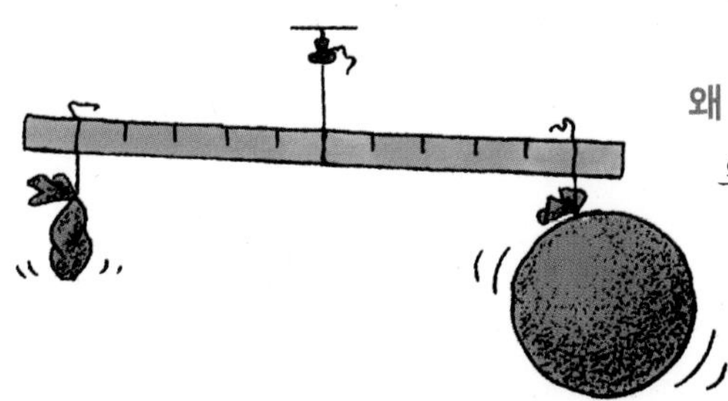

왜 그럴까요? 공기가 들어간 풍선은 그렇지 않은 풍선보다 더 무거워요. 공기에도 무게가 있기 때문이지요. 공기는 사실 꽤 무겁답니다. 해수면 높이에서 $2.54cm^2$당 공기의 무게는 약 2.6kg이에요. 산꼭대기에서는 공기의 밀도가 낮아지고 무게도 덜 나갑니다.

교과서 6학년 1학기 3단원 여러 가지 기체 | 핵심 용어 기체의 부피 | 실험 완료 □

뜨거운 공기는 뚱뚱해

따뜻한 공기는 왜 찬 공기보다 더 많은 공간을 차지할까요?

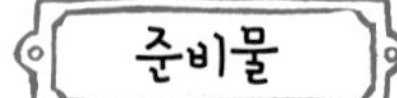

- 풍선
- 음료수 병
- 뜨거운 물 한 냄비

이렇게 해 보세요

1 풍선 입구를 약간 늘려서 음료수 병에 끼웁니다.
2 병을 뜨거운 물이 든 냄비에 넣습니다. 5분간 둔 후 풍선 모양을 관찰합니다.

어떻게 될까요? 풍선이 부풀기 시작합니다.

왜 그럴까요? 풍선 안의 공기가 가열되면서 팽창했기 때문이에요. 물 분자의 운동이 활발해져 서로 거리가 멀어졌기 때문에 풍선이 부푼 것입니다. 풍선 바깥의 공기도 뜨거워지면 마찬가지 현상을 보여요. 따뜻한 공기는 찬 공기보다 부피가 더 커서 밀도가 낮아지고 더 많은 공간을 차지해요. 따라서 찬 공기보다 무게도 덜 나가요.

교과서 5학년 2학기 3단원 날씨와 우리 생활 | 핵심 용어 기류, 바람 | 실험 완료 □

기류와 바람

기류를 직접 만들어 관찰하세요.

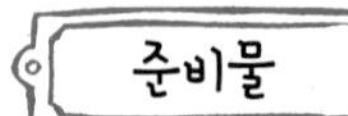

- 베이비파우더
- 천 조각
- 갓을 씌우지 않은 전등

1 천 위에 베이비파우더를 뿌려 준비합니다. 불을 켜지 않은 전등 근처에서 천을 조금 털고, 파우더가 어떻게 움직이는지 관찰하세요.
2 전등을 켜고 몇 분이 지나 뜨거워지면 천에 묻은 베이비파우더를 조금 더 털어 봅니다.

어떻게 될까요? 전등을 켜기 전에는 파우더가 공기 중에 서서히 아래로 떨어져요. 반대로 전구를 켠 후 전구가 뜨거워지면 파우더가 위로 올라가요.

왜 그럴까요? 전구에 불을 켜면 주변 공기가 데워져서 상승해요. 이와 함께 베이비파우더도 올라가지요. 반면에 공기가 차가울 때는 밀도가 높아지면서 아래로 내려와요.
자연 현상에서도 마찬가지로 밀도가 낮은 따뜻한 공기는 위로 올라가고 차가운 공기가 내려와 그 자리를 대신해요. 위아래 수직으로 움직이는 공기를 **기류**라고 하지요. **바람**은 같은 고도에서 수평으로 움직이는 공기를 말해요. 기류와 바람의 속도는 지역 간 온도 차이에 따라 달라지고, 바람의 방향은 지역의 위치에 영향을 받는답니다.

교과서 6학년 1학기 3단원 여러 가지 기체 | 핵심 용어 기체의 부피 | 실험 완료 □

공기 중 산소의 양

공기는 산소 같이 눈에 보이지도 않고 맛도 나지 않는 기체가 섞인 혼합물이에요. 그렇다면 공기 중에 산소의 양은 얼마나 될까요?

준비물

- 연필
- 깨끗한 철수세미
- 물
- 물을 담은 접시
- 유리 계량컵

이렇게 해 보세요

1 연필의 한끝을 철수세미 속에 꽂고 철수세미에 물을 적십니다.

2 철수세미가 위로 가도록 연필을 물이 담긴 접시 위에 세운 다음 유리 계량컵을 씌웁니다. 3일 후 철수세미의 상태와 물의 높이가 어떻게 변하는지 관찰하세요.

어떻게 될까요? 철수세미에 녹이 슬었어요. 물은 컵의 약 $\frac{1}{5}$ 높이까지 올라가요.

왜 그럴까요? 철수세미에 녹이 슬려면 유리컵 속의 공기 중 산소를 모두 사용해야 하고, 그 과정에서 공기 압력이 낮아져요. 그러면 접시에 담긴 물이 컵으로 밀려들어 가 줄어든 산소의 공간을 대체합니다. 줄어든 산소는 공기 중 약 $\frac{1}{5}$을 차지하므로, 물은 컵의 $\frac{1}{5}$ 높이까지 올라가요. 공기의 나머지 $\frac{4}{5}$는 대부분 질소이며, 이산화탄소 등 약간의 다른 기체가 섞여 있어요.

교과서 6학년 1학기 3단원 여러 가지 기체 | 핵심 용어 공기 오염 | 실험 완료 □

주변 공기의 오염도를 알아보자

복잡한 기구 없이도 주변 공기의 오염 여부를 알아볼 수 있답니다.

준비물

- 크고 빈 깡통
- 흰 종이
- 돋보기

이렇게 해 보세요

1 깡통 안의 바닥과 옆면에 흰 종이를 대어 놓고 창밖에 둡니다.

2 일주일 후 깡통을 가져와 조심스레 종이를 꺼냅니다. 종이를 돋보기로 관찰하세요.

어떻게 될까요? 종이가 먼지와 불순물로 얼룩졌어요.

왜 그럴까요? 자동차 매연과 공장 굴뚝 등에서 나오는 각종 오염 물질은 공기 중에 떠다녀요. 바람에 날려가지 못하거나, 따뜻한 공기층이 담요 역할을 해 빠져나갈 수 없게 되면 공기 속에 남는 거지요. 가끔 이런 대기 내 먼지 때문에 앞이 보이지 않는 연무가 생기기도 해요.

교과서 6학년 1학기 3단원 여러 가지 기체 | 핵심 용어 공기 오염, 역전 현상 | 실험 완료 □

역전층과 대기 오염

공기의 역전층이 만들어지면 무슨 일이 벌어질까요?

준비물

- 유리병 2개
- 뜨거운 물
- 차가운 물
- 인덱스카드
- 성냥
- 노끈 약간

이렇게 해 보세요

1 유리병 하나는 매우 차가운 물, 다른 하나는 뜨거운 물로 헹군 후 완전히 말립니다.
2 인덱스카드를 두 병 사이에 끼우고 유리병 두 개의 입구를 맞붙여 따뜻한 유리병은 아래에, 찬 유리병은 그 위에 쌓아 세웁니다.
3 어른에게 노끈에 불을 붙여 연기가 나게 해 달라고 부탁합니다. 인덱스카드를 살짝 들어 연기가 나는 끈을 넣으세요.
4 연기가 아래 유리병을 가득 채우면, 인덱스카드를 치우고 연기의 움직임을 관찰하세요.
5 이번에는 찬 유리병을 아래에 세우고 따뜻한 유리병을 위에 세워 같은 실험을 다시 해 봅니다. 어떤 현상이 벌어지나요?

어떻게 될까요? 따뜻한 물로 헹군 병이 아래에 있을 때는 연기가 아래에서 위의 병으로 올라가요. 반대로 차가운 물로 헹군 병이 아래에 있을 때는 연기가 갇혀서 올라가지 못해요.

왜 그럴까요? 연기는 더운 공기가 위로 올라갈 때 따라서 올라가고, 밀도가 높은 찬 공기와 만나면 함께 아래로 가라앉아요. 그러나 찬 공기가 따뜻한 공기 아래에 있으면 연기가 따뜻한 공기에 막혀 올라가지 못해요.

지구 대기권의 더운 공기가 먼지를 붙들고 있는 것도 이런 **역전 현상** 때문이랍니다. 대기권은 일반적으로 고도가 높아질수록 온도가 낮아져서 공기가 순환해요. 그런데 역전 현상이 일어나면 고도가 높아질수록 오히려 기온이 높아져서 공기가 순환하지 못해요. 이때 실험에서 찬 공기와 함께 연기가 따뜻한 공기에 막혀 못 움직인 것처럼, 오염 물질도 순환하지 못하는 공기 속에 쌓여 오염이 심해져요. 대기가 오염되면 눈이 맵고, 기침이 나며 호흡이 곤란해지기도 합니다.

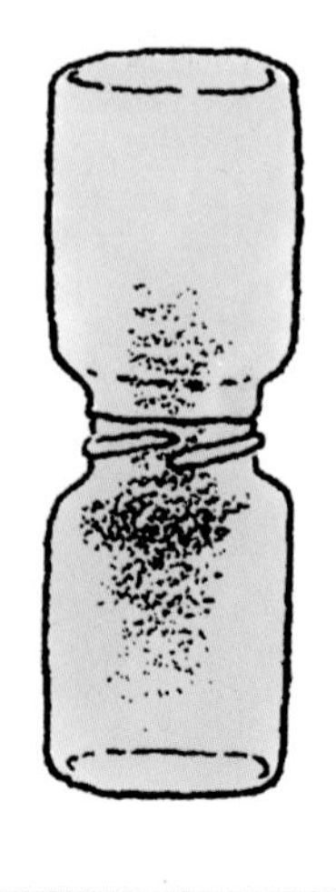

교과서 5학년 2학기 3단원 날씨와 우리 생활 | **핵심 용어** 바람의 방향 | **실험 완료** ☐

소용돌이 바람

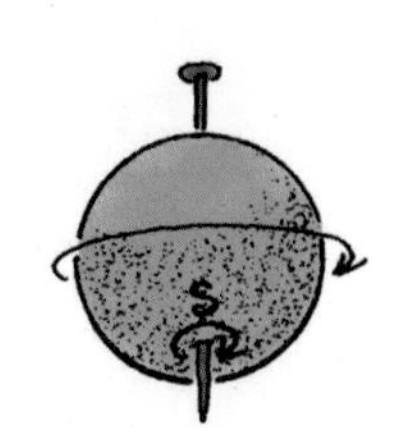

왜 바람은 북반구에서는 시계 반대 방향, 남반구에서는 시계 방향으로 불까요?

준비물

- 대바늘
- 공
- 크레용

이렇게 해 보세요

1. 대바늘을 공에 찔러 넣고 공의 윗부분에는 북극을 표시하는 'N'을, 아랫부분에는 남극을 표시하는 'S'를 써 넣습니다. 오렌지를 'N'이 위에 오도록 잡고 시계 반대 방향으로 돌려 봅니다. 'N'이 돌아가는 방향을 관찰하세요.
2. 이제 공을 머리 위로 높이 들고 계속 같은 방향으로 돌려 봅니다.

어떻게 될까요? 공을 같은 방향으로 돌려도 머리 위로 들면 공이 반대로 도는 것 같아요. 이처럼 북극에서는 지구가 시계 반대 방향으로 돌지만 남반구에서는 시계 방향으로 돌아요.

교과서 5학년 2학기 3단원 날씨와 우리 생활 | **핵심 용어** 바람의 방향, 편서풍 | **실험 완료** ☐

편서풍

지구는 서쪽에서 동쪽으로 자전해요. 이것 때문에 바람이 부는 방향이 달라진답니다. 그런데 왜 바람이 종류에 따라 언제나 같은 방향으로 부는지 알아봐요.

극동풍 60° 편서풍 30° 무역풍 적도 무역풍 30° 편서풍 60° 극동풍

준비물

- 구슬 1개
- 턴테이블(회전식 쟁반이나 레코드 턴테이블)

이렇게 해 보세요

1. 구슬을 턴테이블 중앙에서 가장자리로 굴리고 관찰하세요.
2. 같은 방법으로 구슬을 턴테이블 중앙에서 가장자리로 굴린 다음 턴테이블을 돌리기 시작합니다. 출발 지점에서 수평선을 그어 턴테이블 가장자리까지 구슬이 오게 하는 것이 목표예요. 마지막으로 구슬을 턴테이블 가장자리에서 다시 중앙으로 굴려 봅니다.

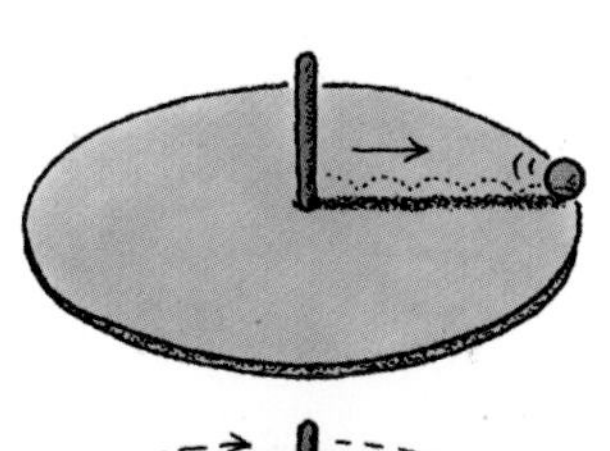
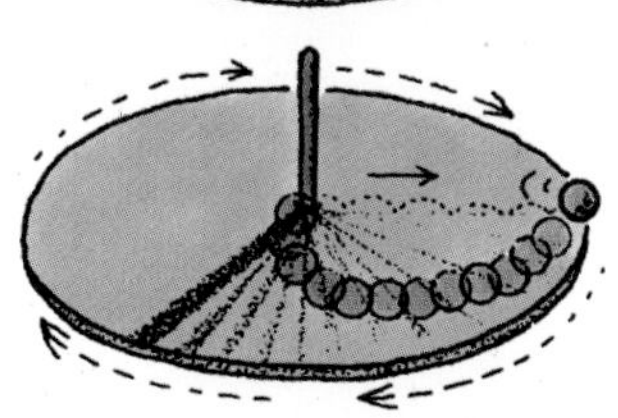

어떻게 될까요? 턴테이블이 돌지 않을 때는 구슬이 중앙에서 끝까지 직선으로 굴러요. 그러나 턴테이블이 돌면, 구슬은 중앙에서 벗어났다가 다시 중앙으로 곡선을 그리며 굴러요.

왜 그럴까요? 턴테이블이 정지해 있을 때는 구슬이 직선으로 굴러요. 그러나 턴테이블이 돌면 그렇게 보이지 않을지라도 구슬은 계속 직선으로 움직여요. 구슬이 직선 끝이 아닌 다른 지점에 멈추기 때문에 구슬이 비틀대며 곡선을 그리는 것처럼 보이는 거랍니다. 이 현상을 **코리올리 효과**, 즉 **전향력**이라고 불러요. 바람도 지구의 자전 때문에 특정한 방향으로 휘어져 불지요. 지구 자전은 거의 언제나 일정한 방향으로 부는 바람을 만들어 내요. 전 세계 기후는 대부분 특정 방향으로 부는 이 엄청난 바람 때문에 생겨요.

국지풍

바람에는 여러 종류가 있어요. 가끔 불거나 짧게 지나가는 것도 있고, 부드러운 것도 있지요. 어떤 바람은 몇 분만 불어도 매우 강력해서 큰 인명 피해와 재산 피해를 일으키기도 해요. 어떤 지역에서는 바람이 해마다 정기적으로 불기 시작해서 수개월 동안 지속되기 때문에 미리 대비하기도 한답니다.

바람의 종류를 자세히 알아볼까요? 다음은 지형과 기후의 특성에 따라 특정한 지역에서만 부는 바람, 즉 **국지풍**의 종류입니다.

푄 바람(Föhn wind)

산을 넘어서 불어 내리는 고온 건조한 바람을 가리켜요. 로키 산맥에서는 푄이 밤사이 약 60cm 높이의 눈을 녹이기 때문에 인디언 말로 '눈을 먹는 자'라는 뜻인 치누크(chinook)라고도 부릅니다. 남미에서는 안데스 산맥에 부는 푄 바람 중에서도 서풍을 존다(zonda), 동풍을 푸엘체(puelche)라고 나눠 부른답니다.

스콜(squall)

찬 공기가 갑자기 1~2분 동안 몰아치는 돌풍이에요. 보통은 거대한 먹구름이 밀려와 소나기를 뿌리지요. 그러나 스콜은 이처럼 짧게 불면서도 수백 대의 작은 배를 뒤집는 등 큰 피해를 일으키는 것으로 유명해요. 알래스카에서는 윌리워(williwaw), 호주에서는 콕아이드 밥(Cockeyed Bob)이라고 부릅니다.

미스트랄(mistral)

겨울에 알프스 산맥 서쪽에서 남프랑스를 건너 불어오는 차고 건조한 바람으로, 여러 달 동안 지속되기도 해요. 인도양과 아시아의 계절풍인 몬순(monsoon)은 여름철 폭우를 동반하고요. 사하라 사막과 아라비아 사막의 고온 건조한 바람인 시문(simoon)이 불면 몇 분간, 혹은 며칠간 엄청난 모래 폭풍이 불어 닥칩니다.

제트 기류(jet stream)

대기권 약 6.5km 높이에서 부는 빠른 바람이에요. 대류권과 성층권 사이의 극심한 기온 차에 따라 발생하는 제트 기류는 길이가 수천 킬로미터에 이르고, 폭은 수 킬로미터나 됩니다. 가끔은 대기권 더 높이까지 올라갔다가 아래로 내려오면서 폭풍우를 동반하기도 해요. 항공기 조종사들은 제트 기류를 만나면 비행기가 흔들리기 때문에 조심한답니다.

치누크 바람

기단과 전선

기단은 동일한 온도와 수분을 머금고 수천 킬로미터에 걸쳐 있는 공기 덩어리를 말해요. 이러한 기단은 어떻게 만들어질까요? 라디에이터나 히터, 냉장고나 에어컨만 있다면 간단히 알아볼 수 있어요.

준비물

- 라디에이터 (또는 히터)
- 냉장고(또는 에어컨)

이렇게 해 보세요

1 먼저 라디에이터 앞에 2분간 서 있습니다.

2 이번에는 냉장고 문을 열고 그 앞에 서거나, 에어컨 앞에 2분간 서 있어 봅니다.

어떻게 될까요? 라디에이터 앞에 서 있을 때는 따뜻한 공기가 나오는 것을 느껴요. 반면에 냉장고나 에어컨 앞에 서 있을 때는 차가운 공기를 느낍니다.

왜 그럴까요? 라디에이터는 주변 공기를 따뜻하게 데워요. 냉장고는 주변 공기를 식히죠. 기단도 마찬가지에요. 공기가 특정 지역에 계속 머무르면서 일정한 온도와 습도를 지니는 **기단**이 됩니다. 기단은 움직이면서 주변 지역의 날씨에 영향을 줘요. 따뜻한 기단을 찬 기단이 밀면서 생기는 한랭 기단, 찬 기단을 따뜻한 기단이 밀면서 생기는 온난 기단이 서로 만나면 섞이는 대신 수백 킬로미터에 걸쳐 **전선**을 이뤄요. 차가운 한랭 기단이 더운 온난 기단을 밀어 올리면 **한랭 전선**, 온난 기단이 한랭 기단 위에 생기면 **온난 전선**이라고 부르지요. 두 기단 모두 움직이지 않고 가만히 있으면 **정체 전선**이라고 해요.

전선이 형성되면 날씨가 변해요. 한랭 전선은 빠르게 움직입니다. 만약 공기가 건조하면 구름이 생기고 기온이 떨어져요. 반대로 습도가 높으면 한랭 전선은 뇌우와 우박을 동반하면서 빨리 지나가요. 온난 전선은 더 느리게 움직입니다. 습도가 낮으면 옅은 구름을 형성하고, 습도가 높으면 날이 흐려지고 비나 눈이 여러 날 계속돼요. 전선이 지나가고 나면 날씨가 갭니다. 온난 기단이 계속 머무르면 날씨가 따뜻하고, 한랭 기단이 남아 있으면 날씨가 추워요.

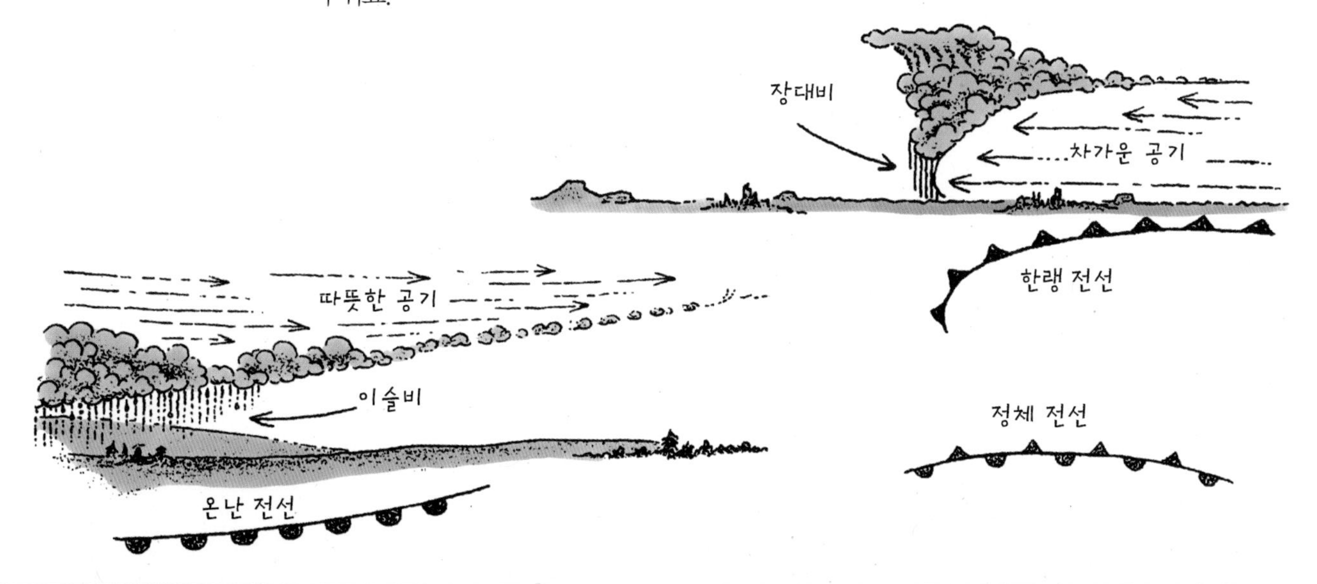

교과서 5학년 2학기 3단원 날씨와 우리 생활 | 핵심 용어 전선, 대기압 | 실험 완료 ☐

대기압과 일기예보

대기압이 변화하는 모습을 관찰하면 향후 몇 시간 또는 며칠 동안 날씨가 어떻게 변할지 예측할 수 있어요.

준비물

- 풍선 조각
- 깔때기
- 테이프

이렇게 해 보세요

1 깔때기의 넓은 부분을 풍선 조각으로 덮고 테이프로 잘 밀봉합니다. 깔때기를 나팔 불 때처럼 잡고 좁은 입구로 공기를 빨아들이면서 풍선의 변화를 관찰하세요.

2 이번에는 깔때기를 아래로 뒤집어 공기를 빨아들입니다. 또 깔때기를 옆으로 돌리며 공기를 빨아들여 보세요. 풍선 모양이 어떻게 변하나요?

어떻게 될까요? 깔때기 속 공기를 빨아들이면 깔때기 방향과 상관없이 풍선이 움푹 들어갑니다.

왜 그럴까요? 공기를 빨아들이면 깔때기 속의 공기가 없어져요. 그러면 깔때기를 옆으로 돌려도 깔때기 바깥의 대기압이 똑같이 높아져서 공기는 사방에서 동일한 힘으로 압력을 가해요.

앞에서 공기는 지구의 중력 때문에 해수면에서 2.54cm^2당 약 2.6kg의 무게를 가한다는 것을 이미 배웠어요. 이것이 공기의 압력인 **대기압**이에요.

밀도가 높고 차가운 공기가 지표면을 누르면 대기압은 보통 높아요. 반면에 밀도가 낮고 따뜻한 공기가 지표면에서 상승하면, 즉 날씨가 따뜻하면 보통 대기압은 낮아요. 고기압 영향을 받으면 일반적으로 날씨가 맑은 반면, 저기압이 영향을 주면 궂은 날씨에 강한 바람이 붑니다. 압력이 변화하면 바람도 생겨요.

대기압에 큰 차이가 생기면 공기는 고기압 지역에서 저기압 지역으로 빠르게 이동해요. 이 과정에서 가끔은 강하고 엄청나게 세찬 바람이 불기도 합니다. 압력 차이가 적으면 공기가 저기압 쪽으로 부드럽게 이동하기 때문에 산들바람이 불어요.

요술 깡통

구멍이 난 깡통에서 물이 흐르지 않아요.

준비물

- 빈 깡통(돌려서 막는 마개가 있는 것)
- 망치
- 못
- 물

이렇게 해 보세요

1 망치와 못을 이용해 깡통 바닥 근처에 작은 구멍을 뚫습니다.

2 깡통에 물을 채우고 물이 빠져나오기 전에 마개를 얼른 돌려 닫습니다. 그런 다음 뚜껑을 열어 보세요.

어떻게 될까요? 뚜껑을 열기 전까지는 물이 구멍으로 흘러나오지 않아요.

잠깐! 이 실험은 꼭 싱크대나 개수대에서 하세요. 깡통에 구멍을 뚫을 때는 어른에게 부탁하세요.

왜 그럴까요? 여러분이 뚜껑을 열기 전까지는 깡통 속의 물의 압력보다 구멍에 작용하는 대기압이 크기 때문이에요. 뚜껑을 열면 뚜껑으로 가해지는 공기의 압력이 물의 압력에 더해져, 구멍을 통해 깡통 속으로 밀고 들어오는 대기압보다 더 커지기 때문에 물이 흘러나와요.

한 걸음 더

보이스발로트의 법칙

보이스발로트의 법칙을 이용하면 고기압과 저기압의 위치를 알아낼 수 있어요. 네덜란드 과학자 보이스 발로트(Buys Ballot)는 1857년에 바람의 방향과 고기압 및 저기압의 위치 사이에 상관관계가 있다는 것을 밝혀냈어요. 북반구에서 관측자가 바람을 등지고 설 때 왼팔 앞쪽에 저기압이, 오른팔 뒤쪽에 고기압이 위치하며, 남반구에서는 이와 반대로 된다는 사실을 발견한 거예요. 이게 바로 **보이스 발로트의 법칙**이랍니다. 쉽게 말해 북반구에서 바람을 등지고 설 때 왼쪽은 오른쪽보다 기압이 낮아요. 바람의 방향이 바뀌면 날씨가 변해요. 북반구에서는 남풍이나 서풍이 불면 고온 다습해지고, 북풍이나 동풍이 불면 저온 건조해지는데 이런 현상은 겨울에 더욱 두드러져요. 모든 바람은 불어오는 방향에 따라 이름을 붙인답니다.

교과서 5학년 2학기 3단원 날씨와 우리 생활 | 핵심 용어 토네이도, 기압 | 실험 완료 □

토네이도의 위력 1

토네이도로 인한 피해는 대부분 엄청나게 빠른 속도로 부는 회오리바람 때문이지만, 토네이도 속의 낮은 기압도 큰 영향을 끼친답니다.

준비물

- 깨끗한 빈 플라스틱 병

이렇게 해 보세요

1 병 속의 공기를 입으로 빨아들여 없앱니다.

어떻게 될까요? 병이 찌그러집니다.

왜 그럴까요? 여러분이 입으로 불어 병 속의 공기를 없앴기 때문에 병 바깥의 공기가 병을 안으로 누르게 돼요. 병을 그대로 둘 경우에는 병 속의 공기 압력이 병 밖의 공기 압력과 균형을 이룹니다.

병 안의 공기 압력이 줄어드는 것은 토네이도의 중심부에서 일어나는 현상과 같아요. 토네이도는 서쪽의 차고 건조한 기단이 남쪽의 비정상적으로 고온 다습한 기단과 만난 결과로, 짙고 검은 구름과 뇌우를 동반한 고속 소용돌이가 몰아치는 현상이에요. 덥고 세찬 기류가 위로 소용돌이처럼 솟구치면서 수증기도 딸려 올라가지요. 이 공기가 차가워지면서 우리가 흔히 보는 깔때기 모양의 소용돌이 구름이 생기는 거예요. 이 깔때기 모양 구름은 엄청나게 빠른 속도로 소용돌이치면서 흙, 나무, 동물, 물, 자동차, 집 등 지나는 길에 있는 것은 닥치는 대로 집어삼켜 하늘 위로 날려 버려요. 깔때기 모양 구름 속의 상승 기류는 토네이도가 움직일 때 토네이도 내의 기압을 낮춥니다. 따라서 깔때기 속에 들어간 집은 평소에 가해지던 기압과 달리 토네이도 속 기압이 낮아짐에 따라 실험에서 찌그러진 병처럼 외부의 기압에 눌려 박살납니다. 토네이도는 지면 부근의 가열된 공기에 차갑고 무거운 공기가 유입되어 그 기세가 줄어들기 전까지는 닥치는 대로 주변의 물체를 집어삼켜 파괴해요. 마침내 공기의 흐름이 멈추면 토네이도 역시 잦아듭니다.

한 걸음 더

토네이도 더 알아보기

토네이도가 한 시간 이상 지속되는 경우는 거의 없고 보통 158m 정도까지만 영향을 미쳐요. 전체 토네이도 중에 2%만 피해를 주는 정도로 분류됩니다. 하지만 토네이도는 최대 480km/h의 바람을 동반할 경우 더 오래 지속될 수 있으며 길이 42km, 폭 1.6km에 걸쳐 영향을 미칠 수 있어요. 지구상에서 가장 파괴적인 강풍이라고 할 수 있지요. 토네이도로 인한 사망이나 피해는 대부분 사람이나 물체가 소용돌이에 빨려 들어가면서 생깁니다.

교과서 5학년 2학기 3단원 날씨와 우리 생활 | **핵심 용어** 토네이도, 기압, 베르누이의 정리 | **실험 완료** ☐

토네이도의 위력 2

토네이도의 기압은 매우 낮아서 토네이도에 휩쓸린 집은 산산조각 날 수 있어요. 이렇게 기압이 낮아지는 이유는 무엇일까요?

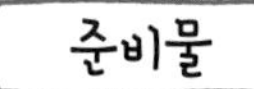

- 사과 2개
- 줄 2개(약 30cm)
- 압정 2개

이렇게 해 보세요

1. 사과를 7.5cm 간격으로 줄에 매답니다.
2. 두 사과 사이를 강하게 불어 줍니다.

어떻게 될까요? 사과가 서로 멀어지지 않고 오히려 서로 달라붙어요.

왜 그럴까요? 두 사과 사이에 바람을 불어 주면 공기가 움직여요. 그러면 둘 사이의 기압이 낮아지고 사과 옆의 공기가 사과를 기압이 낮은 쪽으로 밀지요. 공기가 움직이는 속도가 증가하면 공기의 압력은 낮아집니다. 이것은 1738년 스위스의 물리학자 다니엘 베르누이(Daniel Bernoulli, 1700~1782)가 발견했어요. 그의 이름을 붙여 **베르누이의 정리**라고 부르지요. 이렇게 토네이도의 파괴력은 공기의 움직임이 빨라짐에 따라 압력이 저하되는 현상으로 설명할 수 있어요. 주변의 강한 압력에 밀려 물체가 토네이도의 소용돌이 속으로 빨려 들어가는 거랍니다.

교과서 5학년 2학기 3단원 날씨와 우리 생활 | **핵심 용어** 허리케인, 원심력 | **실험 완료** □

허리케인의 눈

허리케인은 열대 바다에서 생기기 시작하는 세찬 폭풍이에요. 허리케인은 어떻게 생길까요?

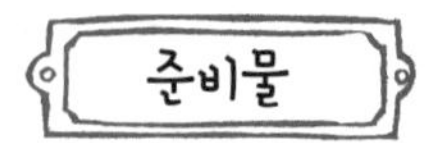

• 요요

이렇게 해 보세요

1 요요를 높이 들고 머리 주위로 빙빙 돌려 보세요.

어떻게 될까요? 요요 줄을 쥔 손에서 요요가 빠져나가려고 하는 것처럼 느껴져요. 빨리 돌릴수록 줄이 빠져나가려는 힘도 더 세집니다.

왜 그럴까요? 바깥쪽으로 튕겨 나가려고 하는 원심력 때문입니다. 원운동을 하는 물체에는 원심력이 작용해요. 허리케인도 속도가 빨라지면서 중심에서 바깥쪽으로 튕겨 나가려고 하지요. 바람이 매우 빨리 움직이면 중심에 구멍, 즉 '눈'이 생기는데 이것은 허리케인이 완전히 발달되었다는 표시입니다. 허리케인의 눈은 구름이 없는 구멍으로 보통 지름이 16km에 달하고 그 속은 조용하고 고요하답니다. 그러나 눈 주변은 엄청난 바람이 240km/h의 속도로 소용돌이치며 288km/h의 돌풍이 몰아치기도 해요. 허리케인은 반경이 최대 96km에 이릅니다. 일주일 이상 지속되기도 하고, 산과 육지를 지나 수만 킬로미터를 진행하기도 해요. 허리케인은 열대 바다의 덥고 습한 공기가 1,800m 위까지 솟아오를 때 발생해요. 수증기가 응결되어 비로 바뀌면서 열에너지를 방출합니다. 그 결과 만들어진 공기 기둥이 80,000~96,000m 높이까지 빠른 속도로 올라가고(상승기류), 꽃양배추처럼 생긴 폭신한 적운이 높은 기둥 모양의 적란운으로 바뀝니다(그림 참조). 그러면 태풍 밖의 공기가 안으로 밀려 들어와 위로 올라간 공기의 자리를 채웁니다. 공기는 지구의 자전 때문에 상승 기류 주변을 돌게 됩니다. 해수면 위를 돌면 더 많은 수증기가 상승기류 속으로 빨려들어 응결되고, 그 결과 더 많은 에너지가 방출됩니다. 상승기류는 더 빠르게 상승하면서 태풍 가장자리의 공기와 수증기를 더 많이 빨아들여 '눈' 주변의 공기 기둥은 더욱 빠르게 회전합니다.

허리케인은 북반구에서는 시계 반대 방향, 남반구에서는 시계 방향으로 회전하며, 인도양에서는 사이클론(cyclone), 태평양에서는 태풍 또는 타이푼(typhoon), 호주에서는 윌리윌리(willy-willy)라고 부른답니다.

허리케인 눈의 단면

물은 어디에나 있어요

물은 어떻게 공기 중으로 들어갈까요?
왜 공기에 포함된 물이 빠져나올까요?
눈은 왜 내릴까요?
비는 언제 내릴까요?
진눈깨비, 우박은 어떻게 생기는 걸까요?
수많은 질문에 대한 해답을 여기서 알아보기로 해요.

물의 증발

지구상에서 물은 바다와 지표면 등에 존재하다가 수증기로 변하고, 구름이 되었다가 다시 눈이나 비로 떨어져 하천수나 지하수가 되어 다시 바다로 돌아가며 순환해요. 그러면 물은 어떻게 공기 중으로 되돌아갈까요?

준비물

- 유리병 2개(뚜껑이 있는 것으로 준비)
- 물

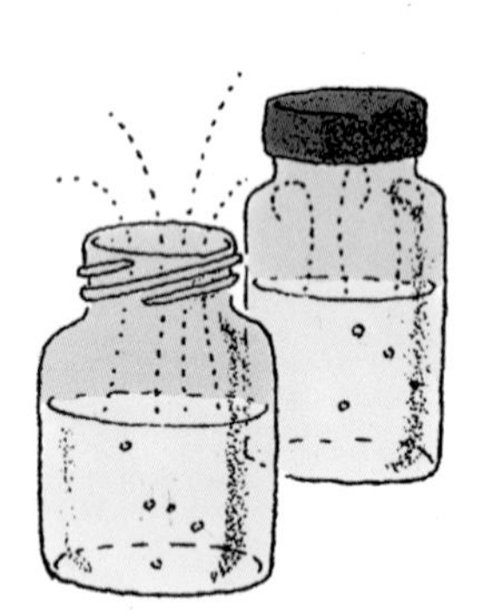

이렇게 해 보세요

1 두 유리병에 같은 양의 물을 붓습니다. 유리병 하나는 뚜껑을 닫으세요.

2 두 개의 유리병을 하룻밤 동안 책상 위에 두었다가 다음 날 물의 양을 확인합니다.

어떻게 될까요? 뚜껑을 닫은 병 속의 물보다 뚜껑을 닫지 않은 유리병의 물이 더 많이 줄어들었어요.

왜 그럴까요? 상온일지라도 뚜껑을 닫지 않은 유리병에 담긴 물의 분자는 더 빠른 속도로 운동해 병을 빠져나가 대기 중에 흡수돼요. 이 물이 우리 눈에 보이지 않는 기체인 수증기로 바뀌는데, 이 과정을 증발이라고 해요. 비가 그친 후 생긴 물웅덩이가 어떻게 되는지 궁금했나요? 바로 이 증발이 답이에요. 지상의 물이 다시 공기 속으로 되돌아가는 것도 증발을 통해서랍니다.

교과서 4학년 2학기 2단원 물의 상태 변화 | 핵심 용어 증발 | 실험 완료 □

증발 경주 1

납작한 접시와 깊은 유리병 중 어떤 용기의 물이 더 빨리 증발할까요?

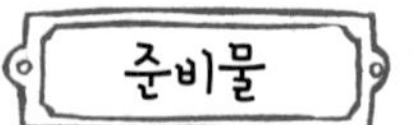

- 계량컵
- 크고 납작한 접시
- 물
- 좁고 깊은 유리병

이렇게 해 보세요

1 접시와 유리병에 같은 양의 물을 붓습니다.

2 둘 다 뚜껑을 덮지 않고 책상 위에 하룻밤 두었다가 다음 날 아침 물의 양을 확인합니다.

어떻게 될까요? 좁은 유리병보다 넓고 낮은 접시의 물이 더 많이 줄어들었어요.

왜 그럴까요? 물 분자는 표면을 통해서만 빠져나갈 수 있어요. 따라서 표면이 넓은 곳의 물이 더 빨리 증발하지요. 그래서 넓고 얕은 물웅덩이가 깊고 좁은 물웅덩이보다 더 빨리 마른답니다.

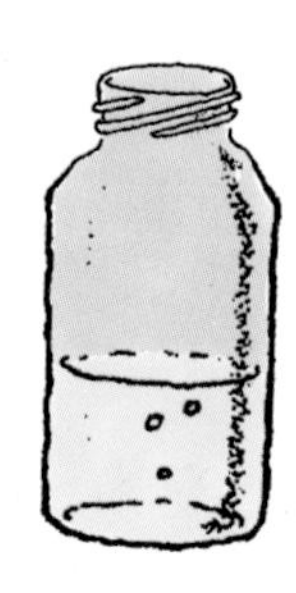

교과서 4학년 2학기 2단원 물의 상태 변화 | 핵심 용어 습도 | 실험 완료 □

바람과 물

바람은 수증기에 어떤 영향을 줄까요? 물걸레로 닦은 칠판에 부채질을 하면 더 빨리 마르는 이유는 무엇일까요?

준비물

- 빨랫줄
- 판지
- 젖은 손수건 2장

이렇게 해 보세요

1 젖은 손수건 2장을 널어 말리면서 한 장에는 판지로 부채질합니다.

어떻게 될까요? 부채질을 한 손수건이 먼저 말라요.

왜 그럴까요? 부채질을 하면 손수건 주변에 있던 습도가 높은 공기가 건조한 공기와 교체돼요. 바람도 하늘의 구름에 마찬가지 역할을 하지요. **습도**란 공기 중에 들어 있는 수증기의 양을 말한답니다.

교과서 4학년 2학기 2단원 물의 상태 변화 | 핵심 용어 증발 | 실험 완료 □

증발 경주 2

태양은 수증기의 증발에 어떤 역할을 할까요?

준비물

- 접시 2개
- 물

이렇게 해 보세요

1 두 접시에 같은 양의 물을 $\frac{1}{2}$가량 채웁니다.

2 하나는 햇볕 아래나 히터 옆에 두고, 다른 하나는 그늘에 두었다가 4시간 후에 물의 양을 확인해 보세요.

어떻게 될까요? 햇볕 아래 둔 접시의 물이 먼저 말라요.

왜 그럴까요? 물이 따뜻할수록 분자의 운동이 활발해 증발도 더 빨리 일어나요. 증발은 대부분 호수, 강, 바다, 식물의 잎과 젖은 땅에서 일어납니다. 태양열은 액체 상태의 물을 기체 상태로 바꾸어 대기 중에서 증발하게 하지요. 기온이 올라가면 공기는 더 많은 물을 흡수할 수 있고, 반대로 기온이 낮아지면 흡수할 수 있는 물의 양이 줄어들어요.

교과서 4학년 2학기 2단원 물의 상태 변화 | 핵심 용어 증발 | 실험 완료 ☐

시원한 증발

액체가 증발하려면 열이 필요해요. 그래서 증발이 일어나는 곳은 시원해진답니다.

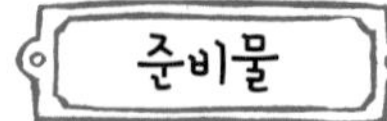

- 온도계
- 탈지면
- 빨대
- 물
- 고무 밴드

이렇게 해 보세요

1 바람이 직접 부는 곳에 온도계를 두고 30분 뒤에 온도를 측정합니다.
2 빨대로 탈지면을 적셔 온도계의 수은주 부분을 감싼 다음 고무 밴드로 고정합니다.
3 바람이 부는 곳에 다시 온도계를 30분간 둔 뒤 온도를 측정합니다.

어떻게 될까요? 온도계를 젖은 솜으로 감싸면 온도가 낮아져요.

왜 그럴까요? 증발 과정에서 에너지가 열의 형태로 온도계에서 빠져나가기 때문이에요. 주요 기상 관측 기구 중 하나인 습도계가 이런 원리랍니다(261쪽 참조).

교과서 4학년 2학기 2단원 물의 상태 변화, 5학년 2학기 3단원 날씨와 우리 생활 | 핵심 용어 비의 생성 | 실험 완료 ☐

비를 만들어 봐요!

부엌에서 비를 만들어 봐요.

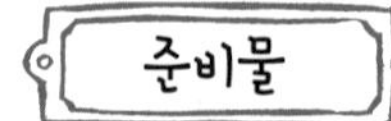

- 물
- 얼음 4개
- 냄비 2개

1 냄비에 물을 끓입니다.
2 다른 냄비에 찬물을 붓고 얼음을 넣은 다음 물이 끓고 있는 냄비 위쪽으로 가까이 듭니다.

어떻게 될까요? 찬물이 든 냄비 바닥 바깥쪽에 물방울이 맺혀 비처럼 뚝뚝 떨어집니다.

왜 그럴까요? 찬물이 든 냄비의 차가운 표면이 물이 끓고 있는 아래 냄비에서 나오는 증기를 응결시켜요. 수증기가 다시 물로 바뀌면서 물방울이 되어 맺히는 것이지요.

끓는 물은 태양열에 의해 더워진 물과 같아요. 이때 발생하는 수증기는 물이 대기 중으로 증발하는 것과 같은 현상이랍니다. 수증기가 위로 올라가면서 차가워져 물방울이 맺히면 구름이 돼요. 이 물방울이 더 많은 수증기를 흡수해 무거워지면 비가 되어 땅으로 떨어져요.

빗방울 크기 재기

비가 내리기 시작할 때 창밖으로 판지를 들고 있으면 빗방울의 크기를 잴 수 있어요. 빗방울은 지름이 0.25mm에서 1cm이에요. 빗방울은 수백만 개의 작은 물방울로 이루어져 있답니다. 지름 0.5mm 이하의 작은 빗방울은 보통 지상에 도달하기까지 한 시간 이상이 걸려요. 이런 가벼운 비를 이슬비라고 하지요. 보통 2km보다 얇은 층운에서 이슬비가 내리고, 굵은 폭우나 우박은 적란운이 15km 이상의 두터운 층을 이룰 때 내립니다.

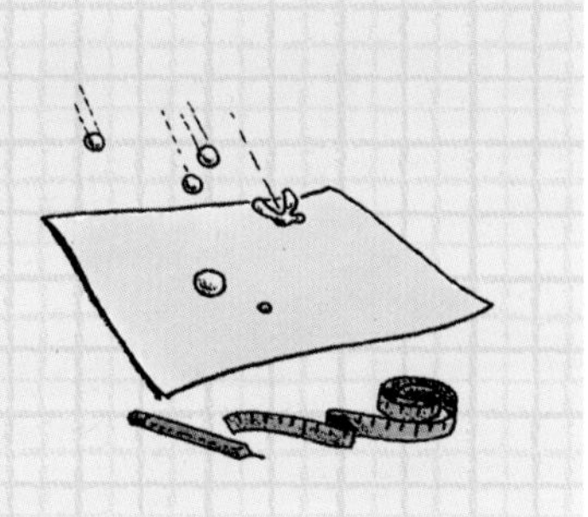

교과서 4학년 1학기 5단원 혼합물의 분리, 4학년 2학기 2단원 물의 상태 변화 | **핵심 용어** 응결, 물의 순환 | **실험 완료** ☐

물방울 만들기

수증기가 대기에 흡수되는 것을 배웠으니 이제는 흡수된 수증기가 다시 빠져나오는 것도 알아봐요.

준비물

- 사과 2개
- 줄 2개(약 30cm)
- 압정 2개
- 빈 양철 깡통
- 얼음
- 물
- 식용 색소

이렇게 해 보세요

1 깡통의 포장을 제거하고 얼음을 채웁니다.
물을 붓고 식용 색소 몇 방울을 떨어뜨리세요.

2 깡통을 책상 위에 5분 동안 두고, 깡통 표면을 관찰하세요.

어떻게 될까요? 깡통이 마치 땀을 흘리는 것처럼 물방울이 깡통 밖에 송골송골 맺혀요.

왜 그럴까요? 깡통 벽에 맺히는 물방울에는 색이 없어요. 따라서 이 물은 깡통 속에서 새어 나온 것이 아니라 대기에서 빠져나온 것임을 알 수 있어요. 어떻게 된 걸까요?

깡통 주변에서 기체로 존재하던 물인 수증기가 얼음 때문에 차가워졌어요. 공기 중에 기체 상태로 있던 수증기가 차가운 물체에 닿으면 액체 상태인 물로 바뀌는데 이를 **응결**이라고 해요. 태양이 지구의 바다, 강, 호수를 데우면 많은 양의 물이 대기 중으로 증발해요. 습도가 높은 날에는 대기의 최대 5%가 수증기랍니다. 수증기는 지표면 근처에서 따뜻한 공기의 일부가 돼요.

따뜻한 공기는 차가운 공기보다 밀도가 낮기 때문에 위로 올라가요. 계속 올라가 충분히 차가워지면 수증기는 물방울로 변하지요. 차가운 공기는 따뜻한 공기만큼 많은 양의 수증기를 포함할 수 없답니다. 작은 물방울들은 공기가 차가워지면 먼지 입자에 붙어 모여서 구름을 만듭니다. 이 물방울들이 대기압이 지탱할 수 없을 만큼 무거워지면 비나 눈이 되어 내리죠. 이렇게 증발과 응결을 통해 물이 이동하는 것을 **물의 순환**이라고 해요.

교과서 4학년 2학기 2단원 물의 상태 변화, 5학년 2학기 3단원 날씨와 우리 생활 | **핵심 용어** 구름, 뭉게구름, 적운 | **실험 완료** ☐

주방에서 구름 만들기

주방에서 찻주전자에 물을 끓일 때 구름을 만들어 보세요!

- 물을 가득 채운 주전자
- 쇠로 된 쟁반

이렇게 해 보세요

1 주전자에 든 물을 끓입니다.

2 물이 끓기 시작하면 쟁반을 증기에 갖다 대세요.

어떻게 될까요? 물이 끓기 시작하면 희끄무레한 수증기 구름이 주전자 주둥이 위에 생겨요. 이 수증기 구름에 쟁반을 대고 있으면, 쟁반에 물방울이 맺힙니다.

왜 그럴까요? 하늘의 구름도 이 실험과 마찬가지 원리로 생겨요. 공기가 가열되면 눈에 보이지 않는 수증기와 함께 상승하면서 차가워집니다. 수증기는 수백만 개의 작은 물방울로 응결되면서 구름을 만들어요.

맑은 여름날에는 태양이 지표면을 빨리 데워요. 그러면 지표면 부근의 공기도 함께 데워지고, 따뜻한 공기는 차가운 공기보다 밀도가 낮기 때문에 눈에 보이지 않는 수증기와 함께 위로 상승하지요. 뜨거운 지표면에서 상승하면서 차가워진 공기는 하늘 높이 올라가고, 수증기는 응결되어 물방울로 변합니다. 수백만 개의 작은 물방울들이 우리가 하늘에서 보는 **뭉게구름**이 되고 이를 **적운**이라고 합니다.

한 걸음 더

왜 구름은 흰색일까요?

태양 광선은 언뜻 보면 흰색처럼 보이지만 실제로는 모든 색이 합쳐져 있어요. 태양 광선이 물방울을 만나면 서로 다른 파장으로 분산되어 빨, 주, 노, 초, 파, 남, 보의 무지개 색으로 보입니다. 어떤 색은 물방울을 만나면 더 깊이 꺾였다가 반사되어 우리 눈에 보여요.

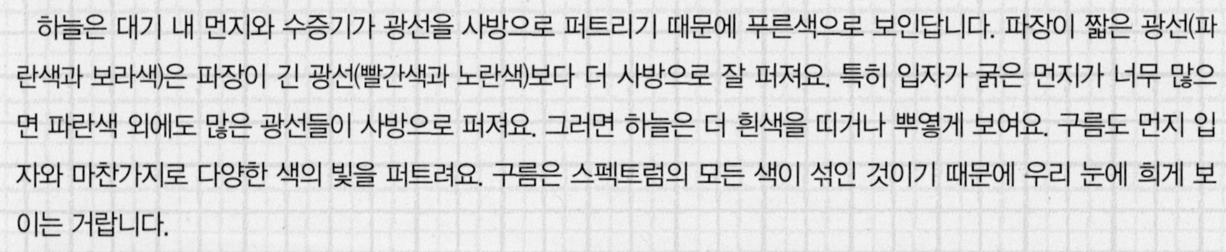

하늘은 대기 내 먼지와 수증기가 광선을 사방으로 퍼트리기 때문에 푸른색으로 보인답니다. 파장이 짧은 광선(파란색과 보라색)은 파장이 긴 광선(빨간색과 노란색)보다 더 사방으로 잘 퍼져요. 특히 입자가 굵은 먼지가 너무 많으면 파란색 외에도 많은 광선들이 사방으로 퍼져요. 그러면 하늘은 더 흰색을 띠거나 뿌옇게 보여요. 구름도 먼지 입자와 마찬가지로 다양한 색의 빛을 퍼트려요. 구름은 스펙트럼의 모든 색이 섞인 것이기 때문에 우리 눈에 희게 보이는 거랍니다.

해 질 녘과 동틀 녘에 하늘이 붉은 것은 파장이 긴 광선(빨간색과 노란색)만이 반사되어 우리 눈에 도달하기 때문이에요. 이때는 태양이 지표면과 더 가까이 있기 때문에 햇빛이 대기층을 지나는 거리가 길어져요. 그래서 파장이 짧은 색은 대기, 먼지, 물방울을 통과하는 동안 모두 흩어져 버리고 없답니다.

교과서 5학년 2학기 3단원 날씨와 우리 생활 | 핵심 용어 눈, 진눈깨비, 성에 | 실험 완료 □

눈과 진눈깨비 차이

냉장고에 생긴 성에 또는 밖에 내린 눈을 얼음과 비교해보세요.

준비물

- 냉장고에 낀 성에 (또는 야외에 쌓인 눈)
- 검은 색종이나 천
- 돋보기
- 얼음
- 주걱

이렇게 해 보세요

1 검은 색종이나 천 위에 성에나 눈을 올려놓고 돋보기로 관찰합니다.
2 주걱으로 얼음 조각을 떼어 같은 방법으로 관찰합니다.

어떻게 될까요? 성에나 눈 속에는 별처럼 생긴 결정이 보이지만, 얼음에는 보이지 않아요.

왜 그럴까요? 냉장고의 성에나 하늘에서 내려오는 눈송이는 만들어지는 원리가 같아요. 냉장고 속의 수증기와 구름 속의 수증기는 급속히 냉각되어 물로 바뀌는 과정을 거치지 않고 곧장 각각 성에와 눈송이로 변해요. 반면에 얼음과 진눈깨비는 물로 바뀐 뒤 얼어서 생겨요. 진눈깨비는 비가 차가운 공기를 지나면서 얼어버린 거예요.

교과서 5학년 2학기 3단원 날씨와 우리 생활 | 핵심 용어 스모그 | 실험 완료 □

스모그는 왜 생기는 것일까요?

스모그(smog)는 대기 중의 수증기인 안개(fog)와 매연(smoke) 등의 오염 물질이 합쳐진 것을 말해요.

준비물

- 크고 입구가 좁은 유리병
- 성냥

이렇게 해 보세요

1 크고 입구가 좁은 유리병에 바람을 세게 불어넣은 다음 입술을 재빨리 뗍니다.
2 어른에게 성냥불을 켜 달라고 부탁한 다음 입으로 불어 끕니다. 성냥에서 아직 연기가 나오고 있을 때 유리병 깊숙이 성냥을 넣으세요.
3 다시 유리병 속에 바람을 불어넣은 다음 입술을 재빨리 떼어냅니다.

잠깐! 주의! 뜨거워요! 어른에게 도와 달라고 하세요.

어떻게 될까요? 스모그가 유리병 속에 차오릅니다.

왜 그럴까요? 처음 유리병에 바람을 불어넣고 재빨리 입술을 떼면 압력이 갑자기 줄어들어 공기가 차가워져요. 그 결과 유리병 안에 수증기가 응결되어 물방울이 맺힙니다. 그다음 성냥을 병 속에 넣으면 물방울이 연기에서 나온 입자에 들러붙어 스모그를 만들어요.

건조하고 바람이 부는 날에는 공장 굴뚝에서 나오는 매연과 검댕, 자동차의 배기가스가 대기 중으로 높이 상승해 흩어져요. 그러나 차고 습도가 높으며 바람도 없는 날은 대기 내 입자들이 축축한 공기 속에 낮게 깔려 스모그를 형성한답니다.

교과서 5학년 2학기 3단원 날씨와 우리 생활 | 핵심 용어 우박 | 실험 완료 ☐

우박 전격 해부

우박을 동반한 폭풍을 겪어 본 친구라면 그 위력을 알 거예요. 우박은 가끔 골프공보다 커져서 농산물을 망치거나 비행기 유리창도 깨뜨리는 등 피해를 주는 것으로 알려져 있어요. 그렇다면 왜 이런 우박이 생기는 것일까요? 진눈깨비처럼 우박도 처음에는 비로 시작했다가 이후에 얼어붙은 것이지만 사실 만들어지는 과정은 더 복잡해요.

준비물

- 우박
- 망치
- 신문지

이렇게 해 보세요

1 신문지를 펴고 우박을 깨어 단면을 봅니다. 고리의 수를 세어 보세요.

어떻게 될까요? 우박이 지상으로 떨어지기 전까지 차가운 공기 속에서 얼마나 많은 단계를 거쳤는지 알 수 있어요.

왜 그럴까요? 강한 바람이 빗방울과 함께 높이 올라가면 공기가 차가워지면서 얼어서 얼음덩어리가 돼요. 이 지점에서 지상으로 떨어지면 진눈깨비가 되지요. 그러나 이 얼음덩어리가 지상으로 곧장 떨어지기 전에 바람이 불면 다시 위로 올라갑니다. 위쪽 공기가 매우 차가울 경우, 새로운 얼음 층이 기존의 얼음덩어리 위에 붙어요. 얼음덩어리는 떨어지는 도중 바람에 쓸려 다시 올라가기를 계속 반복해요. 마침내 더 이상 바람에 쓸려 위로 올라갈 수 없을 만큼 무거워지면 우박이 되어 지상으로 떨어집니다.

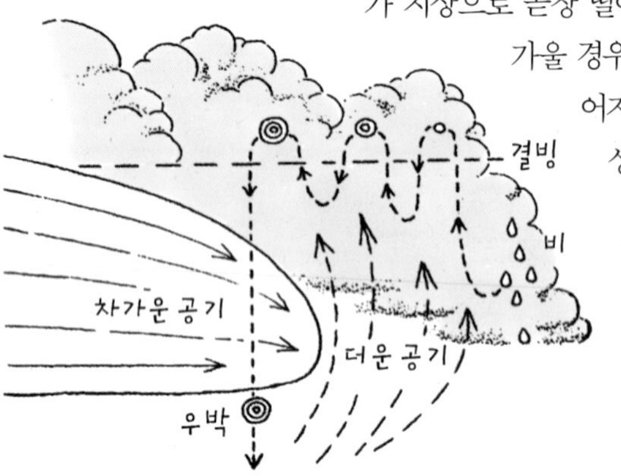

우리나라에서 가장 큰 우박은 1975년 5월 30일 부산 동래 지역에 내린 것으로 지름이 40㎝, 무게는 무려 50㎏을 기록했어요.

한 걸음 더

오존

스모그의 주요 성분인 오존(O_3)은 산소 원자 세 개로 이루어진 기체예요. 오존은 공장과 기계에서 배출되는 탄화수소 및 수소 화합물과 같은 화학 물질이 열과 햇빛에 반응하면서 생겨요. 낮은 대기층에서 만들어지는 오존은 공해 물질이랍니다. 대기 내 오존 농도가 0.12ppm이 넘어가면 외부 활동을 자제해야 돼요.

해발 10~50km의 성층권에는 오존층이 자연적으로 만들어져서 지구를 태양 광선의 해로운 자외선으로부터 보호해요. 오늘날에는 남극에 오존 구멍이 생겼어요. 냉장고와 에어컨의 냉매, 발포 플라스틱 및 스프레이 제품에 사용되는 불화탄소와 같은 화합물의 사용이 늘어났기 때문이에요. 과학자들은 만약 오존층의 구멍이 계속 커지면 자외선에 의한 피부암과 같은 질환이 증가할 것이라고 경고합니다.

교과서 5학년 2학기 3단원 날씨와 우리 생활 | **핵심 용어** 번개, 정전기 | **실험 완료** ☐

번개 만들기

이번에는 여러분이 직접 번개를 만들어 볼 거예요! 하지만 걱정 마세요. 수제 번개는 전혀 위험하지 않으니까요. 사실 자기도 모르는 사이 벌써 여러 번 만들어 보았는지도 몰라요.

준비물

- 빗
- 모직 천
- 금속 문고리

이렇게 해 보세요

1 빗을 모직 천으로 문지른 다음 금속 문고리 근처에 갖다 댑니다.

어떻게 될까요? 작은 불꽃이 일어나요.

왜 그럴까요? 빗을 모직 천에 문지르면 전기를 띠어요. 불꽃은 전기가 전기를 띠지 않은 문고리로 옮겨 가면서 일어나는 현상입니다.

평소에 문고리를 잡을 때에도 불꽃이 일어나는 것을 본 적 있지요? 머리를 빗을 때나 고양이를 쓰다듬을 때 파직 하는 소리도 들어 본 적 있을 거예요. 이것들은 정전기가 일어나는 현상이랍니다. 번개도 전기가 구름에서 구름 사이 혹은 땅으로 이동하면서 생기는 거대한 불꽃입니다. 하지만 번개가 만드는 엄청난 양의 전기는 너무나 빨리 지나가서 아쉽게도 에너지로 활용할 수 없어요.

한 걸음 더

번개가 치는 과정

뜨겁고 습한 여름날, 더운 공기가 빠른 속도로 상승하면 대기 내 수증기가 응결되어 수십억 개의 물방울과 얼음 결정을 이뤄요. 이것들이 공기를 따라 이동하면서 전기를 띠게 되지요. 뇌운 속의 급속한 기류는 크기가 다른 다양한 물방울과 먼지 입자를 다양한 속도로 이동시켜요. 크기가 같고 전기의 양이 유사한 것끼리 구름 속에 모이지요. 그런데 뇌운의 차가운 윗부분과 지표면 근처는 서로 반대 성질의 전기를 띠어요. 구름 위아래가 띠는 전기 성질의 차이는 강력한 전압을 만들고, 이렇게 생긴 힘이 빛과 열을 내면서 번개가 치는 거랍니다.

같은 곳에 두 번 치는 번개

번개는 같은 곳에 두 번 치지 않는다는 속설을 들어 보았나요? 그런데 사실 번개는 같은 곳에 두 번은 물론 같은 사람에게 여러 번 치기도 해요. 미국에는 번개를 일곱 번이나 맞은 국립 공원 관리인도 있답니다!

폭풍이 올 때 대처 요령

여름에 천둥을 동반한 구름은 공기를 깨끗하고 상쾌하게 해요. 천둥은 소리만 크고 요란할 뿐, 피해는 전혀 주지 않아요. 우리에게 천둥소리가 들릴 때쯤이면 이미 위험한 것은 다 끝난 거랍니다.

하지만 번개는 위험할 수 있어요. 화재가 나거나 나무가 쓰러지기도 하며 인명 피해까지도 낼 수 있어요. 번개는 짧은 거리에 치기 때문에 높은 나무나 집, 탑, 평지에 혼자 걷고 있는 사람처럼 가장 높은 물체에 쳐요. 그러나 오늘날 높은 건물들은 번개가 쳐도 피해가 없도록 설계되어 있어요. 그렇다면 폭풍이 올 때 우리는 어떻게 해야 할지, 기상청의 대처요령을 알아볼까요?

야외에 있을 경우

가능하면 집이나 큰 건물로 들어갑니다. 건물이 없다면 자동차 안으로 들어가세요. 단, 오픈카는 안 돼요! 금속이나 목재로 된 창고로도 피신하지 마세요. 전봇대 근처나 홀로 서 있는 나무 옆도 위험합니다. 언덕과 높은 물체는 모두 피해야 해요. 작은 나무 아래의 낮은 곳으로 피신하세요. 만약 허허벌판에 있다면 쪼그리고 앉아 허리를 숙입니다. 금속 파이프, 난간, 금속 담장, 철사로 된 빨랫줄은 피하세요. 금속으로 된 것은 몸에 지니지 않아야 해요. 자전거나 스쿠터를 타지 말고, 여러 사람이 모여 있다면 다 흩어지도록 합니다. 서로 몇십 미터는 떨어져야 해요. 물가를 피하고 혹시 수영을 하던 중이라면 재빨리 물에서 나옵니다. 배를 타고 나가거나 파라솔 아래에서 있으면 안 돼요.

실내에 있을 경우

창가나 문가를 피합니다. 수도꼭지, 싱크대, 욕조, 가스레인지 등 전기가 통하는 것은 모두 피하세요. TV, 다리미, 토스터나 믹서 같은 전자 제품을 사용하지 않습니다. 전화 역시 위기 상황이 아니라면 사용하지 마세요.

교과서 5학년 2학기 3단원 날씨와 우리 생활 | 핵심 용어 천둥, 번개 | 실험 완료 ☐

천둥은 왜 칠까요?

불꽃이 일면 탁탁 소리가 납니다. 이런 소리가 나는 이유는 무엇이며 천둥은 왜 칠까요?

준비물

• 풍선

이렇게 해 보세요

1 풍선을 불고 입구를 묶습니다.

2 양손으로 풍선을 잡고 터뜨립니다.

어떻게 될까요? 풍선이 터지며 천둥소리처럼 큰 소리가 납니다.

왜 그럴까요? 물체는 사방으로 움직이며 진동할 때 소리를 내지요. 사람은 물체의 진동이 초당 16회~20,000회일 때 소리를 들을 수 있답니다. 천둥소리는 적은 양의 공기가 빠르게 움직이면서 생겨요.

대기에 치는 번개는 주변 공기를 빠르게 확장시켜 소리를 내요. 천둥소리는 빠르게 지나가는 번개 때문에 납니다. 번개가 넓은 지역을 강타하거나 구름, 산 또는 다른 장애물에 부딪쳐 메아리칠 때 요란한 천둥소리가 나는 거예요.

한 걸음 더

폭풍이 떨어진 거리

번개가 번쩍 치는 것을 보면, 천둥소리가 들릴 때까지 시계로 계속 시간을 재어 보세요. 천둥이 칠 때까지 걸린 시간을 초 단위로 계산해 3으로 나누어 봅니다. 그러면 대략 폭풍의 중심이 얼마나 멀리 떨어져 있는지를 km 단위로 알 수 있답니다.

왜 그럴까요? 번개와 천둥은 동시에 일어나지만, 빛과 소리는 이동하는 속도가 다르기 때문에 우리가 보거나 듣는 시점도 달라요. 빛은 초당 30만km로 이동하고 우리가 듣기까지는 1초도 걸리지 않아요. 번개는 치자마자 보입니다. 소리는 1km를 가는 데 3초가 걸려요. 뇌우가 근처에 있으면 천둥소리도 더 크고 분명합니다. 멀리 떨어져 있을수록 더 낮고 울리는 소리가 나요. 그리고 보통 16~24km 이상 떨어진 곳의 천둥은 들리지 않아요. 번개를 본 것과 동시에 천둥소리가 난다면 폭풍이 코앞에 있다는 뜻입니다.

교과서 6학년 1학기 5단원 빛과 렌즈 심화 | 핵심 용어 빛의 굴절, 무지개 | 실험 완료 ☐

나만의 무지개 만들기

무지개는 태풍이 지나가야 뜨지요. 맑은 날에도 나만의 무지개를 만들 수 있는 방법을 알려 줄게요.

준비물

- 물이 담긴 유리컵
- 흰 종이

이렇게 해 보세요

1 햇볕이 드는 창가쪽 바닥에 흰 종이를 깔고 그 위에 물이 든 유리컵을 놓습니다.

어떻게 될까요? 종이에 무지개 색이 보여요.

왜 그럴까요? 백색광인 태양 광선을 구성하는 다양한 색상의 스펙트럼을 분리해 낸 거예요. 태양 광선은 물이 담긴 유리컵을 비스듬히 지나면서 방향을 바꾸어 굴절합니다. 색상은 각기 다른 각도로 굴절되는데 보라색은 굴절 각도가 가장 크고 빨간색은 굴절 각도가 가장 작아요. 따라서 빛이 물이 담긴 유리컵을 지날 때 서로 다른 색상의 빛들이 조금씩 다른 방향으로 굴절되어 종이에 다양한 색상으로 나타나는 거예요.

하늘에 뜬 무지개도 마찬가지랍니다. 햇빛이 대기 중 수증기의 물방울을 지표면에서 40~42도 각도로 지날 때 나타나는 곡선의 색깔 띠가 무지개예요.

하늘에 뜬 무지개를 보려면 태양을 등지고 서야 해요. 따라서 태양이 동쪽에 있고 소나기가 서쪽에서 내리는 이른 아침이나, 태양이 서쪽에 있고 동쪽에 소나기가 내리는 오후에만 무지개를 볼 수 있습니다.

무지개의 원래 모양은 둥근 원이며, 보통 우리가 보는 모양은 땅에 가려져서 그런 거예요. 만약 비행기를 타고 하늘 높이 올라간다면 무지개의 온전한 모습을 볼 수도 있답니다.

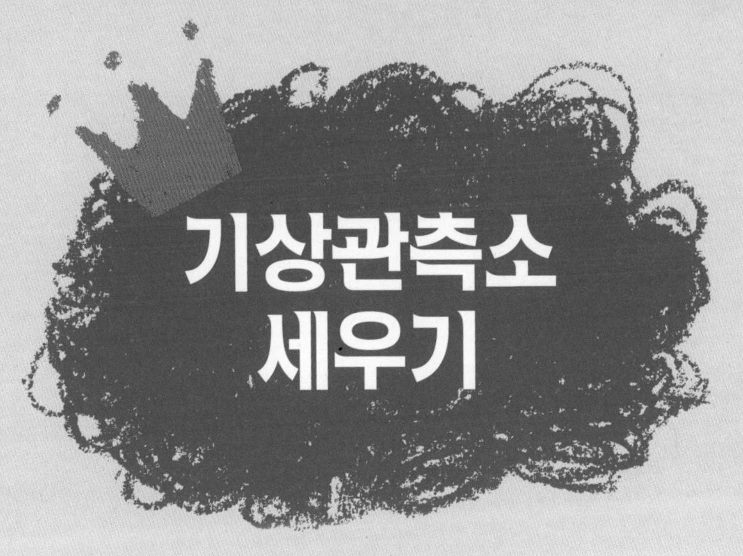

기상관측소 세우기

구름의 양		일기		풍향	풍속(m/s)	
맑음	○	비 •	태풍	북	0 ◎	15
구름 조금	◑	우박 △	안개 ≡	서 — 동	5	20
구름 많음	◕					
흐림	●	눈 ✳	뇌우	남	10	50

풍속
풍향
기압
기온
현재날씨
구름의 양
이슬점
= -2 * -6 16

흔한 재료로 기온, 기압, 풍향과 풍속, 습도와 강수량을 측정하는 기구를 만들 수 있어요. 여러분의 날씨 예측이 빗나가도 너무 슬퍼하지 마세요. 지구 주위를 도는 인공위성, 레이더와 초고속 컴퓨터의 도움을 받아 관측을 하는 전문적인 기상학자들도 가끔 틀리니까요.

기록하기

일기도는 수백 개의 지역 기상관측소에서 수집한 자료에 근거해 만들어져요. 여러분도 스마트폰이나 TV 등에서 제공하는 일기예보를 매일 확인하지요? 누구나 다양한 방식으로 날씨를 기록하고 예보할 수 있답니다. 기구와 관측을 통해 기상 정보를 수집할 때 맨 위 그림처럼 여러분 나름의 도표를 그려 보세요.

일기 기호를 그리는 것도 아주 좋은 방법입니다. 관측소에서는 기호를 지도에 그려 넣어 날씨를 표시해요. 위 기호를 응용해 여러분의 일기예보를 기록하고 비교해 보세요. 여기 나온 예시 기호는 부분적으로 흐린 날씨, 초속 20m의 북서풍, 기온 −2℃, 이슬점(온도가 내려갈 때 이슬이 맺히기 시작하는 온도예요. 습도를 나타내는 기상 지표랍니다) −6℃, 기압 16mb(기압의 단위는 mb, 즉 밀리바예요)를 나타내요.

빨대 온도계

온도계의 원리는 무엇일까요? 온도계를 직접 만들어 보고 원리도 깨우쳐 보세요.

준비물

- 작은 유리병
- 병 입구에 맞는 코르크 마개
- 못
- 스포이트(또는 빨대)
- 물
- 식용 색소
- 사인펜

이렇게 해 보세요

1. 코르크 마개에 못으로 구멍을 뚫어 스포이트를 꽂습니다.
2. 병에 물을 가득 붓고 식용 색소 몇 방울을 떨어뜨린 다음 코르크 마개를 꽉 닫습니다.
3. 사인펜으로 스포이트 안에 차오른 물의 높이를 표시합니다.
4. 햇빛이 드는 창가, 냉장고 안, 뜨거운 물이 든 냄비 등 다른 시간, 다른 장소에서 차오른 물의 높이를 기록합니다. 측정 결과를 앞에서 스포이트에 표시한 상온의 물 높이와 비교하세요.

어떻게 될까요? 온도가 따뜻할 때 물이 더 높이 올라가고, 반대로 차가울 때는 물이 덜 차올라요.

왜 그럴까요? 온도계로 측정하는 것은 온도 변화입니다. 액체는 자신보다 따뜻한 것을 만나면 팽창하고 더 차가운 것을 만나면 수축해요. 온도계 속의 수은과 색깔이 있는 알코올은 반응 속도가 빠르기 때문에 온도계에 많이 사용되는 액체랍니다. 실험에서 온도계 역할을 한 스포이트 속 물도 마찬가지예요. 물은 따뜻한 것을 만나면 팽창해 차가운 것을 만났을 때보다 물 높이가 더 높아요.

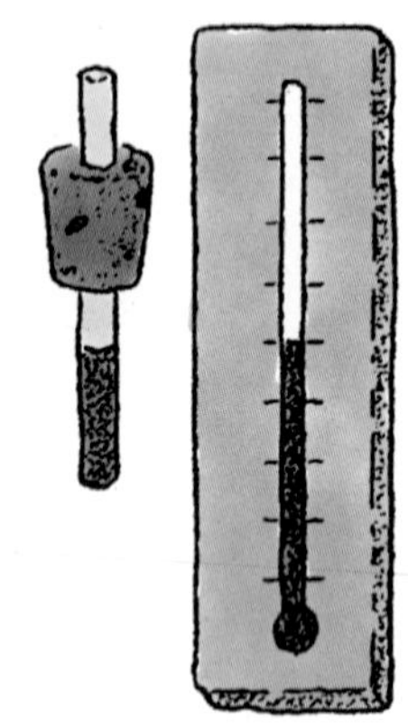

한 걸음 더

온도계와 온도 단위

보통 시판되는 온도계는 한쪽 끝이 둥그런 공처럼 되어 있는 유리관 형태입니다. 온도계에는 온도계의 둥근 끝 부분이 녹고 있는 얼음에 갖다 댔을 때 액체가 수축하는 온도인 0℃가 표시되어 있어요. 반대로 온도계 끝을 끓고 있는 물의 증기에 갖다 댔을 때 액체가 팽창하는 온도인 100℃도 표시되어 있지요. 시판 온도계와 비교해 여러분 나름의 온도계 눈금을 만들어 볼 수도 있답니다.

최초의 온도계는 1593년 이탈리아의 물리학자 갈릴레오가 발명했습니다. 온도 단위는 독일의 물리학자인 파렌하이트가 1714년 최초로 화씨(℉)를 만들었어요. 30년 후, 스웨덴의 천문학자 셀시우스가 섭씨(℃)라고 불리는 온도 단위를 고안했습니다. 화씨온도는 물의 끓는점을 212℉로, 물의 어는점을 32℉로 하여 그 사이를 180등분한 온도 단위입니다. 섭씨온도는 물의 끓는점을 100℃로, 물의 어는점을 0℃로 정해 그 사이를 100등분한 온도 단위에요.

화씨와 섭씨

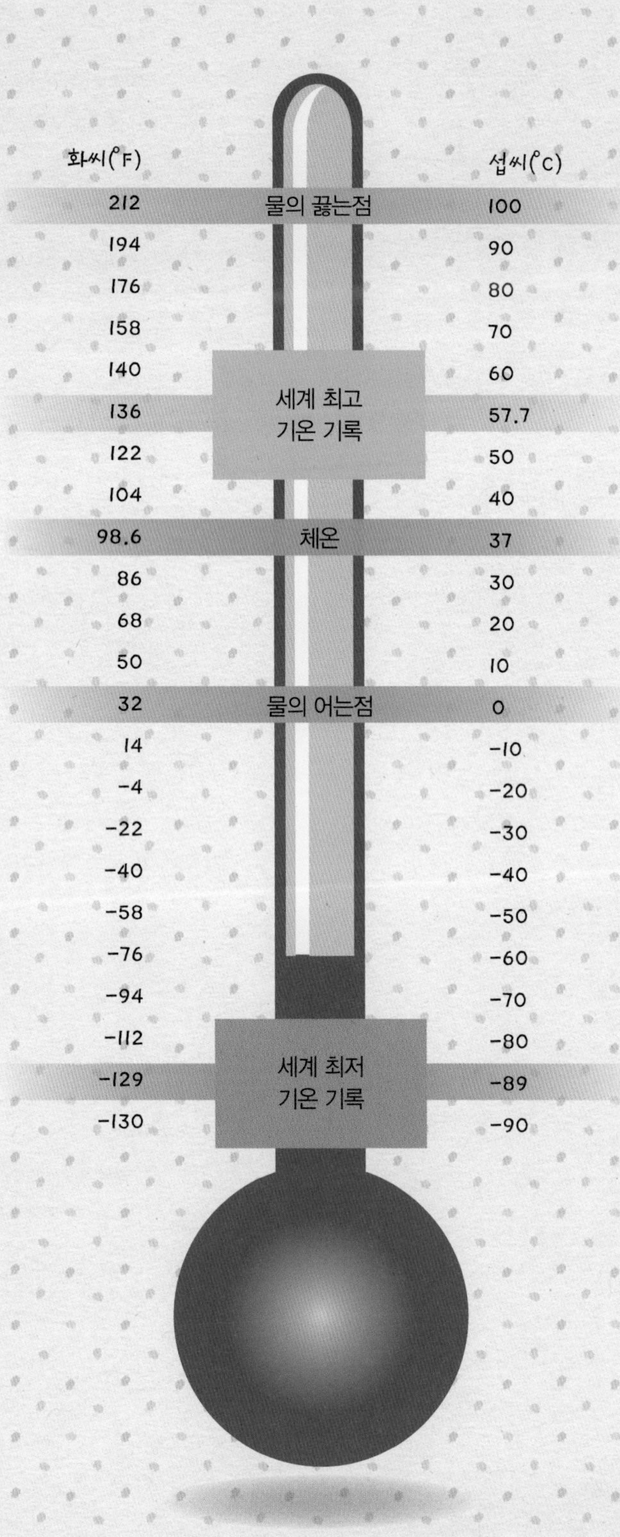

화씨(°F)
섭씨(°C)
212
물의 끓는점
100
194
90
176
80
158
70
140
60
136
세계 최고 기온 기록
57.7
122
50
104
40
98.6
체온
37
86
30
68
20
50
10
32
물의 어는점
0
14
-10
-4
-20
-22
-30
-40
-40
-58
-50
-76
-60
-94
-70
-112
-80
-129
세계 최저 기온 기록
-89
-130
-90

병 기압계

300여 년 전, 이탈리아의 물리학자 에반젤리스타 토리첼리(Evangelista Torricelli, 1608~1647)는 최초로 기압계를 발명했습니다. 토리첼리는 수은 기둥과 공기 기둥의 무게가 평형을 이루는 지점을 찾았어요. 여러분도 물로 기압계를 만들어 이 원리를 알아보세요.

준비물

- 접시
- 물
- 페트병
- 인덱스카드
- 테이프

이렇게 해 보세요

1 접시에 절반가량 물을 채웁니다. 페트병에도 $\frac{3}{4}$ 정도 물을 채웁니다.

2 페트병의 입구를 엄지손가락으로 막고 병을 거꾸로 뒤집습니다. 엄지손가락을 떼고 재빨리 병 입구를 물이 담긴 접시에 놓습니다.

3 인덱스카드의 가로줄이 눈금 역할을 하도록 띠 모양으로 잘라 그림처럼 병 바깥에 테이프로 붙입니다.

어떻게 될까요? 병 속의 물이 밖으로 쏟아져 나오지 않아요. 물이 약간 흘러나오기는 하지만 곧 멈춥니다. 이후 대기압의 변화에 따라 높이가 올라갔다 내려갔다 합니다.

왜 그럴까요? 물에 작용하는 대기압 때문에 물이 밖으로 쏟아져 나오지 않아요. 물의 압력이 대기압과 균형을 이루는 시점에서 물은 흘러 나가지 않고 멈춥니다.

인덱스카드에 물이 멈춘 지점을 표시한 다음 물의 높이가 변동하는 것을 도표로 기록하세요. 기압이 올라가면 물의 높이가 올라갑니다. 기압이 내려가면 물의 높이도 내려가요. 병 속의 물이 아래로 내려가면, 덥고 습한 날씨가 될 거예요.

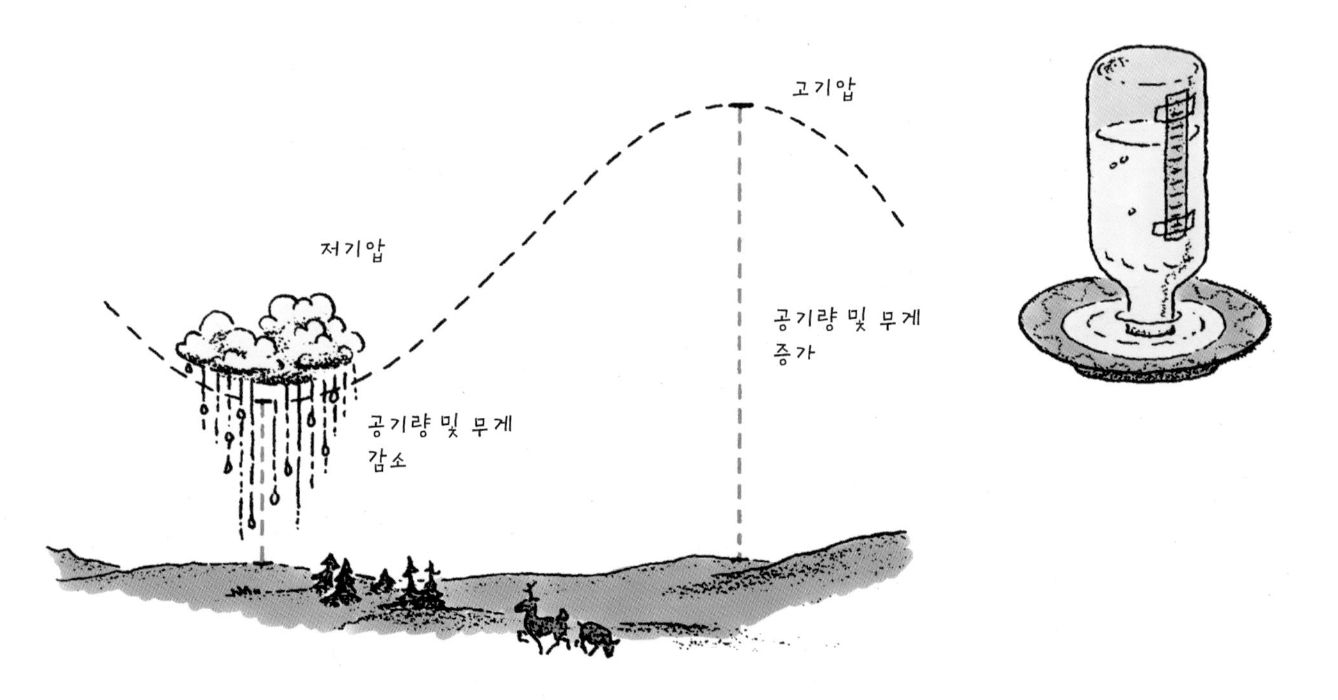

풍선 기압계

이 단순한 기압계로도 기압의 변화를 알 수 있답니다.

준비물

- 풍선
- 입구가 좁은 유리병
- 고무 밴드
- 테이프
- 빨대
- 침핀
- 인덱스카드
- 연필

이렇게 해 보세요

1. 풍선을 늘려서 유리병 입구를 막고 고무 밴드로 고정합니다.
2. 아래 왼쪽 그림처럼 빨대를 풍선의 중심에 테이프로 붙여 수평으로 놓습니다. 빨대의 다른 끝에 침핀을 테이프로 붙여 고정하세요.
3. 연필 끝에 눈금을 표시한 인덱스카드를 테이프로 붙인 다음 실패에 꽂아 세웁니다. 빨대에 붙인 침핀이 인덱스카드와 직각을 이루도록 실패를 놓고 침핀의 움직임을 관찰하세요.

어떻게 될까요? 침핀 끝이 때에 따라 위아래로 움직여요.

왜 그럴까요? 기압이 올라가면 병 속의 압력은 외부 압력보다 낮아져요. 그러면 풍선은 아래로 눌리고, 기압계의 지침 역할을 하는 침핀은 위로 올라갑니다. 기압이 낮아지면 병 속의 공기 압력이 상대적으로 높아지므로 풍선이 밀려 올라가면서 팽팽하게 부풀어 올라요. 그러면 빨대는 내려옵니다. 지침이 내려오면 날씨가 흐릴 거예요. 기압은 보통 폭풍이 올 때 내려가요. 날씨가 좋으면 기압이 올라가지요.

여러분이 만든 풍선 기압계는 아네로이드 기압계와 비슷한 원리예요. 아네로이드 기압계 내부의 얇은 판이 기압 변화에 따라 위아래로 움직이면서 기구 전면에 있는 지시 바늘이 눈금을 표시해 기압을 읽을 수 있답니다.

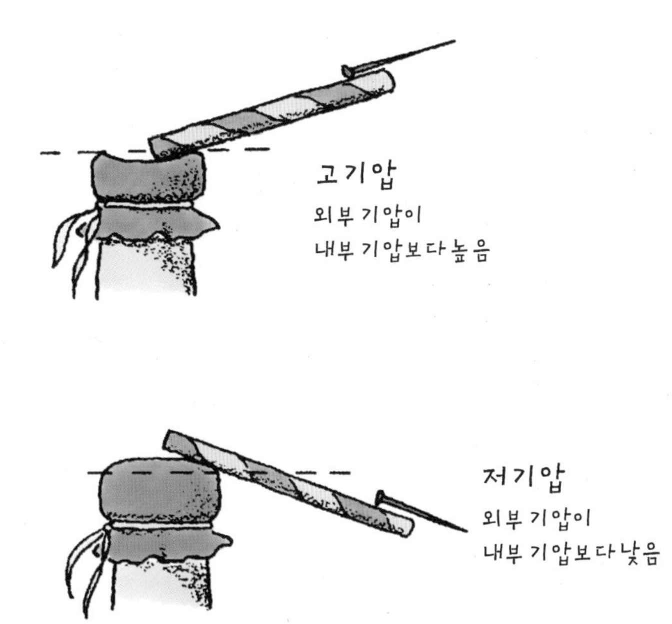

빨대 풍향계

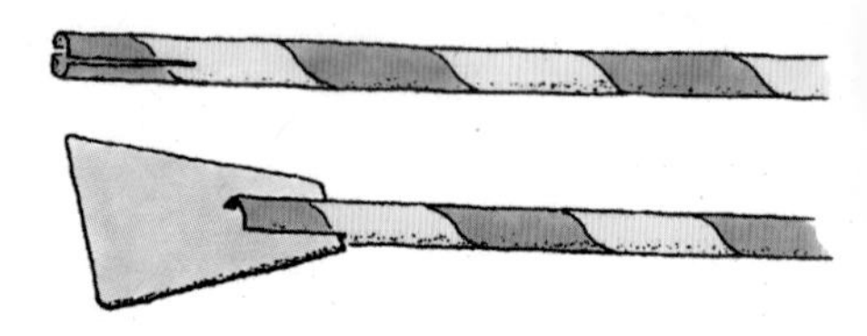

바람이 부는 방향을 알면, 저기압이 어디에 있는지를 예측하고
이후에 따라올 악천후에 대비할 수 있어요. 풍향계는 바람의 방향을 알려 준답니다.

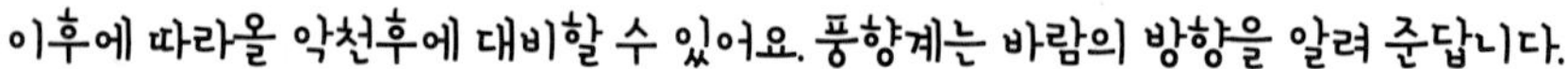

준비물

- 빨대
- 가위
- 인덱스카드 (또는 판지)
- 침핀
- 지우개가 달린 연필
- 빨간색 매직펜 (또는 크레용)
- 컴퍼스
- 얇은 철사
- 흙을 꽉 채운 얕은 화분 (또는 찰흙 한 덩이)
- 테이프

이렇게 해 보세요

1. 빨대의 한끝에 그림처럼 세로 2.5cm의 칼집을 냅니다. 인덱스카드로 화살의 꼬리를 만들어 빨대의 칼집에 끼우고 테이프로 붙이세요.
2. 빨대의 다른 한끝에는 매직펜으로 빨간색을 칠합니다.
3. 꼬리에서 5cm 거리에 침핀을 꽂은 다음 연필 끝에 달린 지우개에 꽂습니다. 침핀과 연필 끝 지우개 사이에 빨대가 자유롭게 움직일 수 있을 만큼 거리를 두세요.
4. 철사를 구부려 N, S, E, W 글자를 만듭니다. 연필 지우개의 2cm 아래에 오도록 이 방향 표시 글자들을 감아 주세요.
5. 연필심 부분을 흙이 담긴 화분에 꽂아 연필을 세웁니다. 풍향계를 바람이 막힘없이 부는 곳에 두세요. 컴퍼스로 네 방향이 올바르게 자리 잡았는지 확인합니다.

어떻게 될까요? 바람이 불면 풍향계가 움직입니다.

왜 그럴까요? 바람이 불면 빨대의 화살 꼬리가 바람에 밀려요. 꼬리를 만든 판지가 빨대 몸체 중에 가장 넓은 면을 가지고 있거든요. 그 결과, 빨대의 빨간색 끝이 바람이 불어오는 방향을 가리키게 돼요.

북반구에서 시계 반대 방향으로 부는 바람은 보통 저기압과 폭풍을 동반해요. 동풍은 보통 비를 몰고 오며, 서풍이 불면 날씨가 맑아집니다. 북풍이 불면 춥고 남풍이 불면 따뜻해요. 반대로 남반구에서는 모든 방향이 정반대랍니다.

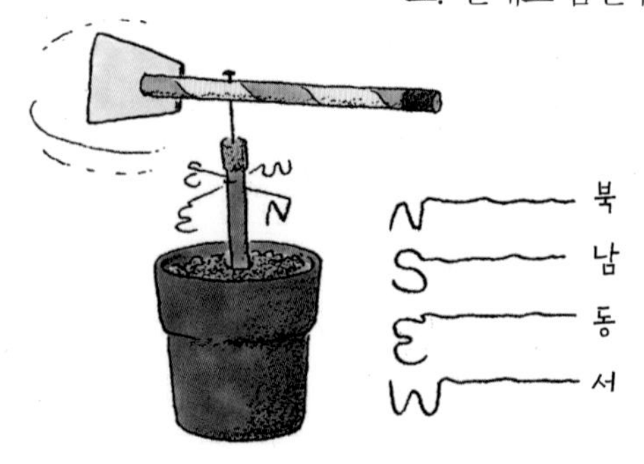

교과서 5학년 2학기 3단원 날씨와 우리 생활 심화 | 핵심 용어 풍속계 | 실험 완료 ☐

컵 풍속계

바람의 속도는 어떻게 잴까요? 여러분이 이번 실험에서 컵 풍속계를 만들어 이용해 보세요. 풍속계가 움직이는 속도로 바람의 속도를 알 수 있어요. 우리가 만드는 풍속계는 실제 풍속계와 거의 비슷해요. 실제 풍속계는 컵의 회전을 전자식으로 기록하는 반면, 우리 풍속계는 여러분이 직접 기록해야 한다는 점이 달라요.

준비물

- 두꺼운 판지 2장
- 가위
- 압정 (또는 스테이플러)
- 금속 포일로 된 머핀 틀 4개 (또는 종이컵)
- 물감
- 가늘고 긴 못 (또는 큰 바늘)
- 지우개 달린 연필
- 실패 (구멍이 있는 원통형)
- 찰흙(또는 키친타월)
- 끈
- 나무 도막이나 납작한 돌

이렇게 해 보세요

1 두꺼운 판지를 가로 5cm, 세로 45cm 크기로 2장 오립니다. 그림처럼 각각의 중앙에 칼집을 넣은 다음 서로 끼워 십자가 모양을 만드세요.

2 금속 포일로 된 작은 머핀 틀 4개를 압정으로 십자가 끝에 매답니다. 쓰던 머핀 틀이 없다면, 알루미늄 포일을 원 모양으로 잘라 만들거나 종이컵을 잘라 써도 돼요. 머핀 틀 중 하나는 밝은 색으로 칠하세요.

3 가늘고 긴 못으로 십자가 모양의 판지 중심에 구멍을 냅니다.

4 바늘귀를 연필에 달린 지우개에 끼워 받침대를 만듭니다. 연필심 부분을 실패의 구멍에 끼웁니다. 빈틈이 있다면 찰흙으로 메우세요. 실패를 나무 도막이나 납작한 돌에 끈으로 묶어 고정합니다.

5 바늘 끝에 십자가를 얹어 받침대에 고정합니다. 머핀 틀에 바람을 불어 봅니다. 십자가가 잘 돌지 않으면, 십자가의 중앙에 뚫은 구멍을 좀 더 크게 하세요.

6 받침대를 야외로 가지고 나가 지면에서 1m 높이의 상자 위에 올립니다. 1분당 회전수를 기록하세요. 밝게 색칠한 머핀 틀이 여러분 앞을 지나가는 횟수를 세면 편리해요.

어떻게 될까요? 풍속계는 간혹 빠르게 회전하기도 하고 거의 움직이지 않기도 해요.

왜 그럴까요? 머핀 틀의 오목한 부분에 바람이 집중되어 머핀 틀이 움직여요. 1분당 회전수가 많을수록 풍속도 높아요. 풍속이 급속히 빨라질수록 눈, 비나 폭풍이 올 확률이 높답니다.

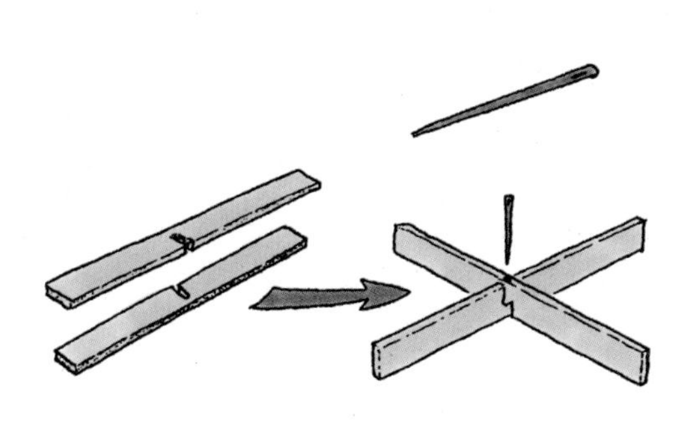

보퍼트 풍력 계급

보퍼트 풍력 계급(Beaufort scale)은 영국의 해군 제독 보퍼트(Francis Beaufort, 1774~1857)가 19세기 초 항해의 편의를 위해 처음으로 고안했어요. 처음에는 해상에서 풍속을 측정했지만 이후 대륙에서 풍속을 측정하는 데도 응용되었지요. 현재 기상청에서는 풍속을 측정할 때 풍속계를 사용하지만, 풍속을 발표할 때는 여전히 보퍼트 풍력 계급을 기준으로 알려 준답니다. 이 훌륭한 지표를 가지고 바람에 의해 움직이는 물체를 관찰하면 언제 어디서나 바람의 속도를 판단할 수 있답니다. 잘 기억해 두었다가 정확한 풍속을 말해 친구들을 깜짝 놀라게 해 보세요.

0:고요 | **풍속:** 0.0~0.2m/s

연기가 수직으로 올라간다.

1:실바람 | **풍속:** 0.3~1.5m/s

연기가 바람이 부는 방향으로 풀려서 오른다.

2:남실바람 | **풍속:** 1.6~3.3m/s

나뭇잎이 흔들리고, 바람이 얼굴에 느껴진다.
깃발이 흔들리며, 풍향계가 움직인다.

3:산들바람 | **풍속:** 3.4~5.4m/s

나뭇잎과 작은 나뭇가지가 흔들리고,
깃발이 가볍게 날린다.

4:건들바람 | **풍속:** 5.5~7.9m/s

먼지가 일고, 종이가 날려 흐트러진다.
작은 나뭇가지가 흔들리고 깃발이 펄럭댄다.

5:흔들바람 | **풍속:** 8.0 ~10.7m/s

작은 나무 전체가 흔들리고, 호수에 잔물결이 일어난다.

6:된바람 | **풍속:** 10.8~13.8m/s

큰 나뭇가지가 흔들리고 깃발이 거세게 펄럭이며,
우산 쓰기가 힘들다.

7:센바람 | **풍속:** 13.9~17.1m/s

나무 전체가 흔들리고, 깃발이 뜯어져 나가려고 한다.

8:큰바람 | **풍속:** 17.2~20.7m/s

작은 나뭇가지가 부러지고, 걷기가 힘들다.

9:큰센바람 | **풍속:** 20.8~24.4m/s

약간의 건물 피해가 일어난다.
TV 안테나가 날아가고 차양이 뜯어진다.

10:노대바람 | **풍속:** 24.5~28.4m/s

건물 피해가 크고, 나무가 뽑힌다.

11:왕바람 | **풍속:** 28.5~32.6m/s

건물에 큰 피해가 있다.

12:싹쓸바람 | **풍속:** 32.7m/s

허리케인. 피해가 아주 격심하며 배의 침몰이 염려된다.

교과서 5학년 2학기 3단원 날씨와 우리 생활 심화 | 핵심 용어 상대 습도, 건습구 습도계 | 실험 완료 ☐

우유팩 습도계

습도는 공기 속에 들어 있는 수증기의 양을 말해요. 기상 관측에서는 보통 절대습도보다는 상대습도라고 부르는 것을 사용해요. 상대습도는 공기가 포함할 수 있는 수증기량에 대한 실제 수증기량의 비율이에요. 이러한 상대습도는 기온에 따라 변화하지요. 습도와 온도가 모두 높으면 사람들은 대부분 불쾌함을 느낍니다. 집에서 습도계를 만들어 상대습도를 알아보세요.

준비물

- 온도계 2개
- 면으로 된 천 조각 (낡은 손수건 등)
- 실
- 1리터들이 우유팩
- 고무 밴드
- 가위
- 물

이렇게 해 보세요

1 두 온도계를 같은 온도로 맞춥니다. 온도계 하나의 동그란 부분을 5cm 크기의 천 조각으로 감쌉니다. 그림처럼 천 조각의 끝이 삐져나오도록 남겨두고 천 조각을 실로 잘 묶어 고정하세요.

2 고무 밴드로 두 온도계를 우유팩 두 면에 고정합니다.

3 천으로 감싼 온도계 바로 아래에 작은 구멍을 뚫습니다. 천 조각의 꼬리를 구멍으로 밀어 넣으세요. 우유팩에 천 조각의 꼬리가 젖을 수 있을 높이까지 물을 붓습니다. 건조한 온도계(건구온도)와 젖은 온도계(습구온도)의 눈금을 읽고 비교하세요.

어떻게 될까요? 젖은 온도계의 수은주는 언제나 더 낮습니다.

왜 그럴까요? 온도계의 젖은 천에서 수분이 증발하면서 열기를 빼앗아 갑니다. 따라서 수은주가 떨어져요. 젖은 온도계를 감싼 천의 물은 공기가 수증기를 포함할 수 있는 한 계속 증발해요. 건조한 공기는 이미 수증기가 차 있는 공기보다 더 많은 수증기를 포함할 수 있어요.

공기가 건조할수록(습도가 낮을수록) 두 온도계의 온도 차이는 더 커져요. 건구온도와 습구 온도가 정확히 같으면 습도는 100%입니다. 온도가 높을수록 특정 온도에서 공기는 더 많은 수증기를 포함할 수 있어요. 상대습도가 100%면 안개가 끼거나 눈, 비가 내립니다.

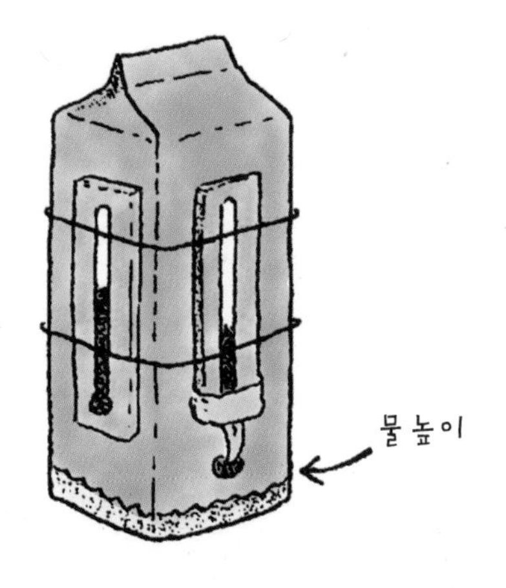

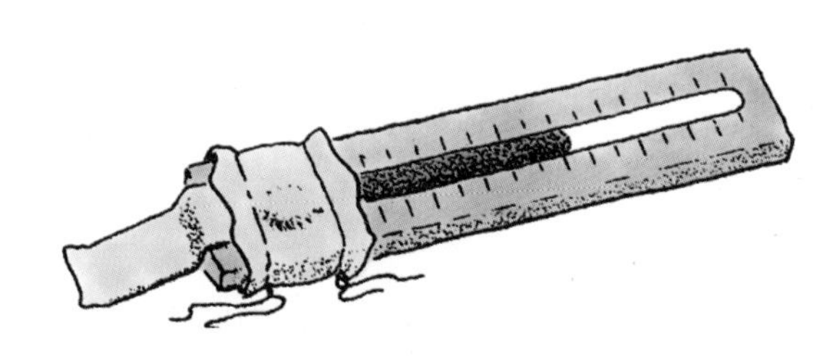

상대습도표

습구온도(℃)	건구와 습구 온도차(℃)							
	1	2	3	4	5	6	7	8
27	92	85	78	72	67	61	56	52
26	92	85	78	71	66	60	55	51
25	92	84	77	71	65	59	54	50
24	92	84	77	70	64	59	53	49
23	91	84	76	69	63	58	53	48
22	91	83	76	69	63	57	52	47
21	91	83	75	68	62	56	51	46
20	91	82	74	67	61	55	49	44
19	91	82	74	66	60	54	48	43
18	90	81	74	66	59	53	47	42
17	90	81	72	65	58	52	46	40
16	90	80	72	64	57	50	44	30

얼마나 불쾌한가요?

불쾌지수는 온도와 습도의 조합으로 개인이 느끼는 불쾌감의 정도를 측정하는 기준이에요. 온도와 상대습도를 알고 있다면, 아래 표에서 불쾌지수를 알 수 있습니다. 예를 들어, 기온이 28℃이고 습도가 60%이면 불쾌지수는 77로, 이는 약 50%의 사람들이 불쾌하게 느끼는 상태입니다. 같은 온도에서 상대습도가 100%면 불쾌지수는 82로 대부분 사람들이 불쾌감을 느끼는 상태랍니다.

수학을 잘 한다면, 다음 공식을 이용해 직접 불쾌지수를 계산해 볼 수도 있어요.

불쾌지수(℃) = (습구온도 + 건구온도(기온)) × 0.72 + 40.6

습구온도는 모르지만 기온과 습도를 아는 경우 상대습도표(262쪽 참조)를 이용해 습구온도를 알아낼 수 있어요. 건구온도에서 '건구와 습구의 온도차'만 빼면 습구온도를 구할 수 있답니다.

불쾌지수표

기온(℃)	상대습도(%)								
	20	30	40	50	60	70	80	90	100
22	66	66	67	68	69	69	70	71	72
24	68	69	70	70	71	72	73	74	75
26	70	71	72	73	74	75	77	78	79
28	72	73	74	76	77	78	80	81	82
30	74	75	77	78	80	81	83	84	86
32	76	77	79	81	83	84	86	88	90
34	78	80	82	84	85	87	89	91	93
36	80	82	84	86	88	90	93	95	97
38	82	84	86	89	91	93	96	98	100
40	84	86	89	91	94	96	99	101	104

얼마나 추운가요? 풍랭지수로 체감온도 측정하기

풍속은 추운 정도에 영향을 미쳐요. 체감 온도는 풍속과 온도 간의 상관관계입니다. 다음 체감온도표는 바람이 없는 상태에서 느끼는 온도와 바람이 부는 상태에서 느끼는 온도와의 상관관계를 나타내는 표입니다.

예를 들어, 기온이 –5℃이고 바람이 시속 15km로 분다면, 우리가 느끼는 기온은 –11℃가 됩니다.

체감온도표(풍랭지수표)

풍속(mph)	기온(℉)									
	0	–5	–10	–15	–20	–25	–30	–35	–40	–45
5	–2	–7	–13	–19	–24	–30	–36	–41	–47	–53
10	–2	–9	–15	–21	–27	–33	–39	–45	–51	–57
15	–4	–11	–17	–23	–29	–35	–41	–48	–54	–60
20	–5	–12	–18	–24	–31	–37	–43	–49	–56	–62
25	–6	–12	–19	–25	–32	–38	–45	–51	–57	–64
30	–7	–13	–20	–26	–33	–39	–46	–52	–59	–65
35	–7	–14	–20	–27	–33	–40	–47	–53	–60	–66
40	–7	–14	–21	–27	–34	–41	–48	–54	–61	–68

얼마나 더운가요?
열지수로 체감온도 측정하기

기온이 29℃라면 얼마나 덥게 느낄까요?

만약 습도가 95%라면 체감온도는 38℃가 됩니다. 다음 체감온도표(열지수표)는 습도 변화에 따라 실제 느끼는 기온의 변화를 나타냅니다.

기온 27℃의 경우 상대습도가 100%라면 32℃라고 느낀답니다!

습도계, 체감온도표(열지수표), 불쾌지수만 있으면 언제든 체감 더위를 알 수 있어요.

체감온도표(열지수표)

상대습도(%)	기온(℃)																
	27	28	29	30	31	32	33	34	35	36	37	38	39	40	41	42	43
40	27	28	29	30	31	32	34	35	37	39	41	43	46	48	51	54	57
45	27	28	29	30	32	33	35	37	39	41	43	46	49	51	54	57	
50	27	28	30	31	33	34	36	38	41	43	46	49	52	55	58		
55	28	29	30	32	34	36	38	40	43	46	48	52	55	59			
60	28	29	31	33	35	37	40	42	45	48	51	55	59				
65	28	30	32	34	36	39	41	44	48	51	55	59					
70	29	31	33	35	38	40	43	47	50	54	58						
75	29	31	34	36	39	42	46	49	53	58							
80	30	32	35	38	41	44	48	52	57								
85	30	33	36	39	43	47	51	55									
90	31	34	37	41	45	49	54										
95	31	35	38	41	47	51	57										
100	32	36	40	44	49	54											

교과서 5학년 2학기 3단원 날씨와 우리 생활 심화 | 핵심 용어 이슬점, 구름, 안개 | 실험 완료 ☐

이슬점 관측

이슬점은 공기 중에 수증기가 가득 차서 더 이상 수증기를 머금지 못하고 액체 상태의 물방울로 응결하기 시작하는 온도를 말해요. 기온과 수증기량에 따라 매일 변화하지요. 이슬점이 기온과 가까울수록 안개나 눈, 비가 올 확률이 높아집니다. 단순한 도구를 사용해 매일 이슬점을 관측할 수 있답니다.

준비물

- 연필
- 종이
- 빈 깡통
- 물
- 온도계
- 얼음

이렇게 해 보세요

1 현재 온도를 재고 기록해 둡니다.

2 깡통의 포장지를 제거하고 물을 채운 다음, 바깥 면의 물기를 제거합니다.

3 온도계를 깡통에 넣고 물에 얼음을 한 번에 하나씩 넣습니다. 네다섯 개 정도 넣으세요.

4 온도계로 천천히 물을 저어 주고, 깡통의 바깥 면과 온도계를 주의 깊게 관찰합니다.

어떻게 될까요? 깡통의 바깥 표면에 이슬이 맺히기 시작하고 물의 온도는 내려가요.

왜 그럴까요? 물방울은 이슬점 혹은 그와 가까운 온도에서 맺히기 시작해요. 상대 습도가 100%일 때 생기지요. 이슬은 공기가 공기 온도를 이슬점 아래까지 떨어뜨리는 차가운 물체를 만나면 생깁니다. 기류가 위로 빠르게 상승하면 높은 곳의 공기는 식기 시작하고 구름이 만들어져요. 부드러운 기류가 차가운 공기와 따뜻한 공기를 섞으면 안개가 생깁니다.

잠깐! 꼭 야외에 설치하세요.

교과서 5학년 2학기 3단원 날씨와 우리 생활 심화 | 핵심 용어 우량계 | 실험 완료 ☐

우량계

일주일 혹은 한 달간 내리는 비의 양을 측정해 보고 여러분이 측정한 결과를 기상청의 관측 결과와 비교해 보세요.

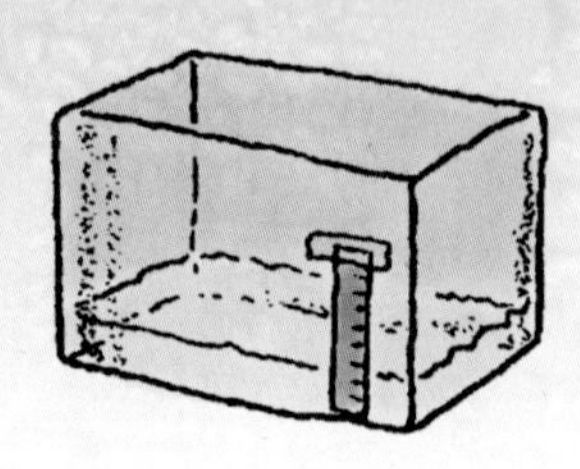

준비물

- 자, 테이프 (마스킹 테이프 등)
- 빈 용기 2개 이상 (커피 깡통, 유리병, 위를 자른 우유팩 등)
- 연필
- 종이

이렇게 해 보세요

1 마스킹 테이프에 자를 대고 1cm 단위로 눈금을 표시합니다. 그림처럼 이 테이프를 여러 형태의 용기에 붙이세요.

2 용기들을 야외의 평평한 면에 놓습니다. 넘어지지 않게 상자 속에 넣어 두면 더욱 좋아요.

3 비가 올 때마다 용기 속에 고인 빗물의 양을 측정합니다. 물이 잔잔한 상태라면, 용기 크기와 상관없이 물의 양은 모두 같을 거예요.

4 비가 올 때마다 용기 속 물의 양을 각각 기록해 서로 비교해 보세요. 또 여러분이 측정한 결과를 TV나 라디오에 나오는 일기예보와 비교해 보세요. 가끔은 일기예보와 여러분이 측정한 결과가 다를 수도 있어요. 한 지역 내에서도 강우량이 다르기 때문이지요!

구름 읽기

공기가 수증기를 많이 머금어 무거워지고 차가워지면, 수증기는 물방울로 변하면서 대기 중의 작은 먼지 입자들과 결합하여 안개를 만들어요. 공기 중에 높이 뜬 안개는 구름입니다. 구름의 종류는 공기가 어떻게 냉각되고 움직이느냐에 따라 결정돼요.

구름은 대부분 모양이 계속 바뀌어요. 일부는 따뜻한 공기를 만나면 증발하고 바람이 불면 흩어져요.

일기예보는 구름이 없으면 '맑음'으로, 구름이 하늘의 30% 이하이면 '구름 약간'으로 표시해요. 구름이 하늘의 30%~70%이면 '구름 많음'이며, 구름이 70% 이상 하늘을 덮으면 '흐림'입니다. 기상예보관들은 구름을 면밀히 연구해요. 구름 분포도를 보면 여러분도 이제 구름을 읽을 수 있답니다!

권운 : 높고 깃털 같은 구름.
적운 : 밑면은 편평하고 위는 부풀어 오른 꽃양배추 모양 구름. 보통 날씨가 맑다는 뜻이에요.
난운 : 어두운 회색 비구름.
층운 : 안개처럼 보이는 낮고 균일한 구름층.

산성비 검사

주변에 내리는 비가 오염된 것인지 아닌지를 pH 시험지나 지시약 시험지를 이용해 알아볼 수 있어요. 둘 다 실험 용품을 파는 곳에서 살 수 있지만, 적채즙만 있으면 직접 만들 수도 있어요.

준비물

- 적채즙 6~10큰술
- 깨끗한 유리병
- 종이컵 5개(또는 작은 유리컵)
- 빗물
- 사과 주스
- 레몬주스
- 끓여서 식힌 물
- 우유

이렇게 해 보세요

1. 깨끗한 유리병에 빗물을 받습니다.
2. 종이컵을 늘어놓고 번호를 매긴 다음 각 컵마다 적채즙을 넣습니다.
3. 첫 번째 컵에 빗물을 넣고, 두 번째 컵에 끓여서 식힌 물을, 그리고 세 번째 컵에 우유, 네 번째 컵에는 사과 주스, 마지막 컵에는 레몬주스를 넣습니다. 단, 각 액체의 양은 서로 같아야 해요.
4. 각 컵의 색을 빗물이 든 컵의 색과 비교합니다. 빗물과 가장 비슷한 색을 띤 컵을 찾아 36쪽에 나오는 pH표를 참조하여 빗물의 pH를 예상해 봅니다.

어떻게 될까요? 빗물을 넣은 용액의 색이 약간만 변하면, 빗물은 깨끗한 거예요. 만약 레몬주스처럼 분홍색으로 변한다면 산성이 매우 높다는 걸 의미해요.

왜 그럴까요? 비는 보통 대기 중의 산화물이 녹아내리기 때문에 약한 산성을 띱니다. 오염되지 않은 깨끗한 빗물은 pH가 약 5.6 정도예요. 여러분이 사는 곳에 내리는 빗물의 pH가 낮다면, 그 비는 산성비입니다. 호수와 계곡물의 pH가 5보다 아래로 떨어지면 대부분의 물고기가 죽어요. 산성비는 하늘에서 내려오는 독약이라고 합니다. 공장의 굴뚝에서 나오는 매연과 자동차, 기차, 항공기의 배기가스가 대기 중 수증기와 만나 산성을 띠면서 지상으로 내리는 것이 산성비나 산성먼지거든요. 산성비는 수목과 농작물에 피해를 주고, 지상은 물론 호수와 계곡의 생태계를 위협하며 건물도 부식시킵니다.

공기, 물, 그리고 물질들

여러분은 물론 공기까지도 이 세상의 모든 물질은 액체, 고체, 기체와 같은 세 가지 상태로 존재합니다. 예를 들어 책상은 고체, 물은 액체, 공기는 기체예요. 이러한 물질의 상태는 물질을 구성하는 작은 입자인 분자에 의해 결정돼요. 분자는 그보다 더 작은 입자인 원자로 구성되어 있답니다.

이 입자들을 재배열하면 생활을 훨씬 편리하게 만드는 새로운 물건을 만들 수 있어요. 화학자들은 이런 입자를 연구하지요.

이 장에서는 물질을 이루는 입자들에 대해 배울 거예요.

원자, 분자, 원소 이야기

눈에 보이지는 않지만 세상의 모든 물질은 분자로 이루어져 있어요. **분자**는 물질의 특성을 가지는 가장 작은 알갱이랍니다. 분자를 이해하는 가장 좋은 방법은 여러분이 점점 줄어들어 마침내 작은 점이 된다고 상상하는 거예요. 여러분이 책상 위에 놓인 어떤 물체의 분자라면, 소금 결정(소금 한 알)은 거대한 산처럼 보일 거예요. 여러분이 물 분자라면, 물을 쪼개고 쪼개어 마지막에 남는 가장 작은 한 방울일 거예요. 마지막에 남아서 증발하는 물방울이 바로 여러분인 것이지요. 이제 분자가 얼마나 작은지 느낌이 오나요?

그런데 이 작은 분자를 구성하는 더 작은 알갱이도 있답니다. 분자보다 더 작은 최소의 알갱이는 바로 **원자**예요. 만약 여러분이 산소 분자라면 두 개의 원자로 구성되어 있어요. 산소 원자 하나로는 산소의 성질을 띨 수 없어 두 개가 필요하답니다.

하나 더. 물질을 이루는 가장 작은 알갱이가 원자라면, 물질을 구성하는 성분이나 요소는 **원소**라고 해요. 산소, 수소, 질소, 탄소는 모두 원소예요. 여러분이 질소 원소라면, 질소 원자로만 모여 만들어졌다는 뜻이지요. 탄소 원소라면 다른 어떤 원자도 섞여 있지 않고 오직 탄소 원자뿐이라는 뜻입니다.

두 가지 이상의 원소로 이루어진 원자가 결합하면 여러 가지 분자를 만들어요. 물 분자는 3개의 원자로 구성되지요. 만약 여러분이 산소 원자라면, 두 명의 수소 원자 친구와 만나서 물 분자가 될 수 있어요. 왜냐하면 물은 산소 원자 하나와 수소 원자 두 개가 결합한 것이기 때문이에요. 이제 여러분은 두 개 이상의 서로 다른 원소로 구성된 물질인 화합물이 된 거예요. 물, 이산화탄소와 설탕도 모두 화합물이랍니다. 이 상태에서 여러분은 분자 혹은 물질을 구성하는 요소로서 고체, 액체, 기체 중 하나의 형태로 존재할 수 있답니다.

과학자들은 화합물이 된 여러분을 다시 전기를 이용해 원래의 최소 구성단위인 원자로 나눌 수 있어요. 이 단계에서 여러분은 이제 더 이상 물이 아니라 수소 원자 2개와 산소 원자 1개가 모두 따로 분리된 원자들일 뿐입니다. 물의 성질을 가지고 존재하는 최소 단위는 분자입니다.

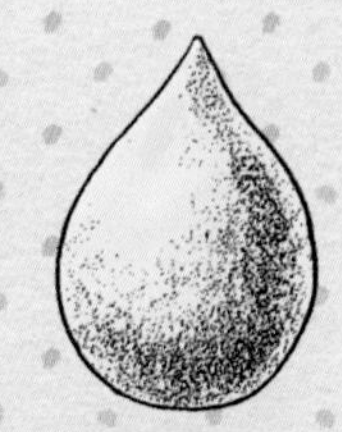

원자의 구성 요소

지구상의 모든 물질은 원자로 되어 있어요. **원자**는 모든 원소의 최소 단위이며 원소마다 구성하는 원자는 다 달라요. 원소의 모든 전자를 모아서 더한다면 다른 원자가 나올 거예요.

원자마다 핵이 있는데, 원자핵은 중성자와 양성자로 되어 있어요. 원자의 구성 요소 중에는 전기를 띤 것도 있어요. 핵 속의 양성자는 양(+)의 전기를 띠고 있지만 중성자는 전기를 띠지 않는 중성입니다.

그러나 핵의 주위를 도는 더 작은 입자인 **전자**도 있어요. 전자는 음(−)의 전기를 띱니다. 양성자와 전자 간에 양(+)과 음(−)의 전기 작용과 중성자와의 관계 때문에 원자가 그 형태를 유지하는 거예요.

원자의 핵을 공으로 보고 전자를 그 주위를 도는 더 작은 공으로 보는 것도 이해하기 쉬운 방법이에요. 전자들이 핵 주위를 도는 궤도를 **전자껍질** 또는 **전자각**(shell)이라고 불러요. 혹은 원자핵을 태양으로, 전자를 태양 주위를 도는 행성으로 보는 방법도 있어요. 태양의 인력 때문에 행성이 궤도를 이탈하지 않고 도는 것처럼, 전자도 원자핵의 인력 때문에 궤도를 이탈하지 않고 돌 수 있어요.

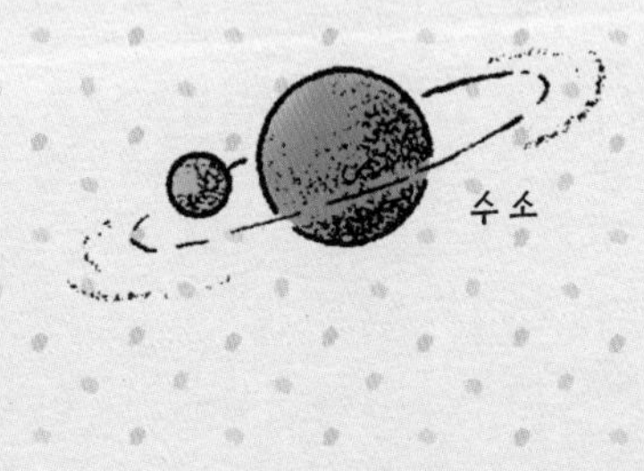

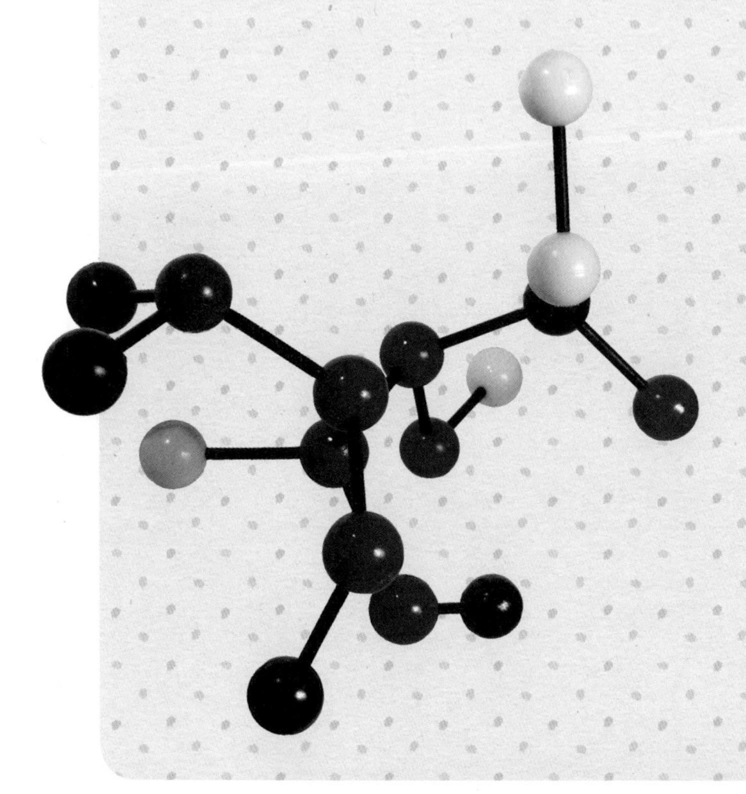

원자 궤도

찰흙으로 모형을 만들어 보면 원자를 쉽게 이해할 수 있어요. 사실 전자는 전기를 띤 빠르게 움직이는 입자로서 여러분이 "원자" 라고 말하는 순간보다 더 빠르게 움직이지만요.

준비물

- 고무찰흙(빨강, 파랑, 노랑, 초록)
- 신문지(바닥에 깔 것)
- 입구가 넓은 유리병의 뚜껑

이렇게 해 보세요

1. 먼저 바닥이 더러워지지 않게 신문지를 깝니다.
2. 찰흙 중 아무것이나 두 색을 고릅니다. 우리는 빨간색과 파란색을 쓰기로 해요. 이제 빨간색 찰흙으로 두 개, 파란색 찰흙으로 한 개의 띠를 각각 만듭니다. 이 띠들은 핵 주위를 도는 전자의 궤도나 경로, 즉 전자껍질을 나타내요. 유리병 뚜껑 속에 정확히 찰 만큼 띠를 길게 만들어야 해요.
3. 첫 번째 빨간색 띠를 뚜껑의 안쪽에 두릅니다. 그 안쪽으로는 파란색 띠를 앞서 붙인 빨간색 띠에 딱 붙도록 눌러 넣으세요. 나머지 빨간색 띠를 파란색 띠 안쪽에 둘러 붙입니다. 그런 다음 파란색 찰흙으로 남은 원형의 중심 부분을 채워 줍니다. 다 되면 손가락으로 잘 눌러 전체 모형을 평평하게 펴 줍니다. 완성된 모양은 과녁처럼 생겼어요.
4. 노란색 찰흙 공을 만들어 정중앙에 붙입니다. 두 개의 작은 초록색 공을 만들어 파란색으로 채워 넣은 중앙부의 바깥쪽에 붙이되, 방금 붙인 노란 공과 일직선을 이루도록 노란 공 양쪽에 각각 붙입니다. 그다음, 여덟 개의 초록색 공을 두 개씩 쌍으로 빨간색 띠 바깥쪽 네 군데에 나누어 붙이세요.

어떻게 될까요? 이제 원자 모형이 완성되었어요!

왜 그럴까요? 원자는 8개 이상의 궤도를 가질 수 없으며, 각 궤도마다 정해진 개수 이상의 전자가 올 수 없어요. 정중앙에 붙인 노란색 공은 원자의 핵입니다. 처음 파란색 띠 바깥에 붙인 두 개의 작은 초록색 공은 첫 번째 궤도에는 전자가 두 개밖에 없다는 뜻이에요. 두 번째 궤도인 빨간색 띠 바깥쪽에는 8개의 초록색 공을 붙였는데 이것은 이 궤도에는 여덟 개의 전자만이 있다는 뜻입니다.

세 번째 궤도(파란색 찰흙 띠의 바깥쪽으로서 전자를 붙이지 않은 궤도)는 마지막 궤도라면 최대 8개의 초록색 공(전자)을 더 가질 수 있지만, 마지막 궤도가 아니라면 최대 18개의 전자를 가질 수 있습니다. 여기서 중요한 것은, 두 번째 궤도가 세 번째 궤도를 만들기 위해서는 8개의 전자를 가져야 한다는 점입니다.

교과서 6학년 1학기 3단원 여러 가지 기체 심화 | 핵심 용어 분자, 고체, 액체, 기체 | 실험 완료 ☐

움직이는 분자

고체·액체·기체 상태일 때 분자의 운동을 시연해 볼 수 있어요.

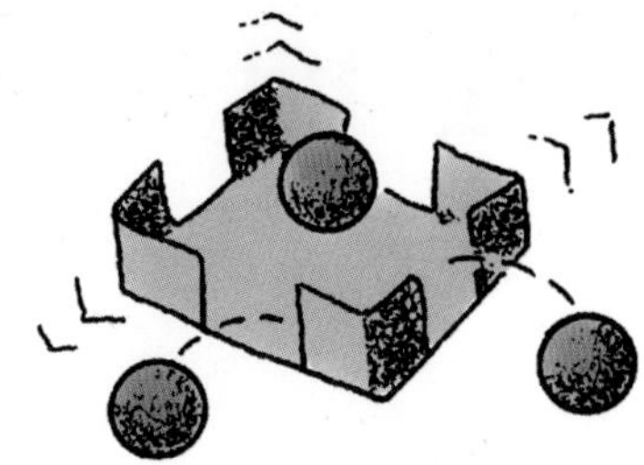

준비물

- 작은 상자 뚜껑(또는 얕고 납작한 상자)
- 구슬(또는 작은 공)
- 가위

이렇게 해 보세요

1 상자 뚜껑에 구슬이나 공을 빈틈없이 한 층 깔아 줍니다. 뚜껑을 양옆으로 살살 흔듭니다.
2 구슬 몇 개를 뚜껑에서 꺼낸 다음 아까보다 더 빠르게 다시 양옆으로 흔듭니다.
3 구슬을 더 꺼내어 속도를 더 빠르게 양옆으로 흔듭니다.
4 마지막으로 뚜껑의 각 면에 구멍을 잘라 낸 다음 뚜껑을 계속 흔들어 주세요.

어떻게 될까요? 구슬의 숫자가 줄어들수록 뚜껑 밖으로 더 쉽게 튕겨 나갑니다. 구멍으로 튕겨 나가는 구슬도 있어요.

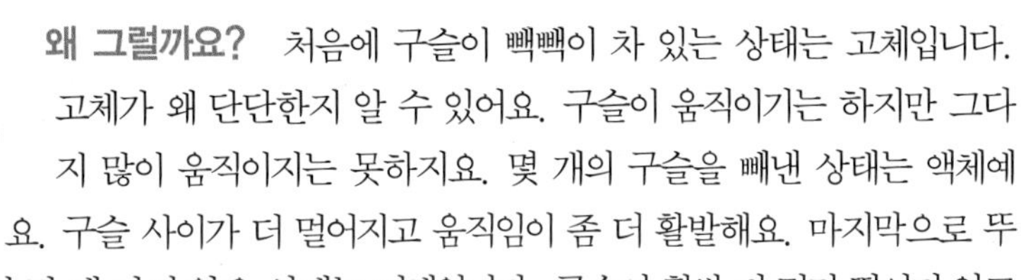

왜 그럴까요? 처음에 구슬이 빽빽이 차 있는 상태는 고체입니다. 고체가 왜 단단한지 알 수 있어요. 구슬이 움직이기는 하지만 그다지 많이 움직이지는 못하지요. 몇 개의 구슬을 빼낸 상태는 액체예요. 구슬 사이가 더 멀어지고 움직임이 좀 더 활발해요. 마지막으로 뚜껑에 구슬이 몇 개 남지 않은 상태는 기체입니다. 구슬이 훨씬 더 멀리 떨어져 있고 움직임도 매우 빠릅니다.

상자 속의 구슬은 물질을 구성하는 분자와 같아요. 상자 양옆에 뚫은 구멍은 물질이 떨어져 나가는 상태를 나타내요. 예를 들어 가스레인지 위에서 물을 끓일 때 물이 수증기나 증기가 되어 냄비를 벗어나는 상태와 같아요. 접시에 묻은 물도 증발합니다. 물 분자의 움직임이 빠르면 물방울 표면에서 대기 속으로 증발할 수 있어요. 얼음을 가열하면 고체에서 액체로, 마침내 기체로 변해요. 물 분자 자체는 변하지 않지만 물질의 형태가 얼음에서 물로, 다시 수증기로 변하는 거예요.

교과서 6학년 1학기 3단원 여러 가지 기체 심화 | **핵심 용어** 고체, 액체, 기체 | **실험 완료** ☐

분자의 확산

물 분자가 정말로 움직일까요? 그렇다면 속도는 어떨까요?

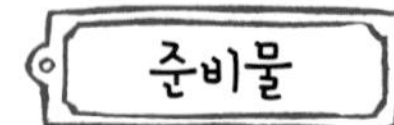

- 투명한 유리컵 2개
- 찬물과 더운물
- 식용 색소(또는 물감을 탄 물)
- 스포이트

이렇게 해 보세요

1. 유리컵 두 개에 찬물과 더운물을 각각 채웁니다.
2. 식용 색소를 재빨리 각 컵에 떨어뜨립니다. 단, 두 컵의 모든 변수가 같도록 주의하세요. 예를 들어, 컵에 채운 물의 높이나 떨어뜨리는 식용 색소의 양 등이 모두 같아야 해요. 변수를 통제하는 것은 신뢰할 수 있는 실험 결과를 얻는 데 매우 중요하답니다.

어떻게 될까요? 양쪽 컵에서 식용 색소가 모두 퍼져 나가지만 그 속도는 서로 달라요. 더운물에서 색소가 퍼져 나가는 속도가 더 빨라요.

왜 그럴까요? 찬물도 물 분자가 컵 전체에서 움직이기 때문에 식용 색소는 결국 전체에 퍼져요. 그러나 물이 따뜻하면(더운물) 열에너지 때문에 물 분자는 더욱 빠르게 움직여요. 그 결과 식용 색소도 더 빨리 퍼집니다. 식용 색소가 컵 전체에 완전히 퍼진 시간을 각각 기록하면 더욱 좋겠지요?

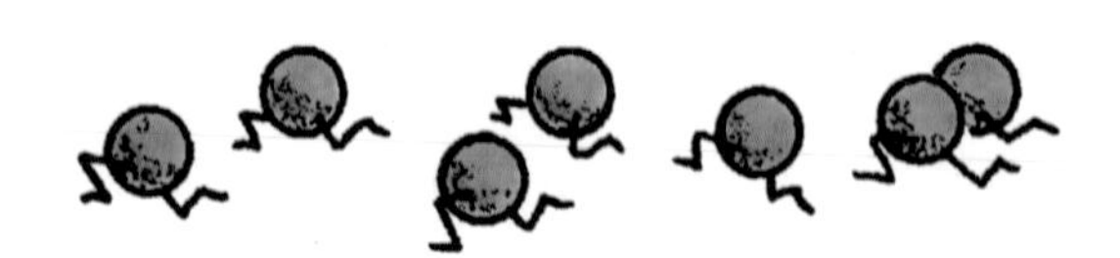

화학의 발전사

선사시대에 우리 조상들은 자연과 자연의 변화가 신령한 힘에 의한 것이라고 믿었어요. 이후 고대인은 불과 열의 존재와 그로 인한 물질의 변화를 알게 되었으며, 초기 과학자였던 연금술사는 화합물을 발견했고 금속을 금으로 바꿀 수 있다고 믿었답니다. 그러나 진정한 화학을 알았다고 보기는 힘들어요.

오늘날 우리가 아는 화학은 로버트 보일(Robert Boyle, 1627~1691)이 1600년대에 원소의 목록을 정리하면서 시작되었고, 이 목록은 오늘날에도 사용되고 있어요. 화학자인 프리스틀리(J. Priestly, 1733~1804)와 셸레(C. W. Scheele, 1742~1786)가 1700년대 후반에 산소를 발견했지요. 프랑스 화학자 라부아지에(Antoine Lavoisier, 1743~1794)가 연소 실험을 통해 물질이 연소될 때 일어나는 화학적 변화를 설명했어요. 1803년에 존 돌턴(John Dalton, 1766~1844)이 원자설을 제창했고, 1812년에 스웨덴의 과학자 베르셀리우스(J. J. Berzelius, 1779~1848)가 모든 원자는 양(+) 또는 음(−)의 전기를 띠고 있다고 주장했어요.

또한 그는 원소에 원자량을 부여했고, 헨리 모즐리(Henry Moseley, 1887~1915)는 원자 번호를 부여했습니다. 1898년에 프랑스의 화학자 마리 퀴리(Marie Curie, 1867~1934) 부부는 방사성 원소인 라듐을 발견했어요.

교과서 4학년 2학기 2단원 물의 상태 변화 심화 | 핵심 용어 응결, 수증기, 분자 | 실험 완료 ☐

물질의 삼단 변신

물질은 가끔 변화합니다. 토스트가 타 버리면 더 이상 같은 물질이 아니듯 말이에요. 분자가 열에 의해 재배치되었기 때문이지요. 식빵은 전혀 새로운 물질인 탄소로 바뀌었어요. 이것을 화학적 변화라고 해요. 그러나 얼음이 물이 되고 다시 수증기가 되어도 물 분자는 변한 것이 아닙니다. 물질의 형태는 변해도 물이라는 물질 자체는 변하지 않거든요. 이를 자연적 변화라고 해요. 그러면 실험으로 더 자세히 알아봅시다.

준비물

- 얼음 10개
- 뚜껑이 있는 작은 냄비
- 가스레인지

이렇게 해 보세요

1 얼음을 냄비에 넣고 끓입니다. 일단 얼음이 녹고 물이 끓기 시작하면 뚜껑을 닫으세요.

2 몇 분 뒤 불을 끄고 냄비를 식힙니다. 그런 다음 뚜껑을 열어 냄비 뚜껑 안쪽에 물방울이 맺힌 것을 관찰하세요.

어떻게 될까요? 얼음이 물이 되고, 물은 증기가 되는데 이 증기를 **수증기**라고 해요. 이 증기가 냄비 뚜껑 안쪽에서 다시 물로 바뀌어 맺혀요.

왜 그럴까요? 얼음은 고체입니다. 얼음의 분자는 느리기는 하지만 어쨌든 움직여요. 얼음을 가열하면 분자는 더 빨리 움직입니다. 그리고 녹아서 물이 되지요. 계속 물을 가열하면 분자의 운동은 더 활발해져 서로 부딪치다가 물을 벗어나요. 뚜껑의 안쪽에 맺힌 물방울은 이렇게 기화한 수증기(기체)의 결과물이랍니다. 냄비가 식으면서 수증기가 다시 물(액체)로 바뀐 것이지요. 이 과정을 **응결**이라고 해요. 화학자들은 이 실험이 물질의 세 가지 형태인 고체, 액체, 기체를 보여준다고 합니다.

교과서 4학년 1학기 5단원 혼합물의 분리 심화 | **핵심 용어** 증류 | **실험 완료** ☐

물 공장

이 실험은 여러분을 마술사로 만들어 줄 거예요. 값비싼 장비 하나 없이도 소금물에서 물과 소금을 분리할 수 있으니까요. 못 믿겠다고요? 일단 한번 해 보세요!

준비물

- 뚜껑이 있는 작은 유리병(물을 반쯤 채워 준비)
- 전자레인지
- 주방 장갑 (또는 행주)
- 숟가락
- 소금

이렇게 해 보세요

1. 소금 약간을 유리병의 물속에 넣습니다. 숟가락으로 잘 저어 맛을 보세요. 짠맛이 나지 않으면 소금을 좀 더 넣습니다.
2. 소금물이 든 유리병을 뚜껑이 열린 상태로 전자레인지에 넣고 90초 동안 또는 물이 끓을 때까지 돌립니다.
3. 손을 데일 수 있으니 전자레인지에 든 유리병을 맨손으로 잡지 마세요! 주방 장갑을 낀 다음 조심스럽게 유리병을 꺼내 뚜껑을 닫습니다. 직접 하는 것보다 어른에게 도와 달라고 하는 것이 좋아요.
4. 유리병이 완전히 식고 나면 뚜껑을 열고 뚜껑과 유리병 안쪽에 맺힌 물맛을 봅니다.

어떻게 될까요? 뚜껑과 유리병 안쪽에 맺힌 물방울은 짜지 않아요.

왜 그럴까요? 뚜껑을 닫은 유리병 속의 끓인 물은 기화해서 수증기가 된 다음 응결되어 뚜껑과 유리병 안쪽에 물방울이 되어 맺힙니다. 소금은 화합물이기 때문에 끓여도 물을 벗어나지 않아서 증기에 포함되어 있지 않은 거예요. 이런 방법으로 소금물에서 물과 소금을 분리할 수 있답니다. 이렇게 두 개 이상의 물질이 섞인 용액을 끓는점의 차이를 이용해 다시 각각의 물질로 분리하는 것을 **증류**라고 해요.

교과서 5학년 1학기 4단원 용해와 용액 | **핵심 용어** 용해, 용액, 용질, 용매 | **실험 완료** □

용액이란 무엇일까요?

물에 흙과 소금을 각각 넣으면 물이 어떻게 될까요?

준비물

- 물을 반쯤 채운 입구가 넓은 유리병 2개
- 소금 2큰술
- 흙 2큰술
- 돋보기
- 숟가락

이렇게 해 보세요

1 두 유리병에 소금과 흙을 각각 넣고 잘 저어 줍니다.

2 돋보기로 두 개의 병 속을 관찰합니다. 흙과 소금이 어떻게 되었나요?

어떻게 될까요? 흙 입자는 물속에 떠 있어요. 무게 때문에 큰 입자가 바닥에 먼저 가라앉고, 이어 중간 입자와 작은 입자가 각각 그 위에 쌓여요. 소금을 넣은 유리병에서는 소금 입자가 용해되어 눈에 보이지 않는답니다.

왜 그럴까요? 흙과 물은 분자 구조가 다르기 때문에 흙이 물에 녹지 않아 입자가 사라지지 않아요. 분자 구조가 다르면 혼합이 되지 않습니다. 흙 입자는 물에 일단 떠 있다가 나중에 바닥으로 가라앉아요. 그러나 물과 소금은 혼합돼요. 소금은 물에 녹아 사라진 것처럼 보이지요.

용해와 용액, 용질과 용매

소금과 물처럼 두 종류 이상의 물질이 고르게 섞이는 현상을 **용해**라고 합니다. 소금과 물이 고르게 섞이면 소금 입자(결정)는 유리병 바닥에 가라앉지 않아요. 이렇게 생긴 소금물은 **용액**이라고 부릅니다. 소금처럼 용액에 녹아 있는 물질을 **용질**, 소금을 녹이는 물처럼 어떤 물질을 녹이는 물질을 **용매**라고 해요.

교과서 4학년 1학기 5단원 혼합물의 분리 심화 | **핵심 용어** 크로마토그래피 | **실험 완료** ☐

크로마토그래피 : 색소 분리

염료, 혼합물 등을 원래의 구성 물질들로 분리해 낼 수 있어요. 크로마토그래피란 이동 속도 차이를 이용해 혼합물을 분리하는 방법이에요. 이 방법으로 두 가지 식용 색소를 분리해 볼까요?

준비물

- 식용 색소 (빨간색과 파란색)
- 스포이트
- 작은 용기
- 흰색 키친타월 2장 (또는 냅킨)
- 신문지
- 물 1컵

이렇게 해 보세요

1 작은 용기에 빨간색과 파란색 식용 색소 두세 방울을 넣고 섞습니다.

2 두 장의 키친타월을 신문지 위에 겹쳐 놓습니다. 미리 섞어 둔 식용 색소를 냅킨 중앙에 떨어뜨리세요.

3 스포이트로 물 몇 방울을 식용 색소 위에 떨어뜨린 후 색소가 분리되는 것을 관찰합니다.

어떻게 될까요? 식용 색소 혼합물이 자주색(붉은 빛이 도는 파랑)과 옅은 파란색으로 분리됩니다.

왜 그럴까요? 물이 용매가 되어 식용 색소 용액을 분해합니다. 색소는 서로 다른 속도로 분해되기 때문에 용매인 물이 스펀지 같은 키친타월을 따라 번저 나갈 때 물의 흔적을 따라 원을 그리며 분리됩니다.

소금과 밀가루가 만나면

소금과 밀가루가 섞이면 어떻게 될까요?

준비물

- 밀가루 $\frac{1}{4}$컵
- 유리컵
- 소금 $\frac{1}{4}$컵
- 숟가락
- 뜨거운 물

이렇게 해 보세요

1 밀가루와 소금을 유리컵에 넣고, 물은 아직 붓지 않은 상태에서 잘 섞어 줍니다. 완전히 섞이나요?

2 이제 뜨거운 물을 유리컵에 부어 줍니다. 잘 저은 다음 30분간 기다렸다가 손가락으로 내용물을 찍어 맛을 봅니다.

어떻게 될까요? 위층의 물은 짠맛이 나고 흰 가루가 바닥에 쌓여 있어요.

왜 그럴까요? 소금과 밀가루는 완벽한 혼합물입니다. 이 물질들은 너무나 달라서 용해되거나 화학적으로 섞이지 않아요. 또한 물에 반응하는 것도 다릅니다. 밀가루는 물에 떴다가 바닥으로 가라앉지만 소금은 물에 녹아서 밀가루 위의 소금물 층을 이뤄요. 이 혼합물은 버리지 마세요. 다음 실험에서 사용할 거랍니다.

교과서 4학년 1학기 5단원 혼합물의 분리 | 핵심 용어 혼합물 | 실험 완료 □

소금과 밀가루의 원상 복귀

앞 실험에서 소금과 밀가루로 혼합물을 실험했으니, 이제 원상 복귀를 해 볼 차례예요. 자, 여기 돌아온 소금과 밀가루 친구들을 반갑게 맞이해 주세요!

준비물

- 입구가 넓은 유리병
- 거름종이
- 소금과 밀가루 혼합물(앞선 실험에서 만들어 놓은 것)
- 고무 밴드
- 뜨거운 물
- 얕은 그릇

이렇게 해 보세요

1. 거름종이를 유리병 위에 놓고 고무 밴드로 잘 고정합니다. 거름종이 가운데에 물을 조금 축여 물이 더 잘 고이도록 하세요.
2. 앞 실험에서 만들어 놓은 소금물과 밀가루의 혼합물을 거름종이에 천천히 붓습니다. 아주 천천히 뜨거운 물을 한 방울씩 떨어뜨려 소금물 용액이 밀가루를 지나 병 속으로 떨어지게 하세요. 소금물이 병 속에 어느 정도 모이려면 시간이 좀 걸리니 인내심을 가지세요! 소금물의 양이 충분하다 싶으면 거름종이를 제거합니다.
3. 병에 모인 소금물을 얕은 그릇에 따릅니다. 따뜻한 곳에 하루 동안 두세요.

어떻게 될까요? 밀가루는 거름종이 위에 남아 있고 소금물은 거름종이를 통과해 병 속으로 모입니다. 얕은 용기에 따른 소금물에서 물이 증발하고 나면 소금 결정만 남아요.

왜 그럴까요? 물(용매)에 녹은 고체인 소금 결정(용질)의 분자는 거름종이를 자유롭게 통과할 수 있지만 밀가루는 그렇지 못해요. 밀가루는 입자가 너무 크고 용해되지도 않기 때문에 거름종이 위에 고스란히 남습니다. 물은 증발하지만 소금은 증발하지 않으므로 물이 증발하면서 남은 소금 분자는 다시 결정을 이뤄요.

물과 기름의 차이

물과 기름이 다르게 반응한다는 것을 실험으로 증명해 봐요.

준비물

- 얇은 용기 2개
- 기름 2큰술
- 물 2큰술
- 흰 색종이 (10cm × 5cm)
- 가위
- 키친타월(또는 냅킨)
- 식용 색소
- 스포이트

이렇게 해 보세요

1. 두 개의 얕은 용기에 각각 물과 기름을 떨어뜨립니다.
2. 색종이로 작은 띠 두 개를 오립니다. 하나는 기름에, 다른 하나는 물에 각각 적신 다음 키친타월에 올립니다.
3. 각각의 색종이 띠에 식용 색소를 한 방울씩 떨어뜨립니다.

어떻게 될까요? 기름을 먹은 종이 위에 떨어뜨린 식용 색소는 표면에 그대로 맺혀 있는 반면, 물에 젖은 종이 위의 식용 색소는 사방으로 퍼져나가요.

왜 그럴까요? 식용 색소는 수용성이기 때문에 물 분자와 결합하지 않는 기름을 먹인 종이 위에서는 반응을 보이지 않아요. 어떤 물질이 다른 물질을 만나 한 가지 물질이 되지 않을 경우 '혼합되지 않는' 것입니다. 물을 먹인 종이 위의 식용 색소는 '혼합'돼요. 물을 먹은 종이 위에서는 용해되어 퍼져 나가 종이 밖으로까지 번집니다. 식용 색소의 분자는 용액 속에서 분자가 혼합되었던 것처럼 종이 위에서도 물과 혼합되기 때문이지요.

교과서 6학년 1학기 3단원 여러 가지 기체 심화 | 핵심 용어 분자 원자 | 실험 완료 □

종이 벌레 경주

마치 살아 꿈틀대는 것 같은 종이 벌레로 경주를 해
어떤 녀석이 이기는지 보세요. 승리의 비결은 이번에도 분자랍니다!

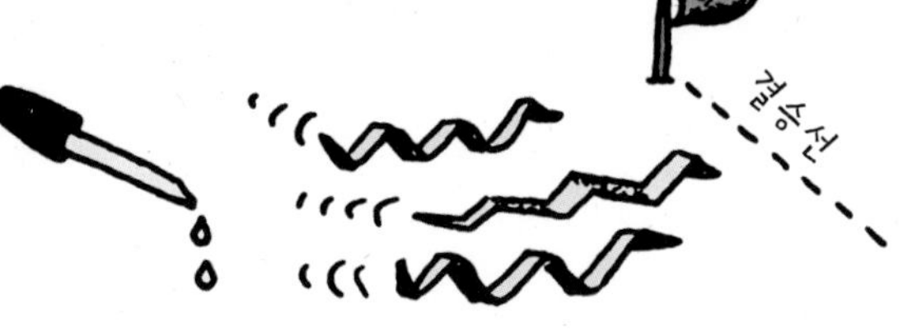

준비물

- 키친타월 띠 2개 (10cm × 5cm)
- 스포이트 2개
- 물

이렇게 해 보세요

1. 키친타월 띠 두 개를 아코디언 모양으로 접습니다.
2. 주방 조리대 위에 출발선과 결승선을 가정해 놓고, 출발선에 키친타월 띠를 나란히 놓으세요.
3. 스포이트 두 개에 물을 채웁니다. 물 몇 방울을 꼬리와 허리에 떨어뜨려 벌레의 몸을 늘리고 줄여 가면서 가상의 결승점까지 경주를 시킵니다.

어떻게 될까요? 종이 벌레가 마치 꿈틀대며 달려가는 것처럼 보여요.

왜 그럴까요? 물방울을 종이에 떨어트리면 종이 속의 수천 개 구멍 사이에 물이 채워져요. 그러면 물이 닿는 부분의 종이가 늘어나거든요. 종이가 늘어나면서 움직이기 때문에 여러분이 만든 종이 벌레가 달리는 거랍니다!

교과서 6학년 1학기 3단원 여러 가지 기체 심화 | 핵심 용어 비중 | 실험 완료 □

액체 비중계 만들기

액체 비중계는 물의 밀도나 비중을 다른 용액과 비교해 측정하는 기구예요. 몇 가지 간단한 재료로 여러분도 액체 비중계를 만들 수 있어요. 하지만 물에 잘 뜨도록 만들려면 몇 번의 시행착오를 거쳐야 할 테니 인내심을 가지세요.

준비물

- 빨대
- 가위
- 고무찰흙 약간
- 소금
- 유리컵(물을 $\frac{3}{4}$까지 채워 준비)

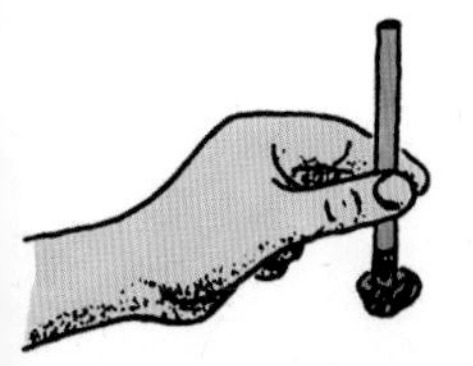
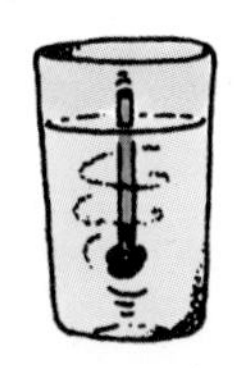

이렇게 해 보세요

1. 빨대를 절반으로 자릅니다. 반으로 자른 빨대의 한끝을 찰흙으로 막아 작은 공 모양을 만드세요. 빨대에 소금을 약간 넣어 무게를 줍니다. 막힌 빨대 끝에서 소금이 약 1cm 높이까지 올라올 정도이면 돼요. 빨대를 세워 빛에 비춰 보면 소금의 높이가 보입니다.
2. 조심스럽게 액체 비중계를 물에 넣습니다. 액체 비중계가 수직으로 선 채로 유리컵 바닥을 건드리지 않고 물 위에 떠야 합니다. 빨대가 수직으로 물속에 서지 않으면 소금이나 물의 양을 조절해 가며 맞춥니다. 이 액체 비중계는 다음 실험에서 사용할 거예요.

이것도 알아 두세요 **비중**은 물의 밀도를 기준으로 하여 비교한 어떤 물질의 밀도예요.

액체 비중계 미세 조정

이 실험은 모든 변수를 통제해야 한답니다. 즉, 실험 중에 모든 재료와 측정 도구들이 달라지지 않아야 한다는 뜻이에요. 또 끈기도 필요하지요. 액체 비중계와 측정 도구를 조정하는 데 시간이 좀 걸리기는 하지만 해 낼 수 있어요.

준비물

- 직접 만든 액체 비중계
- 물을 절반가량 채운 유리컵
- 고무 밴드 2개
- 소금 2큰술

이렇게 해 보세요

1 물이 든 유리컵 아래쪽과 위쪽에 각각 고무 밴드를 하나씩 두릅니다.

2 액체 비중계를 살짝 물에 띄웁니다. 이번에도 액체 비중계가 수직으로 물 위에 떠야 해요.

3 물속에 담긴 동그란 부분을 건드리지 않도록 조심하면서 액체 비중계를 유리컵 벽면 쪽으로 밀어 줍니다.

4 컵 아래쪽에 두른 고무 밴드를 조정해 액체 비중계의 찰흙 공 아랫면과 일치하도록 맞추세요. 이것은 액체 비중계가 물속에서 얼마나 내려가는지를 표시하는 눈금이 될 거예요.

5 컵 위쪽에 두른 고무 밴드를 움직여 물의 높이에 맞춥니다.

6 조심스럽게 소금 1큰술을 물에 넣고, 또 1큰술 더 넣으면서 같은 위치에서 액체 비중계의 높이 변화를 관찰합니다. 단, 액체 비중계의 윗부분이 물에 잠기거나 비중계 속으로 소금이 들어가지 않도록 주의하세요.

어떻게 될까요? 소금물에서 액체 비중계가 더 높이 올라가 찰흙 공 부분이 아래에 두른 고무 밴드보다 높아져요. 소금물의 높이도 컵 위에 두른 고무 밴드보다 높게 올라갑니다.

왜 그럴까요? 소금물은 맹물보다 밀도와 비중이 더 높기 때문에 액체 비중계의 무게로 인해 바뀌거나 벗어나는 물 분자의 수가 더 적어요. 그래서 빨대가 소금물에서는 덜 가라앉고 고무 밴드보다 더 높이 솟아올라요.

교과서 5학년 1학기 4단원 용해와 용액 심화 | **핵심 용어** 용질, 용매, 열에너지 | **실험 완료** ☐

여기 봐 C!

웬 알파벳이냐고요? 영어 시간은 아니랍니다. 이제 여러분은 발포비타민(비타민 C)이 뜨거운 물과 찬물에서 각각 녹는 데 얼마나 걸리는지(용해도)를 실험할 거예요.

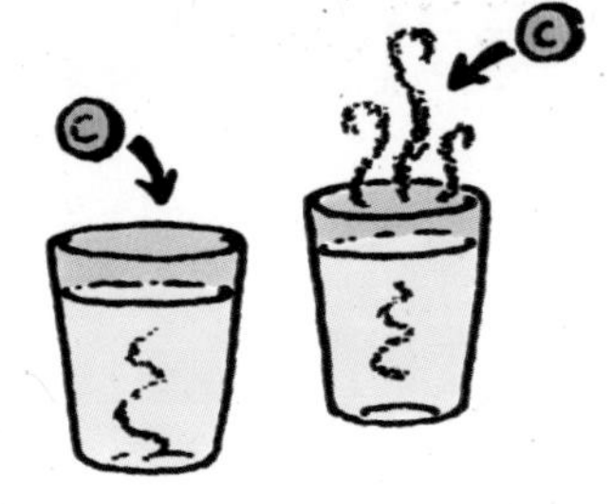

준비물

- 발포 비타민 2알
- 뜨거운 물 1컵
- 차가운 물 1컵

이렇게 해 보세요

1 발포 비타민 2알을 뜨거운 물과 차가운 물에 각각 넣습니다.

어떻게 될까요? 발포 비타민은 찬물보다 뜨거운 물에서 더 빨리 녹아요.

왜 그럴까요? 발포 비타민(용질)의 고체 분자가 뜨거운 물(용매)에서 더 잘 녹는 것은 물의 열에너지가 알약의 분자를 진동시켜 활발히 움직이게 했기 때문이에요. 열에너지가 없다면 이런 현상은 일어나지 않아요.

교과서 4학년 1학기 5단원 혼합물의 분리 | **핵심 용어** 물의 순환 | **실험 완료** ☐

빙산의 일각

만약 물속에 넣은 얼음이 녹으면 수면이 상승할까요? 바다 위의 빙하가 녹으면 해수면도 상승할까요?

- 유리컵
- 따뜻한 물
- 얼음 6~8개

이렇게 해 보세요

1 유리컵 가득 얼음을 담습니다.
2 얼음을 담은 컵에 물을 가득 차도록 붓고 기다립니다.

어떻게 될까요? 얼음이 녹아도 물이 넘치지 않아요. 즉, 물의 높이가 변하지 않아요.

왜 그럴까요? 녹은 얼음의 양이 물속에 담겨 있던 얼음의 부피와 정확히 같기 때문이에요. 그런데 왜 지구온난화로 해수면이 상승한다고 할까요? 그 이유는 바다 위의 빙하뿐만 아니라, 대륙에 있는 빙하도 녹으면서 물의 양이 증가하기 때문입니다.

공기를 보여 줘

공기가 있다는 것을 어떻게 알 수 있을까요? 공기를 눈으로 확인할 수는 없지요. 그렇다면 공기가 존재한다는 사실을 어떻게 증명할 수 있을까요?

준비물

- 투명한 플라스틱 컵
- 깊은 대야
- 스포이트
- 실리콘 덮개(방수용)
- 물

이렇게 해 보세요

1 컵에 물을 채우고, 방수가 되는 실리콘 덮개로 컵 입구를 막습니다. 컵이 움직이지 않게 손으로 잡으세요.

2 대야에 물을 가득 담습니다. 조심스럽게 컵을 뒤집어 대야나 냄비 속의 물에 푹 담그세요.

3 컵이 물에 완전히 잠기고 바닥에 닿으면 덮개를 치웁니다. 컵 속의 물 높이를 관찰하세요.

4 컵을 약간 기울여 컵 밑으로 빈 스포이트를 살짝 밀어 넣고 스포이트를 누릅니다. 그런 후 스포이트를 대야에서 꺼내 물을 짜내세요. 이 동작을 여러 번 반복합니다. 스포이트를 누를 때 공기 방울이 컵 속으로 들어가는 것이 보이면 실험이 제대로 되고 있는 거예요.

어떻게 될까요? 공기 방울이 컵 위쪽으로 솟구쳐 오르면서 컵 속의 수면이 낮아져요.

왜 그럴까요? 컵 속으로 솟아오른 공기 방울은 스포이트를 눌렀을 때 스포이트 속에서 밀려 나온 공기입니다. 여러분이 스포이트를 짜서 공기를 컵 속으로 계속 밀어 넣는 동안, 컵 속의 물은 계속 아래로 내려와요. 스포이트에서 빠져나온 공기가 어디로든 가서 자리를 잡아야 하기 때문에 컵 속의 물과 자리가 바뀌어 물이 밖으로 밀려 나온 거랍니다. 이제 공기가 있다는 것을 알겠지요? 공간을 차지하니까 말이에요.

병뚜껑 로켓

페트병 속 공기가 데워지면 페트병 뚜껑이 튀어 오를까요?

준비물

• 뚜껑이 있는 큰 페트병

이렇게 해 보세요

1 병뚜껑에 물을 적신 다음 병 입구에 거꾸로 얹습니다.

2 손으로 병을 가볍게 감싸 쥡니다. 손으로 잡고 있되, 누르지는 마세요.

어떻게 될까요? 뚜껑이 병 입구에서 튕겨져 나가요.

왜 그럴까요? 손으로 병을 감싸면 병 속의 공기가 데워지고 공기 분자가 팽창하여 병에서 빠져나가려고 해요. 처음에 젖은 뚜껑은 공기를 병 속에 가둬 두는 역할을 했지만, 결국 공기의 힘을 못 이기고 튕겨 나간 거예요. 당장 뚜껑이 튕겨 나가지 않아도 계속 손으로 병을 감싸고 있으면 결국은 가열된 공기 때문에 뚜껑이 튕겨 나간답니다.

바나나 킥

손 하나 까딱하지 않고 바나나를 입구가 좁은 병 속으로 밀어 넣을 수 있을까요? 마치 마술 같은 이 실험으로 친구들을 깜짝 놀라게 해 보세요. 바나나가 순식간에 병 속으로 미끄러져 들어갈 거예요. 싱크대에서 하는 것이 좋습니다.

준비물

- 껍질을 벗긴 바나나 $\frac{1}{2}$개
- 주전자 (물을 끓여 준비)
- 목이 길고 입구가 좁은 빈 병(바나나가 꼭 낄 정도의 크기)
- 깔때기
- 행주

물이 뜨거워요! 어른에게 도와 달라고 하세요.

잠깐!

이렇게 해 보세요

1 깔때기를 병 입구에 끼우고 끓는 물을 조심스럽게 병에 가득히 채웁니다.

2 깔때기를 치우고 병을 행주로 감싼 후 가볍게 흔들어 병을 고루 데운 다음 물을 따라 버립니다. 재빨리 바나나의 뾰족한 부분을 아래로 병 주둥이에 끼워 공기가 들어가지 못하게 막으세요. 바나나와 병 입구의 크기, 뜨거운 물의 양, 걸리는 시간 등의 조건이 정확히 맞아야 하며 무엇보다 인내심이 필요해요! 처음에는 잘 안 될 수 있지만 여러 번 반복하면 성공할 수 있어요.

어떻게 될까요? 바나나가 병 속으로 쏙 빨려 들어갑니다.

왜 그럴까요? 끓는 물의 열 때문에 병 속의 공기가 팽창해 일부는 밖으로 빠져 나가요. 병 주둥이를 바나나로 막으면 공기 흐름을 막은 상태가 돼요. 이때 병 속의 공기가 내려가면서 부피가 줄어들면, 병 밖의 기압이 상대적으로 더 커져 바나나를 안으로 밀어 넣습니다. 어떤 공간의 공기가 밖으로 빠져 나가고 그곳을 대신 채울 것이 없는 경우(일시적인 진공 상태) 어떤 일이 벌어지는지 이제 이해할 수 있겠지요? 공기 압력의 이런 근소한 차이가 물체를 움직이게 한답니다.

이것도 알아 두세요 병을 재활용해야 하는데 속에 바나나가 들어 있으면 난감하겠지요? 며칠만 기다리세요. 그러면 박테리아가 알아서 해 줄 거예요. 박테리아는 효소를 이용해 단백질과 녹말을 분해합니다. 바나나는 결국 화학적 변성(발효)을 일으켜 조직이 물러지기 때문에 병 밖으로 꺼내기 쉬워져요.

교과서 6학년 1학기 3단원 여러 가지 기체 심화 | 핵심 용어 기체의 부피 | 실험 완료 □

공기의 힘

공기 분자는 공간만 차지하는 것이 아니라 병 속으로 물이 들어오지 못하게 막기도 한답니다.

준비물

- 깔때기
- 작고 입구가 좁은 병
- 찰흙 약간
- 물이 든 유리컵

이렇게 해 보세요

1 병에 깔때기를 끼웁니다. 찰흙을 긴 띠 모양으로 말아 깔때기와 병 주둥이 사이에 둘러 메워 주세요. 찰흙 띠를 눌러 공기가 통하지 않게 단단히 밀봉합니다.

2 컵에 든 물을 병 속으로 천천히 조금씩 모두 흘려 넣습니다.

어떻게 될까요? 처음에는 물이 병 속으로 들어가다가 계속 물을 따르면 점점 더 적게 들어갑니다. 마침내 깔때기에 물이 가득 차서 더 이상 병 속으로 흘러내리지 않아요.

왜 그럴까요? 밀봉된 병 속의 공기 분자는 서로 압축되어 병 속의 공간을 모두 차지했기 때문에 더 이상 물이 들어갈 수 없어요.

교과서 6학년 1학기 3단원 여러 가지 기체 심화 | 핵심 용어 기체의 부피 | 실험 완료 □

젖지 않는 종이

공기 분자는 컵 속에 든 종이가 물에 젖지 않게도 해요.

준비물

- 작은 유리컵
- 키친타월
- 큰 유리그릇
- 물

이렇게 해 보세요

1 종이를 구겨서 컵 바닥에 넣습니다. 종이가 컵 밖으로 흘러나오지 않게 꽉 채우세요.

2 큰 유리그릇에 물을 채웁니다. 이제 컵을 뒤집어 유리그릇 바닥에 닿을 때까지 물속에 푹 담급니다.

3 뒤집은 그대로 컵을 물 밖으로 들어냅니다. 컵을 뒤집은 채로 들고 컵 주변과 입구의 물기를 닦아 내세요. 이제 종이를 컵 밖으로 꺼내 종이를 관찰합니다.

어떻게 될까요? 컵 속의 종이가 젖지 않았어요.

왜 그럴까요? 컵을 물속에 넣었을 때 공기는 빠져나오지 못하고 압축되어 물과 종이 사이를 막아 주는 역할을 해요. 물이 약간 들어가지만 종이가 푹 젖을 정도는 아니에요. 공기 분자가 공간을 차지해 물이 깊숙이 들어갈 수 없답니다.

교과서 5학년 1학기 4단원 용해와 용액 심화 | 핵심 용어 연화, 경화, 센물, 단물 | 실험 완료 □

풍부한 비누 거품

물에도 강한 것과 부드러운 것이 있다는 것을 알고 있나요? 물의 세기와 비누 거품과는 또 무슨 관계가 있을까요?

준비물

- 숟가락
- 따뜻한 물
- 크기가 똑같은 유리컵 3개
- 주방세제 3작은술
- 베이킹 소다 1큰술
- 엡섬솔트 1큰술 (마트나 약국에서 구할 수 있음)

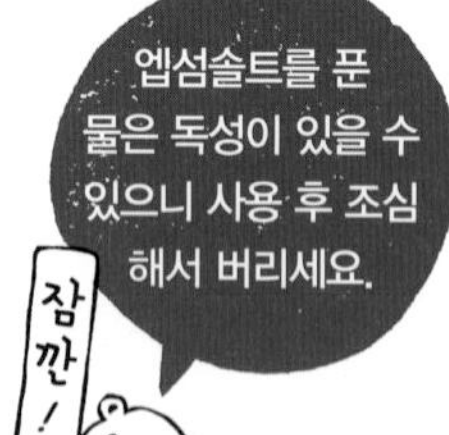

이렇게 해 보세요

1 세 개의 유리병에 따뜻한 물을 채웁니다. 엡섬솔트와 베이킹 소다를 두 병에 각각 넣고 잘 저어 줍니다. 나머지 병 하나는 맹물 그대로 두세요.

2 모든 병에 각각 주방세제를 3작은술 넣고 잘 저어 거품이 이는 모양을 관찰합니다.

어떻게 될까요? 베이킹 소다를 넣은 물에는 거품이 생기지만 엡섬솔트를 푼 물에는 거품이 거의 생기지 않아요.

왜 그럴까요? 베이킹 소다는 물을 부드럽게 만드는(연화) 반면, 엡섬솔트는 단단하게 만들어요(경화).

엡섬솔트를 녹인 물에는 소금 성분이 많아서 비누가 잘 풀리지 않아요. 그래서 세제 거품이 일지 않는 거랍니다. 이처럼 물에 소금 성분이 많으면 **센물**이라고 해요. 베이킹 소다는 물속의 소금 성분을 중화하거나 부드럽게 만들어 물속에 있던 소금 성분을 고체 침전물로 바꾸어 바닥으로 가라앉게 합니다. 그래서 베이킹 소다를 푼 물에는 거품이 잘 생겨요. 이처럼 물에 소금 성분이 적으면 **단물**이라고 해요.

그렇다면 맹물은 어떨까요? 여러분 집의 물은 경수, 연수 혹은 그 중간인가요? 이제 병 속에 담긴 용액을 따라 버립니다. 엡섬솔트물과 베이킹 소다물을 담았던 병의 벽에 무슨 일이 벌어졌나요?

화합물의 변신

지킬 박사와 하이드의 이야기를 알고 있나요? 하이드로 변신한 지킬 박사는 더 이상 그 전과 같은 사람이 아니지요. 하이드가 거리를 돌아다닐 때 지킬 박사는 어디에도 없답니다.

물질의 분자 역시 화학적 변화나 반응이 일어난 후에는 더 이상 이전과 같지 않지요. 물질은 완전히 새로운 것으로 바뀌어요. 마치 지킬 박사와 하이드의 관계처럼 말이에요.

화학적 변화는 언제 어디에서나 일어나며 심지어 우리 몸에서도 일어나요. 우리가 먹는 음식은 산소와 결합해 연소하고 화학 변화를 일으켜 열과 에너지를 만들어 내요. 석탄, 석유, 휘발유와 목재를 연소하는 것도 화학적 변화랍니다. 이를 통해 의복, 플라스틱, 세제, 페인트와 음식 등과 같은 새로운 물건도 만들 수 있어요.

이 장에서는 화합물에서 산소를 떼어 내기도 하고, 다른 물질에서 이산화탄소를 만들기도 하며, 두 개의 물질로 침전물이라고 불리는 새로운 화합물도 만들어 볼 거예요. 원자 배열을 바꾸어 새로운 물질을 만드는 신나는 실험은 너무나 많답니다.

딸기 지시약 시험지

맛있는 딸기만 있으면 지시약 시험지를 직접 만들어 볼 수 있어요.

준비물

- 딸기 $\frac{1}{2}$컵
- 흰색 종이 10장 (작은 띠 모양으로 잘라 준비)
- 작은 사발
- 포크
- 물
- 찻숟가락
- 키친타월

이렇게 해 보세요

1 딸기를 깨끗이 씻어 사발에 담고 포크로 짓이깁니다. 물을 조금 부어 주스처럼 묽게 만듭니다.

2 딸기즙에 준비한 종이 띠 10장을 담그고 숟가락으로 즙을 고루 발라 스며들도록 합니다. 손으로 종이 띠를 훑어 잔여물을 털어 내고, 물이 든 종이 띠를 키친타월에 널어 말립니다.

3 종이 띠가 다 마른 후 남아 있는 과육이나 찌꺼기를 떼어 내면 예쁜 딸기 지시약 시험지가 완성돼요. 이제 이 시험지가 잘 만들어졌는지 다음 실험에서 확인해 볼까요?

이것도 알아 두세요 시험지가 제대로 만들어졌다면 시험지를 담그는 액체의 성질에 따라 산성에서는 붉은색으로, 염기성에서는 푸른색으로 변할 거예요.

딸기 지시약 시험지의 색깔 변화

지시약 시험지는 어떤 딸기로 만드느냐에 따라 색깔이 조금씩 다르게 변해요. 블루베리, 블랙베리 등 딸기의 종류에 따라 지시약 시험지의 색깔이 어떻게 변하는지 알아볼까요?

블랙베리로 만든 보라색 지시약 시험지는 산성에서는 붉은빛이 도는 분홍색으로, 염기성에서는 짙은 보라색으로 변합니다. 산성과 염기성에서 색 변화가 확실하기 때문에 지시약 시험지로 사용하기에 매우 좋아요.

블루베리로 만든 보라색 지시약 시험지는 산성에서 붉은빛이 강한 보라색, 염기성에서 연한 푸른빛이 도는 자주색으로 변해요.

일반적인 분홍색 딸기 지시약 시험지는 앞에서 언급한 두 가지 지시약 시험지만큼 색 변화가 확실하지 않지만 산성에서는 밝은 분홍색, 염기성에서는 밝은 분홍빛이 도는 파란색으로 변합니다.

너무 헷갈린다고요? 걱정 마세요. 쉽게 기억하는 법을 알려드릴게요. 붉은 기운이 더 많을수록 산성, 푸른 기운이 더 많을수록 염기성이라는 것만 기억하세요!

산성과 염기성 확인

여러분이 만든 딸기 지시약 시험지를 시험할 준비가 되었나요? 종이를 여러 용액에 넣어 보면 그 물질이 산성인지 염기성(물에 녹으며 산성을 약화시키는 물질)인지 알 수 있어요. 물질의 산성 혹은 염기성이 어느 정도인지 알아낼 때 그 물질의 pH(산도)를 시험한다고 말해요.

준비물

- 딸기 지시약 시험지 2장(앞 실험에서 만든 것)
- 작은 용기 2개 (하나는 뚜껑이 있는 것으로 준비)
- 주방 세제 3큰술
- 물 $\frac{1}{2}$컵
- 종이와 연필
- 식초 $\frac{1}{4}$컵
- 신문지

참깐!

지시약 시험지, 용기, 연필과 종이는 다음 실험에도 계속 쓸 테니 버리지 마세요.

이렇게 해 보세요

1. 물과 주방 세제를 뚜껑이 있는 용기에 넣고 꽉 닫은 다음 흔들어 섞습니다. 다른 용기에는 식초를 넣습니다.
2. 두 병의 용액에 지시약 시험지를 각각 담급니다. 색의 변화로 용액이 산성인지 염기성인지 알 수 있어요. 용액의 이름(주방세제와 식초)을 쓰고 여러분의 예상도 기록해 보세요.
3. 지시약 시험지를 키친타월 위에 놓고 약 5분 동안 말린 다음 시험지의 색을 기록합니다. 여러분의 예상이 맞았나요?

어떻게 될까요? 식초에 담근 지시약 시험지가 붉은색을 강하게 띱니다. 세제에 담근 지시약 시험지는 푸른색이 더 강해요.

왜 그럴까요? 초산 성분이 들어 있는 식초는 산성이지만 세제를 푼 물은 알칼리 화합물이므로 염기성을 띱니다. 딸기물이 든 지시약 시험지의 색깔 변화 정도를 관찰하여 물질의 산도를 측정하고 비교할 수 있어요.

교과서 5학년 2학기 5단원 산과 염기 | **핵심 용어** 산성, 염기성, 지시약 시험지 | **실험 완료** ☐

레몬주스와 유리 세정제 시험

이번에는 다른 물질을 가지고 지시약 시험지 실험을 좀 더 해봐요.

준비물

- 직접 만든 딸기 지시약 시험지 2장
- 레몬주스 $\frac{1}{4}$컵 (또는 레몬즙)
- 암모니아계 유리 세정제
- 물 $\frac{1}{2}$컵

이렇게 해 보세요

1. 물 컵에 암모니아계 유리 세정제 2~3방울을 떨어뜨립니다.
2. 지시약 시험지를 유리 세정제를 떨어뜨린 물과 레몬주스가 담긴 물 각각에 담급니다. 앞 실험에서 한 것처럼 실험 결과를 기록하세요.

어떻게 될까요? 레몬주스에 담근 지시약 시험지는 붉은빛을 띠고, 암모니아계 유리 세정제에 담근 지시약 시험지는 푸른빛을 띠어요.

왜 그럴까요? 레몬주스에는 구연산이 있어 산성을 띠는 반면 암모니아계 용액은 알칼리 화합물이라 염기성을 띱니다. 이제 다른 과일 중에서 구연산이 든 것은 무엇일지 생각해 보고 지시약 시험지로 확인할 수 있겠지요?

참깐!

유리 세정제는 독성이 있을 수 있으니 취급에 주의합니다. 실험이 끝나면 주의해서 버리세요.

이것도 알아 두세요 딸기 지시약 시험지로 수돗물, 흙, 수영장이나 연못의 물, 심지어 여러분의 침까지도 시험해 볼 수 있어요!

녹말 찾아 삼만 리

녹말이 어떤 물질에 들어 있는지 알 수 있는 방법이 있을까요? 식물에 있는 성분인 녹말은 당분과 지방처럼 우리에게 에너지를 줘요. 녹말은 탄소와 수소, 산소의 화합물이기 때문에 화학자들이 더욱 관심을 갖지요. 이 실험에서는 용액 속에 녹말이 들어 있는지 알아볼 거예요.

준비물

- 페트병($\frac{3}{4}$ 정도 물을 채워 준비)
- 옥수수 전분 2작은술
- 일회용 플라스틱 숟가락
- 스포이트
- 요오드 용액

이렇게 해 보세요

1 물이 든 병에 옥수수 전분을 넣어 녹입니다.

2 요오드 용액 20방울을 물에 떨어뜨립니다. 내용물을 잘 젓고 몇 분 후에 물 색깔이 어떻게 변하는지 관찰하세요.

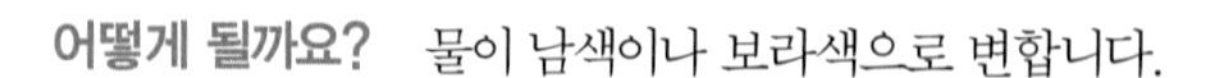

어떻게 될까요? 물이 남색이나 보라색으로 변합니다.

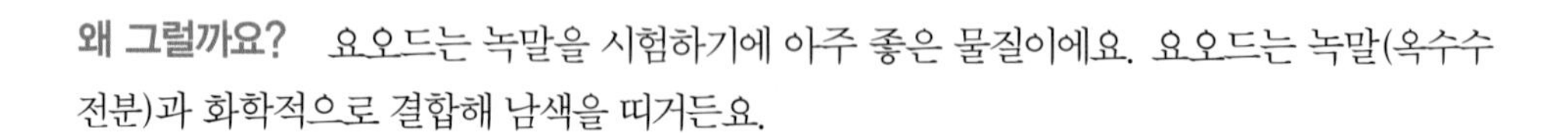

왜 그럴까요? 요오드는 녹말을 시험하기에 아주 좋은 물질이에요. 요오드는 녹말(옥수수 전분)과 화학적으로 결합해 남색을 띠거든요.

요오드는 독성이 있는 물질입니다. 어른과 함께 실험하는 것이 좋고 실험이 끝나면 조심해서 버리세요. 사용한 기구를 버리지 않고 쓰려면 철저하게 세척해야 해요.

한 걸음 더

식물의 힘

식물은 음식을 섭취하지 않고 태양 에너지를 이용해 양분을 스스로 합성한답니다. 이 과정을 **광합성**이라고 부르지요. 식물은 물과 이산화탄소를 재료로 당분의 일종인 포도당과 산소를 만들어요. 포도당은 다시 녹말로 바뀌고요. 포도당과 녹말은 모두 식물이 살아가는 데 필요한 유기물이지요.

산소 탈출 목격

여러분 눈으로 직접 산소가 탈출하는 것을 확인해 보세요.

준비물

- 녹 가루 약간 (녹슨 철 수세미에서 긁어내 준비)
- 과산화수소 1큰술
- 작은 유리병(과산화수소를 넣을 용도)
- 작고 깊은 사발 (작은 유리병이 잠길 정도의 크기)
- 고무찰흙
- 돋보기
- 뜨거운 물

이렇게 해 보세요

1. 고무찰흙을 약간 떼어 유리병 바닥 바깥쪽에 붙입니다. 이것은 병이 물속에서 넘어지지 않게 고정하는 역할을 할 거예요.
2. 과산화수소를 병 속에 넣은 다음 녹 가루를 넣습니다.
3. 사발에 뜨거운 물을 붓습니다. 물속에 병을 넣은 다음 바닥의 찰흙에 꾹 눌러 흔들리지 않게 고정하세요. 돋보기로 작은 병을 자세히 관찰합니다.

어떻게 될까요? 과산화수소가 든 병에서 작은 공기 방울들이 위로 솟구쳐요.

왜 그럴까요? 녹 가루를 과산화수소에 넣고 용기를 뜨거운 물속에 담그면 화학 반응이 일어나지요. 과산화수소 분자(H_2O_2)에는 물 분자(H_2O)보다 산소 원자가 하나 더 많아요. 과산화수소 용액에서 올라가는 공기 방울은 실제로는 이 여분의 산소 원자가 과산화수소 화합물에서 벗어나는 거예요.

교과서 3학년 1학기 2단원 물질의 성질 | **핵심 용어** 단백질, 글루텐 | **실험 완료** □

식빵 지우개

단백질은 화학적 화합물이에요. 글루텐은 곡물 중에서도 특히 밀에서 발견되는 단백질의 일종이지요. 빵 속의 글루텐으로 실험해 보세요.

준비물

- 식빵 한 조각 (또는 호밀 빵)
- 종이
- 연필

이렇게 해 보세요

1 연필로 종이에 두세 군데 검게 칠합니다.

2 식빵 한 조각을 뜯어 연필로 칠한 부분을 강하게 문지릅니다.

어떻게 될까요? 종이에 연필이 묻은 부분을 빵이 지우개처럼 깨끗이 닦아 줘요.

왜 그럴까요? 연필심의 재료는 흑연이에요. 글씨를 쓰면 흑연이 종이 위에 갈려서 묻어요. 이렇게 종이 위에 묻은 흑연을 부드러운 물질로 문지르면 흑연이 종이에서 떨어져 나가지요. 그래서 지우개처럼 부드러운 식빵으로 문지르면 연필 자국이 지워져요.

이것도 알아 두세요 호밀 빵 속의 글루텐은 끈끈한 성질이 있어요. 빵을 연필심이 묻은 부분에 문지르면, 이 끈끈한 단백질이 연필 가루를 흡착해 종이에서 떨어지게 만들어요.

다양한 얼룩 지우기

빵 속에 있는 이 끈끈한 단백질로 연필 자국을 지웠지만, 또 어떤 것을 지울 수 있을까요? 흙, 기름이나 잼을 손에 묻힌 다음 종이에 문질러 얼룩을 남긴 다음, 식빵 지우개로 문질러 어떤 얼룩이 지워지는지 확인해 보세요.

교과서 5학년 2학기 5단원 산과 염기 심화 | **핵심 용어** 구연산, 산성 | **실험 완료** □

레몬 표백제

홍차에 레몬을 넣으면 어떻게 될까요?

준비물

- 진한 홍차*
- 4등분한 레몬

이렇게 해 보세요

1 홍차에 레몬즙을 짜 넣습니다. 양을 늘려가며 레몬즙을 모두 짜 넣으세요.

어떻게 될까요? 레몬즙을 넣으면 홍차의 색이 점점 옅어져 결국은 없어집니다.

왜 그럴까요? 레몬즙 속에는 신맛을 내는 시트르산, 즉 구연산이 있어요. 홍차의 색을 나타내는 색소들이 레몬의 구연산과 결합해 옅어진답니다.

이것도 알아 두세요 레몬에 든 구연산은 사과, 밀감, 유자, 포도 등 대부분의 과일이나 식물의 잎 등에도 있어요. 구연산의 산성 성분은 찌든 때를 제거하는 데 도움을 주는 표백 효과가 있어요. 그래서 세제 대신 쓰이기도 합니다.

*뜨거운 것이나 찬 것 모두 좋아요.

교과서 5학년 1학기 4단원 용해와 용액 심화 | 핵심 용어 혼합물 | 실험 완료 ☐

세제의 역할

세탁용 세제는 어떤 원리로 더러운 옷의 때를 제거할까요? 세제가 세탁에 작용하는 원리 중 하나를 알아보세요. 사용한 준비물은 다음 실험에도 사용할 것이므로 버리지 마세요.

준비물

- 유리병 2개 (뚜껑이 있는 것)
- 흰색 끈
- 세탁용 세제 1큰술

이렇게 해 보세요

1 두 유리병에 물을 채웁니다.
2 유리병 하나에 세제를 넣고 뚜껑을 닫은 뒤 병을 흔든 다음 뚜껑을 엽니다.
3 다른 유리병에는 세제를 넣지 않고 맹물 그대로 둡니다. 이제 끈 4개를 각 유리병에 넣고 끈의 변화를 관찰합니다.

어떻게 될까요? 맹물에 넣은 끈은 수면 위로 뜨는 반면, 세제를 푼 물에 넣은 끈은 곧 바닥으로 가라앉아요.

왜 그럴까요? 세제를 푼 물은 물과 세제가 서로 섞이지 않고 퍼져 있는 상태입니다. 이런 상태의 혼합물은 끈이 더 빨리 젖게 해요. 이런 원리로 빨래할 때 세제는 세탁물이 물에 빨리 젖도록 만듭니다.

교과서 5학년 2학기 5단원 산과 염기 심화 | 핵심 용어 산성, 염기성 | 실험 완료 ☐

얼룩을 말끔히

이번에는 오염된 끈을 넣어서 세제 군의 능력을 시험해 볼 거예요.

준비물

- 숟가락
- 세제를 푼 물과 맹물이 담긴 유리병 2개 (앞 실험에서 사용한 것)
- 케첩 등 (끈에 얼룩이 될 만한 것)

이렇게 해 보세요

1 케첩 또는 주스 등을 끈 2개에 묻히고 두 유리병에 넣습니다.
2 내용물이 든 유리병 속을 잘 젓습니다. 10분 뒤에 두 유리병에서 끈을 꺼내 봅니다.

어떻게 될까요? 세제를 푼 물에 담근 얼룩이 묻은 끈은 깨끗해진 반면, 맹물에 담근 끈에는 변화가 없어요. 세제를 푼 물은 얼룩이 녹아 나와서 색이 변했습니다.

왜 그럴까요? 우선 끈이 물과 세제가 서로 섞이지 않고 퍼진 상태의 혼합물에 푹 젖어요. 끈에 묻은 얼룩은 지방 또는 단백질 성분이어서 염기성을 띠는 세제를 푼 물에 담그면 얼룩이 떨어져 나가요.

세탁은 세탁 전문가에게

화학자들은 항상 새로운 화학 약품을 시험해 더 나은 세제를 개발하려고 노력해요. 가정의 주방에서 매일 볼 수 있는 음식도 세제로 사용할 수 있다는데, 과연 그 주인공은 누구일까요?

준비물

- 흰 천 조각 (면으로 된 것)
- 마가린, 식용유나 버터(천을 얼룩지게 할 용도)
- 양파 $\frac{1}{4}$개
- 키친타월
- 레몬 $\frac{1}{4}$개
- 식초
- 생우유 $\frac{1}{2}$컵
- 매직펜

이렇게 해 보세요

1 마가린 등으로 천에 기름얼룩을 네 군데 만듭니다. 천 조각을 주방 조리대 등에 평평하게 폅니다.

2 레몬즙을 키친타월에 짭니다. 이 키친타월을 펼쳐 놓은 천의 얼룩 중 하나에 적셔 힘주어 문지릅니다.

3 다른 키친타월에 양파를 짓이겨 즙을 만듭니다. 다른 얼룩에 양파즙을 힘주어 문질러 봅니다.

4 식초와 우유로도 마찬가지 실험을 합니다. 기름얼룩마다 어떤 재료로 문질렀는지 천에 기록하세요.

어떻게 될까요? 얼룩에 레몬, 양파, 식초를 문지르면 약간 지워지지만 우유가 제일 잘 지워져요.

왜 그럴까요? 우유는 얼룩을 더 잘 중화해요. 이것은 서로 비슷한 것끼리 잘 녹는 법칙 때문입니다. 생우유에 포함된 유지방이 버터나 마가린으로 생긴 기름얼룩을 녹이는 것이지요. 비슷한 지방을 함유한 물질끼리 서로를 잘 녹여요.

교과서 6학년 1학기 3단원 여러 가지 기체, 6학년 2학기 3단원 연소와 소화 | 핵심 용어 이산화탄소 | 실험 완료 ☐

우리 집 소화기

위험할 수 있으니 어른에게 부탁하세요

준비물

- 큰 유리병 (입구가 넓고 알루미늄 뚜껑이 있는 것)
- 작은 유리병
- 물 2컵
- 베이킹 소다 2큰술
- 식초 $\frac{1}{2}$컵
- 큰 못
- 망치
- 숟가락

이렇게 해 보세요

1 먼저 유리병 뚜껑 한가운데에 망치로 못을 박아 큰 구멍을 뚫습니다.

2 큰 유리병에 물을 부은 다음 베이킹 소다를 넣고 잘 녹여 줍니다.

3 작은 유리병에 식초를 가득 붓고 안에 담긴 식초가 쏟아지지 않도록 큰 유리병 안에 넣습니다.

4 큰 유리병에 못으로 구멍을 낸 뚜껑을 덮습니다. 뚜껑을 얼굴에서 멀리 둔 채 유리병을 싱크대 쪽으로 기울이세요.

어떻게 될까요? 뚜껑에 난 구멍으로 거품이 부글부글 일어납니다.

왜 그럴까요? 베이킹 소다(탄산나트륨)는 일반 소화기에 사용되어 불을 끄는 역할을 해요. 집에서는 식초(초산)에 베이킹 소다를 섞어 간단한 소화기를 만들 수 있답니다. 식초와 베이킹 소다가 만나면 이산화탄소(CO_2)가 생겨서 산소 공급을 차단하거든요.

교과서 5학년 2학기 5단원 산과 염기 | 핵심 용어 산성, 염기성 | 실험 완료 ☐

달걀 탱탱볼

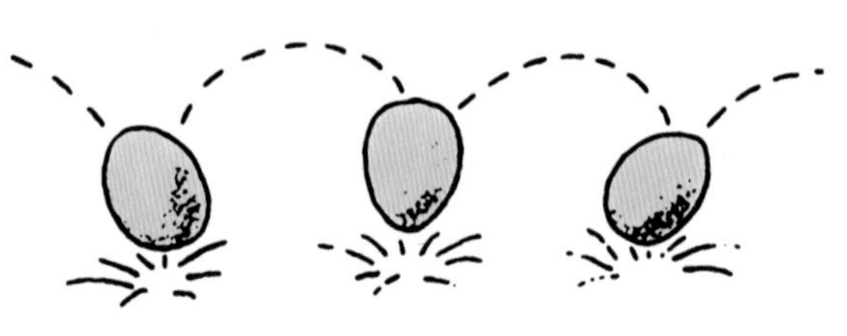

달걀을 다른 화합물 속에 넣어서 화학적 변화를 유도할 수 있을까요?

준비물

- 껍데기를 까지 않은 날달걀 2개
- 물이 든 컵
- 식초가 든 컵

이렇게 해 보세요

1 달걀 하나는 맹물에 담그고, 다른 하나는 식초에 담가 24시간 그대로 둡니다.

어떻게 될까요? 맹물에 담근 달걀은 그대로인 반면, 식초에 담근 달걀은 마치 고무공처럼 말랑한 느낌이 들고 껍데기도 사라졌어요! 가까운 싱크대에다 대고 던지면 식초에 담근 달걀은 아마 통통 튈 거예요. 이제 이 실험 제목이 왜 달걀 탱탱볼인지 아시겠죠?

왜 그럴까요? 식초에 담근 달걀에는 화학 변화가 일어나요. 식초가 달걀 껍데기의 탄산칼슘과 반응해 달걀 껍데기의 석회질이 제거되었기 때문이에요. 이 화학 변화로 인해 달걀 껍데기가 부드러워지고 결국 사라지는 것이죠. 반면 맹물에 담근 달걀에서는 어떤 화학 변화도 일어나지 않아요.

교과서 5학년 2학기 5단원 산과 염기 | 핵심 용어 산성, 염기성 | 실험 완료 □

물렁뼈를 만들어요!

닭 뼈를 말랑하게 만들어 휠 수 있을까요?

준비물

- 입구가 넓은 큰 유리병
- 식초 $1\frac{1}{2}$컵
- 깨끗이 씻은 닭 뼈 (다리뼈가 가장 좋아요)

이렇게 해 보세요

1 유리병에 식초를 붓고 깨끗이 씻은 닭 뼈를 넣습니다.

2 뼈가 식초에 완전히 잠기도록 둡니다. 이틀 후 닭 뼈의 상태를 관찰하세요.

어떻게 될까요? 닭 뼈가 말랑말랑하게 변했습니다.

왜 그럴까요? 뼈의 주성분은 칼슘과 인이라는 무기질이에요. 닭 뼈를 식초에 담그면 화학 변화가 일어나 단단한 성분인 무기질이 녹아요.

교과서 5학년 1학기 4단원 용해와 용액 | 핵심 용어 탄산수소나트륨 | 실험 완료 □

천연 입욕제

입욕제를 한번 만들어 볼까요? 쉽고 재미있으면서도 실용적인 화학 실험이랍니다.

준비물

- 베이킹 소다 $\frac{1}{2}$컵
- 뚜껑이 있는 유리병
- 작은 접시
- 숟가락

이렇게 해 보세요

1 베이킹 소다를 접시에 조금 붓습니다. 숟가락 뒷면으로 베이킹 소다를 곱게 빻아 줍니다.

2 유리병에 물을 넣고, 물에 베이킹 소다를 조금씩 넣어 줍니다. 더 이상 녹지 않을 때까지 넣어 주세요. 이제 '포화 용액'이 준비되었어요. 필요하다면 베이킹 소다를 더 빻아서 넣어도 돼요.

3 이 용액을 병에 잘 보관했다가 목욕할 때마다 물에 용액을 조금씩 넣어주면 완성!

어떻게 될까요? 베이킹 소다가 물에 녹아 천연 입욕제가 되었어요.

왜 그럴까요? 베이킹 소다의 성분인 탄산수소나트륨은 물을 단물로 만들어요. 단물에는 비누가 잘 녹아 목욕도 더 깨끗하게 할 수 있어요.

고급 입욕제

특별한 향이나 아름다운 색을 넣어 마치 시중에서 파는 것처럼 고급스러운 입욕제를 만들어 보세요. 여러분이 만든 입욕제를 예쁜 모양의 병이나 유리병에 담아 고운 색의 리본을 묶어 선물하면 값싸고도 근사한 선물이 될 거예요! 필요한 것은 간단한 과학 상식뿐이랍니다.

교과서 5학년 2학기 5단원 산과 염기 심화 | 핵심 용어 산화 | 실험 완료 ☐

직접 만드는 은 세정제

내친 김에 은 세정제도 만들어 볼까요? 값도 싸고, 어쩌면 가게에서 파는 것보다 더 좋을지도 몰라요.

준비물

- 유리 냄비
- 작은 용기
- 베이킹 소다 1작은술
- 소금 1작은술
- 알루미늄 포일
- 은수저(또는 은으로 된 장신구 등)
- 물
- 가스레인지
- 부드러운 천

이렇게 해 보세요

1 작은 용기에 물을 채웁니다. 물에 소금과 베이킹 소다를 넣어 녹인 다음, 은수저를 푹 잠기게 넣습니다.

2 작은 유리 냄비에 물을 채웁니다. 알루미늄 포일을 잘게 찢어 냄비에 넣은 다음 냄비를 가스레인지에 올려 끓이세요. 그런 다음 불을 끄고 물을 식힙니다. 필요하면 어른에게 도움을 청하세요.

3 은수저를 소금과 베이킹 소다 용액에서 꺼낸 다음 식혀 둔 알루미늄 물로 헹굽니다. 은수저를 부드러운 천으로 닦아 물기를 제거합니다.

어떻게 될까요? 여러분은 이제 눈부시게 빛나는 은수저의 주인이 되었어요.

왜 그럴까요? 소금과 베이킹 소다를 녹인 물과 알루미늄 포일 용액 사이에 화학 반응이 일어났어요. 열이 가해지면 물과 알루미늄 포일은 약한 전류가 통하는 전해질로 변해서 동전의 얼룩을 벗겨내요.

교과서 5학년 2학기 5단원 산과 염기 심화 | 핵심 용어 산화, 환원 | 실험 완료 ☐

산화 경쟁: 누가 먼저 녹슬까?

한 물질이 산소를 다른 물질에게 주면 이 물질은 환원된다고 말하고, 산소를 받은 물질은 산화된다고 말해요. 헷갈린다고요? 이렇게 생각해 보세요. 여러분이 산소라는 이름의 공 열 개를 가지고 있는데, 친구가 그중 일곱 개를 가져갔다고 가정해요. 여러분 친구는 여러분의 산소를 받아서 산소가 많아졌으니 산화되었고, 여러분은 여러분이 가진 산소의 수가 줄어들었으니 환원된 거예요. 이제 이 화학 변화인 산화를 직접 유도해 확인하세요.

준비물

- 금속 물체 (클립, 못, 쇠고리, 철 수세미, 압정, 핀 등)
- 뚜껑이 있는 크기별 유리병 여러 개
- 다양한 종류의 액체 (물, 소금물, 식초 등)

이렇게 해 보세요

1. 다양한 크기의 유리병에 여러 가지 금속성 물체를 각각 넣은 다음, 다양한 액체를 2큰술씩 각각 넣습니다. 유리병에 넣은 액체의 종류를 꼼꼼히 기록해 두세요.
2. 어떤 병은 뚜껑을 꽉 닫고 어떤 병은 열어 둡니다. 어떤 병은 직사광선이 들지 않는 서늘한 곳에, 또 어떤 병은 햇빛이 드는 따뜻한 곳에 1~3주 정도 두세요. 실험을 시작한 날짜와 시간을 기록해 두고, 금속 물질에 일어난 변화를 관찰해 비교합니다.

어떻게 될까요? 금속 물질 중에는 적갈색이나 황갈색의 물질이 덮인 것도 있고, 아무 변화가 없는 것도 있어요.

왜 그럴까요? 물은 공기 중의 산소가 쇠, 철과 같은 금속 물질 위에 붙어 녹이 슬게 만드는 촉매 역할을 해요. 이런 이유로 비에 노출되는 다리나 건물 외벽의 비상계단에는 부식이나 산화를 막는 칠을 한답니다.

한 걸음 더

녹은 왜 슬까요?

위 실험에서 왜 어떤 것은 녹슬고 어떤 것은 괜찮은 것일까요? 그 이유는 산화하기까지 걸리는 시간이 길거나, 물체에 녹 방지 코팅이 되어 있기 때문일 거예요. 정확히 동일한 조건에서 실험을 다시 하거나 변수 중 한 가지를 바꾸어 보고 결과를 관찰하여 비교해 보세요.

동전 목욕시키기

동전에 누구의 얼굴이 새겨져 있는지 보이나요? 너무 더러워진 동전은 아마 알아보기 어려울 거예요. 하지만 약간의 화학 상식만 있다면, 단 몇 분 만에 더러운 동전이 금세 빛나는 새 동전으로 다시 태어나게 할 수 있어요.

준비물

- 10원짜리 동전 (표면을 알아볼 수 없을 만큼 더러워진 것)
- 작고 얕은 용기
- 종이컵 2개
- 소금 1작은술
- 물 1큰술
- 식초 2큰술
- 스포이트
- 키친타월

이렇게 해 보세요

1. 동전을 용기에 넣습니다. 종이컵 하나에는 소금물을 만들어 두세요. 다른 종이컵에는 식초를 부어 두세요.
2. 스포이트로 소금물을 동전 위에 떨어뜨린 다음 이어서 식초를 떨어뜨립니다. 이 과정을 계속 반복한 다음 동전을 소금과 식초 용액 속에 5분간 담가 둡니다.
3. 젖은 키친타월로 동전을 문질러 깨끗이 닦습니다.

어떻게 될까요? 동전의 얼룩이 말끔히 제거되어 새것처럼 반짝반짝 빛이 나요.

왜 그럴까요? 식초(초산)는 소금(염화나트륨)과 결합하면 화학 변화를 일으켜 약한 염산이 돼요. 염산은 10원짜리 동전처럼 구리로 된 금속을 깨끗이 세척하지요. 잠시 후 동전은 산화되어 탁하고 어두운 색으로 변하는데 이것은 물과 산소 분자들이 대기 중에서 접촉하기 때문이랍니다.

교과서 6학년 1학기 3단원 여러 가지 기체 | 핵심 용어 이산화탄소 | 실험 완료 □

물 먹는 가스

이 실험에서는 물을 먹는 가스를 만들어 볼 거예요.

준비물

- 거름종이 (10cm × 10cm)
- 베이킹 소다 3큰술
- 물을 채운 사발
- 고무 밴드
- 좁고 기다란 유리병
- 물
- 유성 매직펜
- 돋보기

이렇게 해 보세요

1 베이킹 소다를 정사각형 거름종이 중앙에 놓습니다. 거름종이의 네 모서리를 모아 쥐어 주머니 모양으로 만든 다음 고무 밴드로 잘 묶어 주세요.

2 좁고 기다란 유리병 속에 물을 채우고 베이킹 소다 주머니를 넣은 다음 병 입구를 손바닥으로 막아 줍니다. 다른 한 손으로 유리병 바닥을 받친 채 유리병을 뒤집은 다음 유리병 입구가 물을 채운 사발의 바닥에 닿게 놓고 손을 빼냅니다. 유리병 속 물 높이를 유리병에 표시하세요.

3 한 시간 후 돋보기로 유리병을 관찰합니다.

어떻게 될까요? 유리병 속에 들어 있는 주머니에서 물방울이 위로 솟구쳐 올라가요. 물방울은 유리병 벽에 달라붙기도 해요. 한 시간 후 물의 높이는 최초에 표시한 수면보다 낮아졌습니다.

왜 그럴까요? 주머니 속에 든 베이킹 소다는 물에 녹으면서 이산화탄소(CO_2) 기체를 만들어 내요. 이 기체는 유리병 속의 공간을 필요로 하기 때문에 물과 자리를 바꾸어 물을 유리병 밖으로 밀어 내요. 그 결과, 물의 높이가 내려간답니다.

킹콩 손

영화 속 킹콩은 여인을 한 손에 잡았으니 그 손이 매우 컸겠죠? 이제 몇 가지 간단한 재료로 킹콩의 큰 손을 만들어보아요. 마치 마술 같아서 친구들도 깜짝 놀랄 거예요. 마술 같지만 사실은 중요한 기체에 대해 알아보는 화학 실험이랍니다. 이 실험은 친구의 도움이 필요해요.

준비물

- 1회용 라텍스 장갑
- 베이킹 소다 $\frac{1}{4}$컵
- 식초 $\frac{1}{2}$컵
- 검정색 유성 매직펜

이렇게 해 보세요

1. 유성 매직펜으로 장갑의 양면에 짧은 세로선을 그려 넣어 킹콩의 털처럼 보이게 만들면 더 생생한 느낌이 날 거예요. 펜이 없다면 그리지 않아도 돼요.
2. 친구에게 장갑을 싱크대 위에서 잡고 있게 한 다음 장갑 속에 베이킹 소다를 붓고 이어 식초를 붓습니다. 장갑의 입구를 손으로 꽉 잡아 공기가 통하지 않게 하세요. 몇 분간 꽉 잡고 있으면서 장갑 모양을 관찰하세요.

어떻게 될까요? 몇 분 후 장갑이 풍선처럼 부풀어 올랐다가 다시 원래대로 줄어듭니다.

왜 그럴까요? 베이킹 소다와 식초를 섞으면 우리가 잘 아는 기체인 이산화탄소(CO_2)가 생성돼요. 용액이 칙 하는 소리와 함께 거품이 일면서 장갑 밖으로 넘쳐 나오는 것은 이 기체 때문이에요. 일단 기체가 장갑 속에 갇히면 빠져나갈 곳이 없어져 장갑이 부풀어 올라요. 나중에는 반응 강도도 약해지고 기체도 빠져나가 장갑은 원래 크기대로 줄어들지요.

한 걸음 더

베이킹 소다

베이킹 소다(중조)는 수소, 나트륨, 산소, 탄소로 이루어진 화합물입니다. 식초(물과 초산의 화합물)와 만나면 화학 반응이 일어나 탄소와 산소가 새로운 기체 화합물인 이산화탄소를 생성합니다.

교과서 5학년 2학기 5단원 산과 염기 심화 | **핵심 용어** 발열 반응 | **실험 완료** ☐

뜨거운 화학 반응

이스트가 과산화수소와 만나면 어떤 화학 변화가 일어날까요? 친구들에게 이 실험을 보여 주면 분위기가 뜨거워질 거예요.

준비물

- 온도계
- 작은 사발
- 인스턴트 드라이 이스트
- 과산화수소 $\frac{1}{4}$컵
- 숟가락
- 종이와 연필

이렇게 해 보세요

1. 온도계의 온도를 확인해 기록한 다음 사발에 넣습니다.
2. 과산화수소를 붓고 이스트를 넣은 다음 잘 저어 섞습니다. 사발 속에 일어나는 변화를 관찰하는 동안 사발의 아래쪽에 손을 대어 보세요.
3. 1~2분 정도 지나 온도계를 사발에서 꺼내 다시 온도를 기록합니다.

어떻게 될까요? 사발 속 용액에 거품이 부글부글 일면서 아래쪽에서 열이 나기 시작해요. 용액에서 김이 나는 것도 보입니다. 온도계의 눈금이 많이 올라갈수록 더 많은 열이 발생했다는 뜻이에요.

왜 그럴까요? 이스트와 과산화수소가 화학적으로 반응하면서 과산화수소는 산소와 물로 바뀝니다. 이때 생기는 거품은 화학 반응이 일어나는 동안 산소 기체가 빠져나오는 현상이에요. 거품과 함께 열도 발생합니다. 이렇게 화학 변화와 함께 열이 나는 현상을 **발열 반응**이라고 해요.

교과서 5학년 2학기 5단원 산과 염기 심화 | **핵심 용어** 흡열 반응 | **실험 완료** □

차가운 화학 반응

화학 반응 과정에서 열이 발생(발열)한다면, 혹시 반대로 차가워지는 반응도 있을까요?

준비물

- 온도계
- 엡섬솔트 1큰술
- 물
  (찬물 혹은 더운 물)
- 숟가락
- 중간 크기의 유리병
- 종이와 연필

이렇게 해 보세요

1. 유리병에 물을 가득 채웁니다.
2. 온도계를 2분 간 물에 담가 물의 온도를 측정해 기록합니다. 또한 손으로 유리병의 온도를 느껴 보세요.
3. 물에 엡섬솔트를 넣고 젓습니다. 온도계를 2분 간 물에 담근 후 다시 온도를 기록합니다. 또한 유리병의 온도를 손으로 느껴 보세요. 온도에 변화가 있나요?

어떻게 될까요? 유리병이 약간 더 차가워졌고 온도계에 기록된 물 온도도 내려갔습니다.

왜 그럴까요? 앞 실험에서는 발열 반응이 일어나 열이 생성되었어요. 그러나 반대로 화학 반응에서 열이 빼앗기는 경우도 있어요. 엡섬솔트가 물에 녹으면 엡섬솔트를 이루는 성분인 황산염과 마그네슘이 분리되면서 물의 열에너지를 빼앗아 가요. 이렇게 주위의 열을 흡수하면서 일어나는 화학 반응을 **흡열 반응**이라고 해요. 그래서 물의 온도가 내려간 것이지요. 이런 원리로 엡섬솔트는 발목이 삐거나 부상을 입어 열이 날 때 열을 식히는 용도로 사용된답니다.

교과서 4학년 1학기 5단원 혼합물의 분리 | 핵심 용어 혼합물, 물과 기름, 마블링 | 실험 완료 ☐

소용돌이무늬 포장지

소용돌이치는 모양과 비슷한 대리석 무늬 포장지를 직접 만들어 작은 선물을 포장해 보세요. 종이가 마르고 나면 마치 양피지처럼 주름이 지고 바스락대며 투명한 종이가 될 거예요. 줄무늬가 있는 세련된 포장지랍니다! 이렇게 종이 위에 대리석 무늬를 만드는 기법을 '마블링'이라고 불러요.

준비물

- 색분필 3개
- 흰 종이
- 1회용 종이컵 3개
- 무거운 돌
- 식초 2큰술
- 키친타월
- 1회용 플라스틱 숟가락
- 큰 사발이나 쟁반 (플라스틱이나 고무로 된 것이 좋아요.)
- 신문지
- 물
- 식용유

이렇게 해 보세요

1. 신문지를 주방 조리대 위에 펼칩니다. 사발에 물을 가득 채우고 식초 2큰술을 넣은 다음, 신문지 가운데에 놓으세요.
2. 신문지 한 장을 더 펼쳐 나중에 종이를 말릴 준비를 합니다.
3. 두 장으로 겹친 키친타월을 깔고 그 위에 여러 가지 색분필 조각들을 놓으세요. 분필을 무거운 돌로 으깨어 고운 가루로 만듭니다.
4. 키친타월을 조심스럽게 들어 색분필 가루를 색깔별로 종이컵에 나누어 붓습니다. 식용유 1큰술을 각 종이컵에 넣고 플라스틱 숟가락으로 잘 저어 주세요.
5. 종이컵의 내용물을 사발에 붓습니다. 분필 가루가 든 식용유가 물 표면에 큰 원을 그리며 뜰 거예요. 이제 물 표면에 종이를 가볍게 갖다 대었다가 들어 내세요.
6. 종이를 신문지 위에 널어 하루 동안 말립니다. 완전히 마르고 나면 키친타월로 종이 위에 묻은 분필가루 여분을 털어냅니다.

어떻게 될까요? 분필물이 든 식용유가 종이 위에 붙어 소용돌이 모양의 무늬가 생겼어요.

왜 그럴까요? 식용유는 물보다 밀도가 낮아 물 위에 떠요. 식용유와 섞인 분필 가루가 함께 물 위에 떠서 종이 표면에 소용돌이 모양의 흔적이 남은 것이랍니다.

뚝딱뚝딱 침전물

제목처럼 침전물을 만드는 것은 아주 간단하답니다. 침전물은 화학 반응이나 변화가 일어날 때 만들어지는 물질이에요. 이 물질은 녹지 않아요. 즉, 용액 내에서 용해되거나 균일하게 혼합되지 않는 물질이란 뜻이에요.

준비물

- 작은 유리병
- 엡섬솔트 1큰술
- 암모니아계 유리 세정제

이렇게 해 보세요

1 유리병에 물을 절반쯤 채워 준비합니다.

2 엡섬솔트를 유리병 속 물에 넣어 푼 다음 유리 세정제 몇 방울을 떨어뜨립니다.

어떻게 될까요? 용액이 우유처럼 뿌옇게 변합니다.

왜 그럴까요? 황산마그네슘(엡섬솔트)이 수산화암모늄(암모니아 용액)을 만나면 수산화마그네슘이라는 새로운 화합물이 생겨요. 용액이 우유처럼 뿌옇게 변하는 것은 수산화마그네슘 침전물이 떠서 그런 거랍니다.

한 걸음 더

새로운 침전물

'뚝딱뚝딱 침전물' 실험을 다시 해 보세요. 이번에는 엡섬솔트 대신 백반(식료품점의 조미료 코너에서 살 수 있어요)을 이용해 수산화알루미늄이라는 침전물을 만들어 볼 거예요. 색 변화를 수산화마그네슘과 비교해 보세요.

소금과 설탕

소금과 설탕은 음식의 맛을 내는 데도 중요하지만, 우리 몸의 건강 유지에도 중요하답니다. 몸속에 당분과 염분의 균형이 맞지 않는다면 살 수 없어요. 소금과 설탕이 어떤 물질인지, 우리 몸속에서 어떤 역할을 하는지 알아볼까요?

소금(염화나트륨, $NaCl$)은 물, 비타민과 함께 우리 몸에 필요한 영양소 중 하나인 무기질이에요. 소금은 나트륨과 염소가 만나 만들어진 화합물이에요. 고체 금속인 나트륨과 초록색 기체인 염소는 그 자체로 매우 위험하지만, 이들이 만나 화합물을 이루면 흔히 식탁에서 보는 소금이 된답니다.

설탕은 탄소, 수소, 산소가 결합된 화합물이에요. 흔히 먹는 설탕 종류는 자당(sucrose)이고, 그 외에 포도당, 과당, 젖당, 엿당이 있어요.

교과서 5학년 1학기 4단원 용해와 용액 심화 | 핵심 용어 용해, 포화 용액 | 실험 완료 □

각설탕이 잘 녹는 물의 온도 대결

각설탕은 따뜻한 물과 찬물 중에 어느 곳에서 더 많이 녹을까요?

준비물

- 각설탕
- 유리컵 2개 (각각 차가운 물과 매우 뜨거운 물을 담아 준비)
- 숟가락
- 종이와 연필

이렇게 해 보세요

1. 차가운 물이 든 컵에 각설탕을 넣고 결정이 완전히 녹을 때까지 잘 저어 줍니다. 각설탕을 한 번에 하나씩 넣어 가면서 더 이상 녹지 않을 때까지 개수를 기록하세요. 설탕 입자가 컵 속에 떠 있다가 바닥으로 가라앉기 시작하면 더 이상 설탕이 녹지 않는 것입니다.
2. 뜨거운 물이 든 컵에 각설탕을 넣고 같은 실험을 합니다. 각 컵에 들어가는 각설탕의 개수를 정확히 세도록 하세요. 어느 컵에 넣은 각설탕이 더 많이 녹았나요?

어떻게 될까요? 찬물보다 뜨거운 물에 녹은 각설탕의 개수가 더 많아요.

왜 그럴까요? 처음에 설탕을 컵에 넣었을 때 설탕 알갱이가 보이지 않으면 각설탕이 모두 녹은 거예요. 그러다가 점점 각설탕의 개수를 늘리면 어느 순간부터 설탕 알갱이가 더 이상 사라지지 않고 눈에 보여요. 이를 **포화 용액**이라고 하지요. 찬물보다 뜨거운 물에서 각설탕이 더 많이 용해되는 것은 물이 가열되면 분자의 움직임이 더욱 활발해져 분자들이 더 멀리 떨어지기 때문이랍니다. 그러면 물 분자 사이의 공간이 더 넓어져 설탕 분자들이 들어갈 수 있는 자리가 생기는 거예요.

교과서 5학년 1학기 4단원 용해와 용액 | 핵심 용어 각설탕, 설탕 가루 | 실험 완료 □

각설탕과 설탕 가루의 대결

각설탕과 설탕 가루 중 어떤 것이 더 빨리 녹을까요?

준비물

- 각설탕 2개
- 작은 일회용 용기
- 주걱 (각설탕을 빻을 용도)
- 물을 절반 채운 유리컵 2개

이렇게 해 보세요

1 각설탕 하나를 용기에 넣고 주걱으로 빻아 가루를 만듭니다. 다른 각설탕은 원래 모양 그대로 두세요.

2 온전한 각설탕과 가루 낸 각설탕을 각각 물이 든 유리컵에 동시에 넣습니다. 어떤 설탕이 더 빨리 녹는지 관찰하세요.

어떻게 될까요? 가루 낸 각설탕이 더 빨리 녹아요.

왜 그럴까요? 물이 각설탕 속까지 들어가려면 먼저 설탕 겉면부터 녹여야 해요. 이 과정에서 시간이 걸리지요. 하지만 각설탕을 가루로 만들면 더 많은 겉면을 동시에 녹일 수 있기 때문에 설탕이 녹는 속도는 더 빨라져요.

교과서 5학년 2학기 5단원 산과 염기 심화 | 핵심 용어 산성 | 실험 완료 □

군것질의 최후

콜라 속에서 치아가 얼마나 빨리 녹는지 볼까요? 실험을 하려고 여러분의 치아를 뽑을 필요까지는 없어요. 그리고 할머니의 틀니도 안 돼요! 치아와 같은 성분인 생선 뼈로 대신 해도 된답니다.

준비물

- 생선 뼈
- 콜라

이렇게 해 보세요

1 생선 뼈를 콜라가 든 잔에 넣습니다. 최소한 일주일 동안 그대로 두세요.

어떻게 될까요? 생선 뼈가 녹기 시작합니다.

왜 그럴까요? 이제 왜 부모님과 치과 의사 선생님이 탄산음료처럼 산도가 높거나 단 음료를 너무 많이 마시지 말라고 하는지 알겠지요? 비록 여러분의 치아가 계속 콜라 속에 들어 있지 않다고 해도, 당 함량이 높고 산도가 높은 이런 음료를 장기간 마시면 치아에 화학적 영향을 미친답니다. 이 실험에서 콜라에 든 당과 산 성분이 치아의 단단한 표면 에나멜 층까지 녹여 치아를 녹인 거예요.

얼음에 소금을 뿌리면 어떻게 될까요

그냥 얼음과 소금을 뿌린 얼음 중 어떤 것이 더 차가울까요?

준비물

- 얼음 10개
- 1회용 컵 2개
- 소금 1큰술
- 온도계 2개
- 매직펜
- 종이와 연필

이렇게 해 보세요

1 컵에 각각 펜으로 '소금', '소금 없음'이라고 씁니다. 컵에 각각 온도계를 꽂으세요.
2 얼음을 컵마다 다섯 개씩 넣되, 온도계 주위를 둘러싸도록 넣습니다.
3 '소금'이라고 쓴 컵에는 얼음 사이에 소금을 고루 뿌려 주고 30분간 그대로 방치합니다.
4 30분 후, 두 온도계의 온도를 읽어 기록합니다.

어떻게 될까요? 얼음에 소금을 뿌린 컵의 온도가 더 낮습니다.

왜 그럴까요? 순수한 물은 0°C에서 얼어요. 하지만 수돗물이나 생수, 보리차처럼 이물질이 섞인 물은 실제로는 0°C보다 조금 낮은 온도에서 얼어요. 이물질이 섞이면 어는점이 내려가는 것이지요. 이와 마찬가지로 얼음에 소금이라는 이물질을 첨가하면 어는점이 내려가면서 소금과 닿는 부분이 녹기 시작해요. 이런 현상을 '어는점 내림'이라고 합니다. 한겨울에 바다가 잘 얼지 않는 것도 같은 이유랍니다. 그런데 얼음이 녹는 과정에서 소금이 얼음의 열을 빼앗아 얼음의 온도를 더 낮춥니다.

이것도 궁금해요 이번에는 똑같은 실험을 얼음을 부수어서 해 보세요. 작게 부순 얼음이 물을 더 차갑게 할까요? 각 실험의 온도계 눈금을 읽어 기록한 다음 차이가 있는지 비교해 보세요.

찾아보기